土木工程专业课程设计指南系列丛书

钢筋混凝土结构课程设计指南

（第二版）

丛书主编　周绪红　朱彦鹏
本书主编　朱彦鹏

U0253916

中国建筑工业出版社

图书在版编目(CIP)数据

钢筋混凝土结构课程设计指南/朱彦鹏本书主编. —2版. —北京：中国建筑工业出版社，2014.8（2023.2重印）

（土木工程专业课程设计指南系列丛书）

ISBN 978-7-112-17189-7

Ⅰ.①钢…　Ⅱ.①朱…　Ⅲ.①钢筋混凝土结构-课程设计-高等学校-教学参考资料　Ⅳ.①TU375

中国版本图书馆CIP数据核字(2014)第189745号

土木工程专业课程设计指南系列丛书

钢筋混凝土结构课程设计指南(第二版)

丛书主编　周绪红　朱彦鹏

本书主编　朱彦鹏

*

中国建筑工业出版社出版、发行(北京海淀三里河路9号)

各地新华书店、建筑书店经销

北京天成排版公司制版

北京建筑工业印刷厂印刷

*

开本：787×1092毫米　1/16　印张：13　字数：310千字

2014年9月第二版　2023年2月第十次印刷

定价：**32.00**元

ISBN 978-7-112-17189-7

(25961)

版权所有　翻印必究

如有印装质量问题，可寄本社退换

（邮政编码　100037）

本书是高等院校“土木工程专业课程设计指南系列丛书”之一。书中介绍了楼盖设计、楼梯设计、钢筋混凝土单层工业厂房设计和基础设计的基本知识，详细阐述了楼盖设计、楼梯设计、钢筋混凝土单层工业厂房设计和基础设计的设计计算方法、注意事项及基本要求。为帮助学生巩固理论基础知识，加强理论与实践课程的学习，提高教师在课程设计方面的实践教学效果，本书还重点列举了楼盖设计、楼梯设计、钢筋混凝土单层工业厂房设计和基础设计方面的实例，另外，还给出了供教师参考的课程设计任务书。

本书可供高等院校土木工程专业师生作为课程设计的教学辅导与参考书。

* * *

责任编辑：咸大庆　李天虹
责任校对：张　颖　党　蕾

土木工程专业课程设计指南系列丛书

编 委 会

主　任： 周绪红

副主任： 朱彦鹏　王秀丽

委　员： 马天忠　马　珂　王　钢　王文达　王亚军
王秀丽　王春青　朱彦鹏　孙路倩　乔　雄
刘汉青　刘占科　毕晓莉　李天虹　李振泉
李强年　李辉山　李　萍　李喜梅　杨林峰
来春景　陈伟东　陈　谦　张兆宁　张顺尧
张贵文　张敬书　张豫川　郑海晨　周　勇
周绪红　金少蓉　洪　光　咸大庆　郝　虎
郭永强　徐　亮　秦　爽　贾　亮　崔　宏
焦贵德　焦保平　董建华

第二版前言

《钢筋混凝土结构课程设计指南》第一版出版发行已有四年多时间，承蒙读者厚爱，使用情况良好。随着我国土木工程技术的快速发展，《混凝土结构设计规范》(GB 50010—2010)、《建筑结构荷载规范》(GB 50009—2012)、《建筑结构抗震设计规范》(GB 50011—2010)颁布以后，原书中很多内容已经不满足教学要求，特别是设计实例中构件设计所用的材料和计算方法都有不少变动，另外本书在使用中也发现了一些问题，因此，本书修改再版就迫在眉睫。在本书即将修改完成之际，《高等学校土木工程本科指导性专业规范》也正式编制完成，修改时也参考了本专业规范，以适应土木工程专业发展和教材更新的需要。

本书修改后的内容按照我国建设行业相关标准要求的最新规范进行编写，可以为高等院校的师生及相关技术人员在使用时提供便利。

参加本书再版修改的作者中，朱彦鹏负责了全书的修改，研究生马金莲、陈妍娇和蔡文霄计算了本书实例，作者对他们的辛勤劳动深表感谢。

2014年7月22日

丛书前言

土木工程专业是实践性很强的技术类专业，要办好土木工程专业必须加强专业的实践性环节教育。土木工程专业的实践性环节一般包括课程设计、毕业设计、实验和实习，而课程设计所占实践环节的比重较大，直接影响学生毕业后的专业工作能力。因此，搞好课程设计是培养土木工程专业学生最重要的环节之一。但是，由于辅导环节很难跟上大规模的土木工程专业学生的需求，加之辅导老师的教学水平参差不齐，使课程设计很难达到教学计划提出的要求，为此，我们编写了这套“土木工程专业课程设计指南系列丛书”，希望为辅导老师的教学工作提供方便，从而进一步提高课程设计的辅导效率和质量。

根据土木工程专业建筑工程和交通土建知识模块中涉及的课程设计内容，“土木工程专业课程设计指南系列丛书”分为《房屋建筑学课程设计指南》、《钢筋混凝土结构课程设计指南》、《钢结构课程设计指南》、《交通土建课程设计指南》和《土木工程施工组织与概预算课程设计指南》五本书，对各课程设计中遇到的知识点、计算条件、设计计算步骤针对性地进行论述，并给出了设计计算实例，可供学生做课程设计时参考。另外，还按照组合法，给出了35人左右的设计题目，可做到一人一题，解决了老师命题难的问题。

“土木工程专业课程设计指南系列丛书”按照我国现行规范编写，并尽量介绍最新理论和技术，设计计算知识点论述完整，设计实例计算步骤翔实，便于学生自学，也方便辅导老师使用。

“土木工程专业课程设计指南系列丛书”除了能满足教学要求外，还可作为土木工程专业工程技术人员的工具书，在设计、施工和注册考试中使用。

由于编写时间仓促，加之编者水平有限，疏漏之处在所难免，敬请读者批评指正。

土木工程专业课程设计指南系列丛书　编委会

2010年2月22日

第一版前言

《钢筋混凝土结构课程设计指南》一书，是高等院校土木工程专业建筑工程方向课程设计教学辅导与参考书。该书全面介绍了楼盖设计、楼梯设计、钢筋混凝土单层工业厂房设计和基础设计的基本知识、设计计算方法、注意事项及基本要求。为帮助学生巩固理论基础知识，加强理论与实践课程的学习，提高教师在课程设计方面的实践教学效果，本书重点列举了楼盖设计、楼梯设计、钢筋混凝土单层工业厂房设计和钢筋混凝土基础设计方面的实例，另外，还给出了供教师参考的设计任务书，可以供同学和教师在理论教学与实践教学中使用。

《钢筋混凝土结构课程设计指南》作为一本教学辅导与参考书，要求学生在了解与掌握《混凝土结构设计原理》、《混凝土结构设计》、《土力学与地基基础》、《结构力学》和《材料力学》理论的基础上，有机地将理论知识与工程设计任务紧密联系起来，从本书中查阅相关设计方法、设计内容、基本要求及设计实例，发挥其主观能动性，完成各项设计任务。

本书内容按照我国工程建设的最新标准规范编写，可以为高等院校的师生及相关技术与管理人员在使用时提供便利。

本书第1章由朱彦鹏编写；第2章中2.1、2.2节由朱彦鹏编写，2.3、2.4节由刘占科编写，2.5、2.6节由周勇编写；第3章中3.1节由朱彦鹏编写，3.2节由刘占科编写，3.3、3.4节由周勇编写；第4章中4.1～4.3节由张敬书编写，4.4、4.5节由王文达编写；第5章中5.1～5.4节由张豫川编写，5.5～5.7节由来春景编写，书中所有设计任务书由以上作者共同编写。全书由朱彦鹏修改并统稿。

由于编写时间仓促，加之编者水平有限，疏漏之处在所难免，敬请读者批评指正。

目　录

第1章　混凝土结构课程设计目的及基本要求

第2章　混凝土楼盖结构设计

第3章 楼 梯 设 计

第4章 单层工业厂房排架结构设计

第5章 钢筋混凝土基础课程设计

第1章　混凝土结构课程设计目的及基本要求

我国各高校土木工程专业学生在课程设计和毕业设计等实践环节中都有混凝土结构设计内容，其中建筑工程知识模块中混凝土结构设计主要包括以下内容：①钢筋混凝土楼盖设计；②钢筋混凝土单层工业厂房设计；③砖混结构设计；④钢筋混凝土基础设计等。

由于课程设计是土木工程专业教学计划中很重要的教学实践环节，而混凝土结构课程设计在这些实践环节当中占有很大的比重。学生在进行设计时由于没有从事设计的经验，只有老师手把手地教他们如何设计，这样给学生进行课程设计和老师的辅导工作带来很大的麻烦。由于没有系统的课程设计方面的教学参考资料，学生在设计计算时无从下手，为了解决以上问题，编写一本能够指导学生进行混凝土结构课程设计、帮助教师拟定设计题目和指导学生如何进行课程设计的书就成为当务之急。

本书编写就是基于以上考虑，给出了土木工程专业建筑工程方向学生混凝土结构课程设计的设计方法、步骤和设计例题，以便教师和学生在课程设计时参考。

1.1　混凝土结构课程设计的目的

钢筋混凝土课程设计是大学本科教育的一个重要教学环节，是全面检验和巩固钢筋混凝土结构课程学习效果的一个有效方式。通过课程设计，可以使学生进一步加深对所学混凝土理论课程的理解和巩固；可以综合所学的混凝土课程的相关知识解决实际问题；可以使学生得到工程实践的实际训练，提高其应用能力及动手能力。

土木工程专业混凝土结构课程设计的目的是：

（1）使学生了解和熟悉建筑工程结构设计的主要过程。通过课程设计要让学生全面了解设计所需要的各种条件，包括气候环境、气象、水文、地质、地震等条件，以及这些条件对结构设计的影响，熟悉结构选型和构件截面选择方法，选用材料的确定，结构分析，结构设计和图纸绘制等全过程。

（2）锻炼和提高学生的钢筋混凝土结构的分析计算能力。课程设计中选择的楼盖设计、楼梯设计、单层钢筋混凝土厂房设计和钢筋混凝土浅基础设计均为结构体系，其内力分析方法是本科阶段学生应掌握的最基本的分析方法，也是学生工作后经常遇到的结构形式，要通过这些结构的分析训练使学生全面理解这些结构内力分析方法、内力分布规律和内力组合方法。

（3）锻炼学生的结构设计及构造处理能力。这些课程设计均涉及板、梁、柱和基础的设计计算问题，可以较全面地训练钢筋混凝土基本构件设计方法和这些构件的构造措施及要求。

（4）锻炼学生绘制结构施工图的能力。通过以上结构课程设计的制图训练，使学生能够基本掌握绘制结构施工图的方法。

（5）培养学生在建筑工程设计过程中的配合意识。包括工种与工种之间的协调及设计组人员之间的配合，加深对所学理论课程的理解和巩固。

(6) 培养学生正确、熟练运用结构设计规范、手册、各种标准图集及参考书的能力。

(7) 通过实际工程训练，初步建立结构设计、施工、经济全面协调统一的思想。

(8) 通过课程设计，进一步建立建筑工程师的责任意识。

1.2 混凝土结构课程设计的主要内容

1.2.1 钢筋混凝土肋形楼盖设计

(1) 完成设计计算书一份

① 板、次梁和主梁的截面尺寸拟定；

② 板、次梁和主梁的荷载计算、内力计算(板、次梁按塑性方法，主梁按弹性方法)，主梁的弯矩包络图和剪力包络图；

③ 构件截面配筋计算。

(2) 绘制楼盖结构施工图(两张 2 号图纸)

① 梁板结构布置图；

② 板的模板图及配筋图；

③ 次梁模板图及配筋图；

④ 主梁模板图、配筋图及材料图；

⑤ 主梁钢筋表；

⑥ 设计说明，如混凝土强度等级、钢筋级别、混凝土保护层厚度、钢筋的制作以及构件的抹面粉底等。

(3) 完成形式及时间

时间二周，设计计算书一份，结构施工图数张。

1.2.2 单层工业厂房钢筋混凝土排架设计

(1) 结构计算(交一份计算书)

① 确定计算排架的尺寸和计算简图(横向排架尺寸，作用在排架上的恒荷载、屋面活荷载、雪荷载、风荷载、吊车荷载及其作用位置和方向)；

② 进行排架内力分析，计算控制截面的内力，绘出各类荷载下的排架内力图；

③ 对计算的排架柱进行内力组合；

④ 对柱及基础作截面设计及有关的构造设计。

(2) 绘施工图(交 1 号铅笔图 2 张)

① 基础、基础梁结构布置图；

② 吊车梁，柱及柱间支撑结构布置图；

③ 柱、基础模板及配筋图。

(3) 完成形式及时间

时间二周，设计计算书一份，结构施工图数张。

1.2.3 钢筋混凝土浅基础设计

(1) 结构计算(交一份计算书)

① 根据设计提供的条件，确定基础平面布置，根据地基承载力的条件和冲切条件确

定浅基础的截面尺寸；

② 进行基础内力分析，计算控制截面的内力；

③ 对基础作截面设计及有关的构造设计。

(2) 绘施工图(交 1 号铅笔图 2 张)

① 基础、基础梁结构布置图；

② 基础模板及配筋图。

(3) 完成形式及时间

时间一周，设计计算书一份，结构施工图数张。

1.3 混凝土结构课程设计的成绩考核与评定

课程设计成绩一般按照分析计算占 40%，设计构造图占 30%，综合考核占 30%评定较为适宜。一般可参照表 1-1 成绩评定标准给出最后成绩。

成绩评定方法及标准 **表 1-1**

实践环节名称	考核单元名称	考核内容	考核方法	考核标准	最低技能要求
钢筋混凝土课程设计	计算部分	计算书内容	检查批改	优秀：计算内容全面、正确，书写整洁无误，独立完成，符合规范要求 良好：基本达到上述要求 中等：能够完成计算要求及内容 及格：基本完成计算要求及内容 不及格：未达到上述要求	优秀
	构造图纸	图纸质量	检查批改	优秀：结构方案合理，图纸完整无误，图面整洁，独立完成，较好符合制图标准要求 良好：基本达到上述要求 中等：能够完成绘图要求及内容 及格：基本完成绘图要求及内容 不及格：未达到上述要求	良好
	综合部分	对知识理解	答辩	优秀：基本概念清楚、设计思路清晰、熟悉规范 良好：基本达到上述要求 中等：对概念、规范有所了解，一般了解设计过程 及格：在老师引导下基本达到上述要求 不及格：概念模糊、不能掌握规范的相关内容	良好

1.4 混凝土结构课程设计应注意的问题

由于课程设计是学生走向工作岗位的一种工作方法的基本训练，希望通过设计使学生在以下几方面得到良好的训练。

(1) 从事工作的自觉性和独立性训练。自觉性建立在对课程设计的重要性及各项环节的必要性的充分认识和理解的基础上，自觉性主要表现在要主动、积极，要遵守各项纪律。独立性要求同学独立思考，独立解决问题，不依赖教师，不依赖教材。

(2) 应切实注意结构设计的正确、熟练、规范，正确是基础，熟练出效率，规范才能保证正确、熟练。

(3) 学会使用各种规范、手册及参考图集，尽可能少依赖教材。

(4) 同学之间能够对设计内容和方法经常讨论，以加深对问题的理解，分工协作的同组同学之间要注意协作配合。

(5) 指导教师应加强辅导，及时解决设计中存在的问题。

第 2 章　混凝土楼盖结构设计

2.1　钢筋混凝土楼盖基本知识

楼盖是建筑结构重要的组成部分，混凝土楼盖的造价占到整个土建总造价的近 30%，其自重占到总重量的一半左右。选择合适的楼盖设计方案，并采用正确的方法，合理地进行设计计算，对于整个建筑结构都具有十分重要地作用。

混凝土楼盖设计对于建筑隔热、隔声和建筑效果有直接的影响，对于保证建筑物的承载力、刚度、耐久性以及抗风、抗震性能起着十分重要的作用。

建筑结构的结构组成如下：

- 建筑结构
  - 上部结构(±0.000 以上)
    - 水平结构体系(楼盖结构等)
    - 竖向结构体系(框架结构体系、剪力墙结构体系等)
  - 下部结构(±0.000 以下)：地下室结构、基础结构等

楼盖是建筑结构中的水平结构体系，它与竖向构件、抗侧力构件一起组成建筑结构的整体空间结构体系。它将楼面竖向荷载传递至竖直构件，并将水平荷载(风力、地震作用)传到抗侧力构件。根据不同的分类方法，可将楼盖分为不同的类别。

2.1.1　楼盖分类

(1) 按施工方法可将楼盖分为现浇楼盖、装配式楼盖、装配整体式楼盖。

现浇楼盖整体性好，具有较好的抗震性能，并且结构布置灵活，适应性强。但现场浇筑和养护比较费工，工期也相应加长。我国规范要求在高层建筑中宜采用现浇楼盖。近年来由于商品混凝土、混凝土泵送和工具模板的广泛应用，现浇楼盖的应用逐渐普遍。

装配式楼盖由预制构件装配而成，便于机械化生产和施工，可以缩短工期。但装配式楼盖结构的整体性较差，防水性较差，不便于板上开洞，多用于结构简单、规则的工业建筑。

装配整体式楼盖是由预制构件装配好后，现浇混凝土面层或连接部位以构成整体而成。它兼具现浇楼盖和装配式楼盖的部分优点，但施工较复杂。

(2) 按结构形式可将楼盖分为单向板肋梁楼盖、双向板肋梁楼盖、井式楼盖、无梁楼盖。

① 单向板肋梁楼盖与双向板肋梁楼盖 [图 2-1(*a*)，(*b*)]

最常见的楼盖结构是板肋梁楼盖，它由板及支承板的梁组成。梁通常双向正交布置，将板划分为矩形区格，形成四边支承的连续或单块板。受垂直荷载作用的四边支承板，其两个方向均发生弯曲变形，同时将板上荷载传递给四边的支承梁。弹性理论的分析结果表明，当四边支承矩形板的长、短边长的比值较大时，板上荷载主要沿短边方向传递，沿长边方向传递的很少。下面的近似分析可以说明该现象。

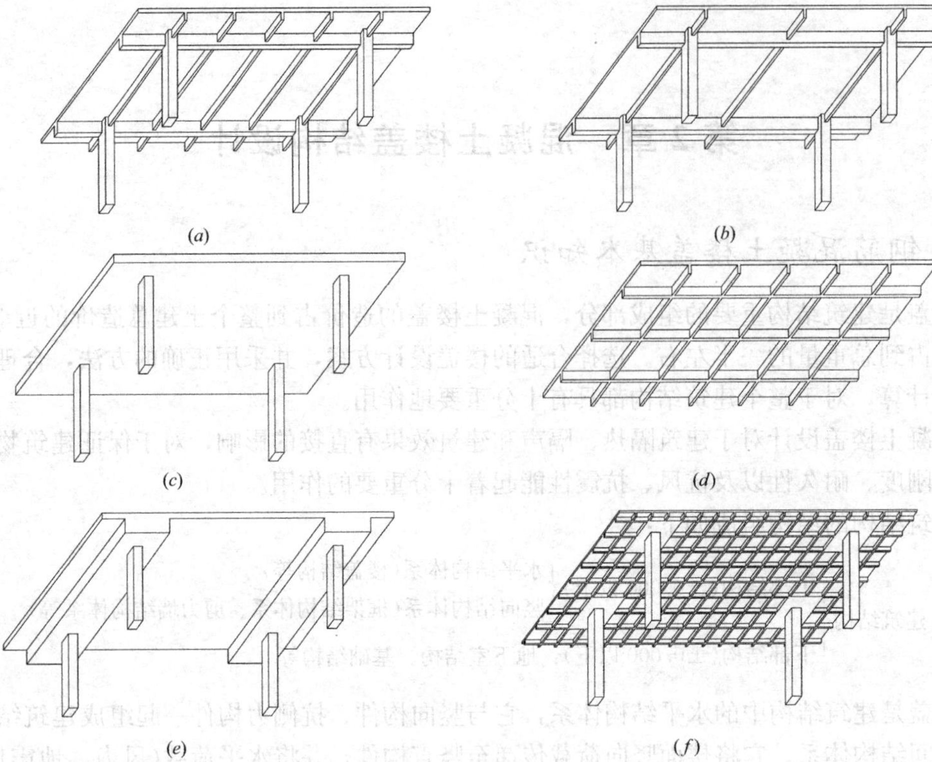

图 2-1　常见的楼盖形式

(a)单向板肋梁楼盖；(b)双向板肋梁楼盖；(c)无梁楼盖；(d)井式楼盖；(e)扁梁楼盖；(f)密肋楼盖

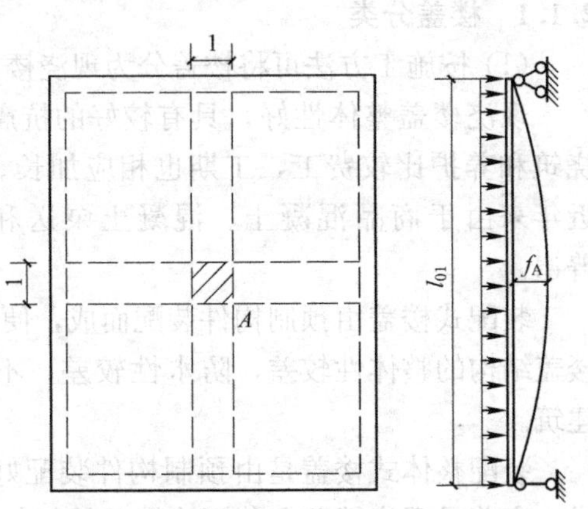

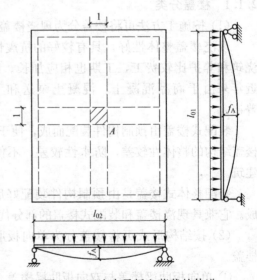

图 2-2　四边支承板上荷载的传递

图 2-2 为一四边简支的矩形板，受垂直均布荷载 q 的作用。设板的长边为 l_{01}，短边为 l_{02}。现沿板跨中的两个方向分别切出单位宽度的板带，得到两根简支梁。根据板跨中的变形协调条件有：

$$f_A=\alpha_1\frac{q_1 l_{01}^4}{EI_1}=\alpha_2\frac{q_2 l_{02}^4}{EI_2} \tag{2-1}$$

式中　α_1，α_2——挠度系数，当两端简支时 $\alpha_1=\alpha_2=\frac{5}{384}$；

I_1，I_2——l_{01}，l_{02} 方向板带的换算截面惯性矩。

荷载 q_1，q_2 为 q 在两个方向的分配值，则有

$$q=q_1+q_2 \tag{2-2}$$

如果忽略两个方向配筋不同的影响，取 $I_1=I_2$；由式(2-1)和式(2-2)得到 $q_1=\frac{l_{02}^4}{l_{01}^4+l_{02}^4}q$，$q_2=\frac{l_{01}^4}{l_{01}^4+l_{02}^4}q$

通过上式我们可以看到，当 $l_{01}/l_{02}>2$ 时，分配到长跨方向的荷载不到 5.9%。

为了简化计算，对长、短边比值较大的板，忽略荷载沿长边方向的传递，称其为单向板；而对长、短边比值较小的板，称其为双向板。工程设计中，当 $l_{01}/l_{02}\geqslant 3$ 时，按单向板计算；当 $2<l_{01}/l_{02}<3$ 时，宜按单向板计算；当 $l_{01}/l_{02}\leqslant 2$ 时，按双向板计算。

板肋梁楼盖结构布置灵活，施工方便，广泛应用于各类建筑中。

② 井式楼盖［图 2-1(d)］

结构采用方形或近似方形(也有采用三角形或六边形)的板格，两个方向的梁的截面相同，不分主次梁。其特点是跨度较大，具有较强的装饰性，多用于公共建筑的门厅或大厅。

③ 无梁楼盖［图 2-1(c)］

不设梁，将板直接支承在柱上，通常在柱顶设置柱帽以提高柱顶处平板的冲切承载力及降低板中的弯矩。不设梁可以增大建筑的净高，故多用于对空间利用率要求较高的冷库、藏书库等建筑。

(3) 按是否预加应力可将楼盖分为普通钢筋混凝土楼盖和预应力混凝土楼盖。

预应力混凝土楼盖具有降低层高和减轻自重，增大楼板的跨度，改善结构的使用功能，节约材料等优点。它成为适应有大开间、大柱网、大空间要求的多、高层及超高层建筑的主要楼盖结构体系之一。预应力混凝土结构分有粘结预应力混凝土和无粘结预应力混凝土结构两种，在预应力混凝土楼盖结构中，多采用无粘结预应力混凝土结构。

(4) 新的楼盖结构体系。

楼盖结构的自重占整个结构自重的比例很大。发展新的楼盖结构体系，减轻楼盖结构自重，一直是工程技术人员努力的目标之一。随着近年来建筑技术的蓬勃发展以及新材料、新工艺的广泛运用，在传统楼盖体系的基础上又涌现了许多新的楼盖结构体系。如：

① 密肋楼盖［图 2-1(f)］

密肋楼盖又分为单向和双向密肋楼盖。密肋楼盖可视为在实心板中挖凹槽，省去了受拉区混凝土，没有挖空部分就是小梁或称为肋，而柱顶区域一般保持为实心，起到柱帽的作用，也有柱间板带都为实心的，这样在柱网轴线上就形成了暗梁。

② 扁梁楼盖［图 2-1(e)］

为了降低构件的高度，增加建筑的净高或提高建筑的空间利用率，将楼板的水平支承梁做成宽扁的形式，就像放倒的梁。

③ 现浇空心板无梁楼盖

现浇空心无梁楼盖，是一种由采用高强复合薄壁管现浇成孔的空心楼板和暗梁组成的楼盖，它减轻了结构自重，增加了建筑的净高，通风、电器、水道管道的布置也很方便，具有较好的综合效益。

④ 预应力空腹楼盖

预应力空腹楼盖，是一种由上、下薄板和连接于其中用以保证上、下层板共同工作的短柱所组成的结构，上、下层板为预应力混凝土平板或带肋平板。这样的结构具有截面效率高、重量轻等特点。预应力空腹楼盖是一种综合经济指标较好、可以满足大跨度需要的楼盖结构。

⑤ 预应力混凝土框架扁梁楼盖

混合配筋预应力混凝土框架扁梁楼盖利用扁梁和柱形成框架，具有减小结构层高、降低结构自重的特点。

2.1.2 楼盖结构布置

（1）楼盖的组成

楼盖体系由板和支承构件(梁、柱、墙)组成，建筑结构的荷载通过板传给水平支承构件——梁(无梁楼盖直接传给竖向支承构件)，然后传给竖向构件——柱或墙，最后传给基础。传力路径为：板→梁→柱(墙)→基础。

（2）楼层结构布置的基本原则

楼层结构布置时，应对影响布置的各种因素进行分析比较和优化。通常是针对具体的建筑设计来布置结构，因此首先要从建筑效果和使用功能要求上考虑，包括：

① 根据房屋的平面尺寸和功能要求合理的布置柱网和梁；

② 楼层的净高度要求；

③ 楼层顶棚的使用要求；

④ 有利于建筑的立面设计及门窗要求；

⑤ 提供改变使用功能的可能性和灵活性；

⑥ 考虑到其他专业工种的要求。

其次从结构原理上考虑，包括：

① 构件的形状和布置尽量规则和均匀；

② 受力明确，传力直接；

③ 有利于整体结构的刚度均衡、稳定和构件受力协调；

④ 荷载分布均衡，要分散而不宜集中；

⑤ 结构自重要小；

⑥ 保证计算时楼面在自身平面内无限刚性假设的成立。

2.1.3 楼盖设计中的注意事项

（1）楼盖结构体系的选择

建筑物的用途和要求、结构的平面尺寸(柱网布置)是确定楼盖结构体系的主要依据。一般来说，常规建筑多选用板肋梁楼盖结构体系；对空间利用率要求较高的建筑，可采用无梁楼盖结构体系；大空间建筑，可选用井字楼盖、密肋楼盖、预应力楼盖等。

（2）结构计算模型的确定

将实际的建筑结构抽象为可以进行分析计算的力学模型，是结构设计的重要任务。好的力学计算模型应该是在反映实际结构的主要受力特点前提下，尽可能的简单。在楼盖设计中，应正确处理板与次梁、板与墙体、次梁与主梁、次梁与墙体、主梁与柱、主梁与墙体的关系。另一方面，一旦确定了计算模型，则应在后续的设计中，特别是在具体的构造处理和措施中，实现计算模型中的相互受力关系。

（3）梁板构件截面尺寸的确定

板的尺寸确定首先应满足规范规定的最小厚度要求，其次尚应满足一定的高跨比要求。表 2-1 列出了各种支承板的最小厚度和高跨比。

梁的高度应满足一定的高跨比要求。梁的宽度应与梁高成一定比例，以满足截面稳定性的要求。表 2-1 列出了常见梁的最小高跨比。

（4）楼盖结构的设计步骤

① 结构布置
② 建立计算模型，画出计算简图
③ 荷载分析计算
④ 结构及构件内力分析计算
⑤ 构件截面设计
⑥ 施工图设计

2.2 楼盖课程设计的有关要求

2.2.1 楼盖课程设计目的

（1）了解单向板肋梁楼盖的荷载传递关系及其计算简图的确定；

（2）通过板及次梁的计算，熟练掌握考虑塑性内力重分布的计算方法；

（3）通过主梁的计算，熟练掌握按弹性理论分析内力的方法，并熟悉内力包络图和材料图的绘制方法；

（4）了解并熟悉现浇梁板的有关构造要求；

（5）掌握钢筋混凝土结构施工图的表达方式和制图规定，进一步提高制图的基本技能。

2.2.2 楼盖课程设计内容和要求

（1）板和次梁按考虑塑性内力重分布方法计算内力；主梁按弹性理论计算内力，并绘出弯矩包络图。

（2）绘制楼盖结构施工图

① 楼面结构平面布置图(标注墙、柱定位轴线编号和梁、柱定位尺寸及构件编号)(比例 1∶100～1∶200)；

② 楼板　模板图及配筋平面图(标注板厚、板中钢筋的直径、间距、编号及其定位尺寸)(比例 1∶100～1∶200)；

③ 次梁　模板及配筋图(标注次梁截面尺寸及几何尺寸、钢筋的直径、根数、编号及其定位尺寸)(比例 1∶50，剖面图比例 1∶15～1∶30)；

④ 主梁　材料图、模板图及配筋图(按同一比例绘出主梁的弯矩包络图、抵抗弯矩图、模板图及配筋图，标注主梁截面尺寸及几何尺寸、钢筋的直径、根数、编号及其定位尺寸)(比例 1∶50，剖面图比例 1∶15～1∶30)；

⑤ 在图中标明有关设计说明，如混凝土强度等级、钢筋的种类、混凝土保护层厚度等。

（3）计算书

要求计算准确，步骤完整，内容清晰。

2.3 单向板肋梁楼盖结构设计计算方法

2.3.1 初选梁、板、柱的截面尺寸

初选梁板截面尺寸可参照表 2-1 的取值范围。

钢筋混凝土梁、板截面尺寸 **表 2-1**

构件种类	截面高度 h 与跨度 l 比值	附 注
简支单向板	$\frac{h}{l}\geqslant\frac{1}{35}$	单向板 h 不小于下列值： 屋顶板：60mm 民用建筑楼板：70mm 工业建筑楼板：80mm
两端连续单向板	$\frac{h}{l}\geqslant\frac{1}{40}$	
四边简支双向板	$\frac{h}{l_1}\geqslant\frac{1}{45}$	双向板 h 160mm≥h≥80mm l_1 为双向板的短向跨度
四边连续双向板	$\frac{h}{l_1}\geqslant\frac{1}{50}$	
多跨连续次梁	$\frac{h}{l}=\frac{1}{18}\sim\frac{1}{12}$	梁的高宽比 $\left(\frac{h}{b}\right)$ 一般取为 1.5～3.0 并以 50mm 为模数
多跨连续主梁	$\frac{h}{l}=\frac{1}{14}\sim\frac{1}{8}$	
单跨简支梁	$\frac{h}{l}=\frac{1}{14}\sim\frac{1}{8}$	

2.3.2 板的计算

(1) 板的计算单元的选取

由于板为多跨连续板，考虑计算方便，取沿板的长边方向 1m 宽板带作为计算单元。在具体计算时，当实际跨数大于五跨时可按五跨板计算，但要求板的跨度差不应大于 10%。

(2) 板的计算简图

确定板的计算简图的主要内容在于确定"连续板的计算跨度 l_0 的取值"，根据《钢筋混凝土连续梁和框架考虑内力重分布设计规程》(CECS 51：93)按表 2-2 确定。

连续板的计算跨度 l_0 的取值 **表 2-2**

连续板的支承条件	连续板的计算跨度 l_0
两端与梁整体连接	$l_0=l_n$(净跨)
两端搁支在墙上	$l_0=l_n+h\leqslant$支座中心线间的距离
一端与梁整体连接，另一端搁支在墙上	$l_0=l_n+h/2\leqslant l_n+1/2$ 墙支承宽度

(3) 板的荷载计算(表 2-3)

板荷载计算表 **表 2-3**

荷载种类		荷载标准值(kN/m²)	荷载分项系数	荷载设计值(kN/m²)
永久荷载	面层自重	面层厚×面层材料自重	—	—
	板 自 重	板厚×钢筋混凝土自重	—	—
	抹灰自重	抹灰厚×抹灰材料自重	—	—
	小 计	$g_k=\sum$	γ_G	$g=\gamma_G g_k$
可 变 荷 载		楼面可变荷载标准值 q_k	γ_Q	$q=\gamma_Q q_k$
全部计算荷载		—	—	$g+q$

(4) 板的内力计算

板的内力按《钢筋混凝土连续梁和框架考虑内力重分布设计规程》(CECS 51：93)计算。

① 承受均布荷载的等跨单向连续板

承受均布荷载的等跨单向连续板，各跨跨中及支座截面的弯矩设计值 M 可按下列公式计算：

$$M=\alpha_{mp}(g+q)l_0^2 \tag{2-3}$$

式中　α_{mp}——单向连续板考虑塑性内力重分布的弯矩系数，按表 2-4 采用；

g——沿板跨单位长度上的永久荷载设计值；

q——沿板跨单位长度上的可变荷载设计值；

l_0——计算跨度，根据支承条件按表 2-2 确定。

连续板考虑塑性内力重分布弯矩系数 α_{mp}　　　表 2-4

端支座支承情况	截面					
	端支座	边跨跨中	离端第二支座	离端第二跨跨中	中间支座	中间跨跨中
	A	Ⅰ	B	Ⅱ	C	Ⅲ
搁支在墙上	0	$\frac{1}{11}$	$-\frac{1}{10}$（用于两跨连续板）	$\frac{1}{16}$	$-\frac{1}{14}$	$\frac{1}{16}$
与梁整体连接	$-\frac{1}{16}$	$\frac{1}{14}$	$-\frac{1}{11}$（用于多跨连续板）			

② 承受均布荷载的不等跨单向连续板

A. 当相邻两跨的长跨与短跨之比值小于 1.10 时，各跨跨中及支座截面的弯矩设计值可按“承受均布荷载的等跨单向连续板”的规定确定。此时，计算跨中弯矩应取本跨的跨度值计算；支座弯矩应取相邻两跨的较大跨度值。

B. 当相邻两跨的长跨与短跨之比值不小于 1.10 或各跨荷载值相差较大的等跨连续板，可按下列步骤进行内力重分布计算：

按荷载的最不利布置用弹性分析方法计算连续板各控制截面的最不利弯矩，此时连续板的计算跨度应根据支承条件按表 2-2 确定，也可按照下列条件确定：当两端与梁整体连接时，取为支座中心线间的距离，即为 $l_0=l_n+b$（l_n 为板的净跨，b 为支撑梁宽）；当两端搁支在墙上时，取板的净跨加板厚，并不得大于支座中心线间的距离，即为 $l_0=l_n+h$ 和 $l_0=l_n+a$ 或 $l_0=1.05l_n$ 之较小者（l_n 为板的净跨，h 为板厚，a 为搁支宽度）；当一端与梁整体连接另一端搁支在墙上时，取板的净跨加板厚和搁支长度的一半，并不得大于梁的支承宽度为支座中心线间的距离，即为 $l_0=l_n+h/2+b/2$ 和 $l_0=l_n+a/2+b/2$ 或 $l_0=1.025l_n+b/2$ 之较小者。

在弹性分析的基础上，降低连续板各支座截面的弯矩，其调幅系数不宜超过 20%。

在进行正截面受弯承载能力计算时，连续板各支座截面的弯矩设计值可根据不同支承条件参照公式(2-3)和表 2-4 确定。

连续板各跨中截面的弯矩不宜调整其弯矩设计值，可取考虑荷载最不利布置并按弹性方法算得的弯矩设计值和按式(2-3)计算的弯矩设计值的较大者。

(5) 正截面承载力计算

板的正截面承载力按《混凝土结构设计规范》(GB 50010—2010)计算。

由于板的截面尺寸一般均能满足斜截面抗剪强度的要求，因此对板的承载力计算只进行正截面承载力计算。

计算截面的宽度：$b=1000\text{mm}$

截面高度：h=板厚

截面的有效高度：$h_0=h-20\text{mm}$

根据各跨中及支座截面的弯矩值可列表计算各截面的受力钢筋截面面积 A_s。

（6）绘制板的配筋图

2.3.3 次梁的计算

（1）次梁计算简图

连续梁的计算跨度 l_0 的取值　　　　**表 2-5**

连续梁的支承条件	连续板的计算跨度 l_0
两端与梁或柱整体连接	$l_0=l_n$(净跨)
两端搁支在墙上	$l_0=1.05l_n\leqslant$支座中心线间的距离
一端与梁或柱整体连接，另一端搁支在墙上	$l_0=1.025l_n\leqslant l_n+1/2$ 墙支承宽度

（2）荷载计算(表 2-6)

次梁荷载计算表　　　　**表 2-6**

荷载种类		荷载标准值(kN/m)	荷载分项系数	荷载设计值(kN/m)
永久荷载	由板传来的荷载	板传来的永久荷载标准值×次梁间距	—	—
	次梁自重	次梁宽×(次梁高−板厚)×钢筋混凝土自重	—	—
	梁侧抹灰	抹灰厚×(次梁高−板厚)×2×抹灰自重	—	—
	小　计	$g_k=\sum$	γ_G	$g=\gamma_G g_k$
可变荷载		q_k=板传来的可变荷载标准值×次梁间距	γ_Q	$q=\gamma_Q q_k$
全部计算荷载		—		$g+q$

（3）次梁的内力计算

次梁的内力按《钢筋混凝土连续梁和框架考虑内力重分布设计规程》(CECS 51：93)计算。

① 承受均布荷载的等跨连续梁

承受均布荷载的等跨连续梁各跨跨中及支座截面的弯矩设计值 M 可按下列公式计算：

$$M=\alpha_{mb}(g+q)l_0^2 \tag{2-4}$$

式中　M——弯矩设计值；

α_{mb}——连续梁考虑塑性内力重分布的弯矩系数，按表 2-7 采用；

g——沿梁跨单位长度上的永久荷载设计值；

q——沿梁跨单位长度上的可变荷载设计值；

l_0——计算跨度，根据支承条件按表 2-5 确定。

连续梁考虑塑性内力重分布弯矩系数 α_{mb}　　　　**表 2-7**

端支座支承情况	截面					
	端支座	边跨跨中	离端第二支座	离端第二跨跨中	中间支座	中间跨跨中
	A	Ⅰ	B	Ⅱ	C	Ⅲ
搁支在墙上	0	$\frac{1}{11}$	$-\frac{1}{10}$(用于两跨连续梁) $-\frac{1}{11}$(用于多跨连续梁)	$\frac{1}{16}$	$-\frac{1}{14}$	$\frac{1}{16}$
与梁整体连接	$-\frac{1}{24}$	$\frac{1}{14}$				
与柱整体连接	$-\frac{1}{16}$	$\frac{1}{14}$				

注：1. 表中 A、B、C 和Ⅰ、Ⅱ、Ⅲ分别为从两端支座截面和边跨跨中截面算起的截面代号；

2. 表中弯矩系数适用于荷载比 q/g 大于 0.3 的等跨连续梁。

在均布荷载作用下等跨连续梁的剪力设计值 V 可按下列公式计算：

$$V=\alpha_{vb}(g+q)l_n \tag{2-5}$$

式中 V——剪力设计值；

α_{vb}——考虑塑性内力重分布的剪力系数按表 2-8 采用；

l_n——净跨度。

连续梁考虑塑性内力重分布剪力系数 α_{vb} 　　　表 2-8

荷载情况	端支座支承情况	截面				
		A 支座内侧	B 支座外侧	B 支座内侧	C 支座外侧	C 支座内侧
		A_{in}	B_{ex}	B_{in}	C_{ex}	C_{in}
均布荷载	搁支在墙上	0.45	0.60	0.55	0.55	0.55
	梁与梁或梁与柱整体连接	0.50	0.55			
集中荷载	搁支在墙上	0.42	0.65	0.60	0.55	0.55
	梁与梁或梁与柱整体连接	0.50	0.60			

② 承受均布荷载的不等跨连续梁

相邻两跨的长跨与短跨之比值小于 1.10 的不等跨连续梁，在均布荷载作用下梁各跨跨中及支座截面的弯矩和剪力设计值仍可按“承受均布荷载的等跨连续梁”的规定确定，但在计算跨中弯矩和支座剪力时，应取本跨的跨度值；计算支座弯矩时，应取相邻两跨中的较大跨度值。

（4）截面承载力计算

次梁截面承载力按《混凝土结构设计规范》(GB 50010—2010)计算。当次梁与板整体连接时，板可作为次梁的翼缘。因此跨中截面在正弯矩作用下，按 T 形截面计算。支座附近的负弯矩区段，按矩形截面计算。

T 形、I 形及倒 L 形截面受弯构件位于受压区的翼缘计算宽度应按表 2-9 所列情况中的最小值取用。

T 形、I 形及倒 L 形截面受弯构件翼缘计算宽度 b_f' 　　　表 2-9

情况		T 形、L 形截面		倒 L 形截面
		肋形梁、肋形板	独立梁	肋形梁、肋形板
1	按计算跨度 l_0 考虑	$l_0/3$	$l_0/3$	$l_0/6$
2	按梁(纵肋)净距考虑	$b+s_n$	—	$b+s_n/2$
3	按翼缘高度 h_f' 考虑	$b+12h_f'$	b	$b+5h_f'$

注：1. 表中 b 为腹板宽度；

2. 如肋形梁在梁跨内设有间距小于纵肋间距的横肋式，则可不遵守表列情况 3 的规定；

3. 对加腋的 T 形、I 形和倒 L 形截面，当受压区加腋的高度 $h_h \geqslant h_f'$ 且加腋的长度 $b_h \leqslant 3h_h$ 时，其翼缘计算宽度可按表列情况 3 的规定分别增加 $2b_h$(T 形、I 形截面)和 b_h(倒 L 形截面)；

4. 独立梁受压区的翼缘板在荷载作用下经验算沿纵肋方向可能产生裂缝时，其计算宽度应取腹板宽度 b。

（5）绘制次梁配筋图

次梁配筋图见 2.4 节单向板肋梁楼盖设计例题。

2.3.4 主梁的计算

(1) 计算简图

《混凝土结构设计规范》(GB 50010—2010)规定，杆件的计算跨度宜按其两端支承长度的中心距确定，并根据支承节点的连接刚度或支承反力的位置加以修正。

(2) 荷载计算(表 2-10)

主梁荷载计算表 **表 2-10**

荷载种类		荷载标准值(kN)	荷载分项系数	荷载设计值(kN)
永久荷载	由次梁传来的荷载	次梁传来的永久荷载标准值×主梁间距	—	—
	主梁自重	主梁宽×(主梁高－板厚)×次梁间距×钢筋混凝土自重	—	—
	梁侧抹灰	抹灰厚×(主梁高－板厚)×2×次梁间距×抹灰自重	—	—
	小计	$G_k=\sum$	γ_G	$G=\gamma_G G_k$
可变荷载		Q_k＝次梁传来的可变荷载标准值×主梁间距	γ_Q	$Q=\gamma_Q Q_k$
全部计算荷载		—	—	$G+Q$

(3) 内力计算

主梁内力计算采用弹性理论按照结构力学方法计算，计算时要考虑活荷载不利组合，画出弯矩和剪力包络图，计算方法和步骤见 3.4 节例题。

(4) 截面承载力计算

主梁截面承载力按《混凝土结构设计规范》(GB 50010—2010)计算。

(5) 主梁吊筋计算

主梁和次梁相交处，在主梁高度范围内受到次梁传来的集中荷载作用，规范规定，位于梁下部或截面高度范围内的集中荷载，应全部由附加横向钢筋(箍筋、吊筋)承担，附加横向钢筋宜采用箍筋。箍筋应布置在 $s=2h_1+3b$(图 2-3)范围内。当采用吊筋时，其弯起段应伸至梁上边缘，且末端水平段长度符合《混凝土结构设计规范》(GB 50010—2010)的相关要求。

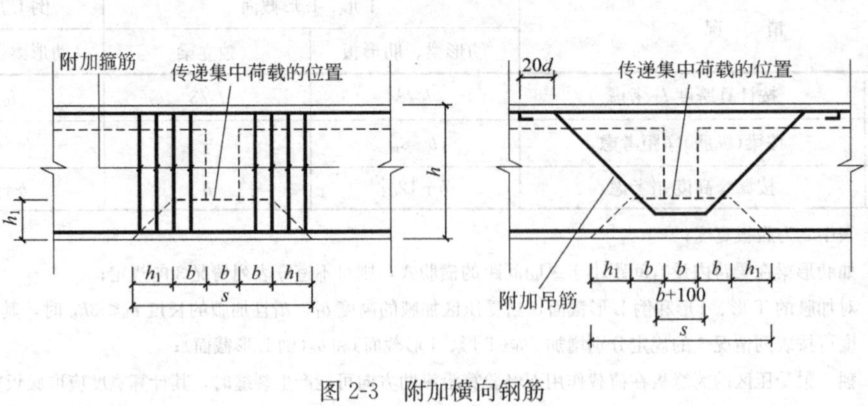

图 2-3 附加横向钢筋

附加横向钢筋的总截面面积应符合：

$$A_{sv} \geqslant \frac{F}{f_{yv} \sin\alpha} \tag{2-6}$$

式中 A_{sv}——承受集中荷载所需的附加横向钢筋总截面面积；当采用附加吊筋时，A_{sv}应为左、右弯起段截面面积之和；

F——作用在梁下部或梁截面高度范围内的集中荷载设计值；

f_{yv}——钢筋抗拉强度设计值；

α——附加横向钢筋与梁轴线间的夹角。

(6) 绘制主梁的配筋图及弯矩包络图和材料图

主梁配筋图及弯矩包络图和材料图见 2.4 节单向板肋梁楼盖设计例题。

2.4 单向板肋形楼盖设计实例

某多层建筑楼盖的轴线及柱网平面尺寸见图 2-4，建筑层高 4.5m，采用钢筋混凝土现浇楼盖。试设计该楼盖。

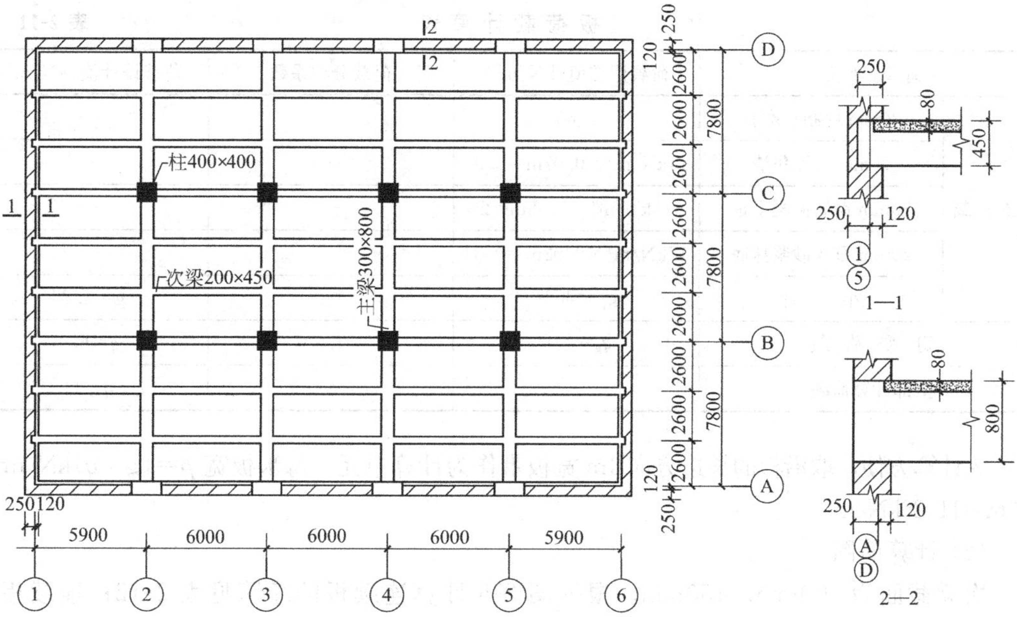

图 2-4 楼盖结构平面布置图

2.4.1 设计资料

(1) 楼面做法：30mm 厚现制水磨石面层，下铺 70mm 厚水泥石灰焦渣，梁板下面用 20mm 厚石灰砂浆抹灰。

(2) 楼面可变荷载标准值 $q=5\text{kN/m}^2$，其分项系数为 1.3。

(3) 材料：

梁、板混凝土：采用 C25 级（$\alpha_1=1.0$，$f_c=11.9\text{N/mm}^2$，$f_t=1.27\text{N/mm}^2$，$E_c=2.80\times10^4\text{N/mm}^2$）；

钢筋：直径≥12mm 时，采用 HRB335 钢（f_y=300N/mm²，E_s=2.0×10⁵N/mm²）；

直径<12mm 时，采用 HPB300 钢（f_y=270N/mm²，E_s=2.1×10⁵N/mm²）。

2.4.2 截面尺寸选择

按不需要做挠度验算的条件考虑。

板：$h \geqslant \frac{l}{40} \geqslant \frac{2600}{40}$=65mm≥60mm，取板厚 h=80mm。

次梁：截面高度 h=(1/18～1/12)l=6000/18～6000/12=333～500mm，取 h=450mm；截面宽度 b=(1/3～1/2)h=450/3～450/2=150～225mm，取 b=200mm。

主梁：截面高度 h=(1/14～1/8)l=7800/14～7800/8=557～975mm，取 h=800mm；截面宽度 b=(1/3～1/2)h=800/3～800/2=266～400mm，取 b=300mm。

柱：$b \times h$=400mm×400mm。

2.4.3 板的设计

按内力塑性重分布方法计算。

（1）荷载计算

板的荷载计算见表 2-11。

板荷载计算表　　　　表 2-11

荷载种类		荷载标准值(kN/m²)	荷载分项系数	荷载设计值(kN/m²)
永久荷载	30mm 现制水磨石	0.65	—	—
	70mm 水泥焦渣	14kN/m³×0.07m=0.98	—	—
	80mm 钢筋混凝土板	25kN/m³×0.08m=2	—	—
	20mm 石灰砂浆抹底	17kN/m³×0.02m=0.34	—	—
	小　计	g_k=3.97	1.2	g=4.76
可变荷载		q_k=5.0	1.3	q=6.5
全部计算荷载		—	—	$g+q$=11.26

为计算方便，取沿板的长边方向 1m 宽板带作为计算单元，每米板宽 $p=(g+q)$kN/m²×1.0m=11.26kN/m。

（2）计算简图

次梁截面为 200mm×450mm。根据图 2-5 计算连续板的净跨见表 2-12；连续板的边跨一端与梁整体连接，另一端搁支在墙上，中跨两端都与梁固接，故计算跨度 l_0 的计算见表 2-12。

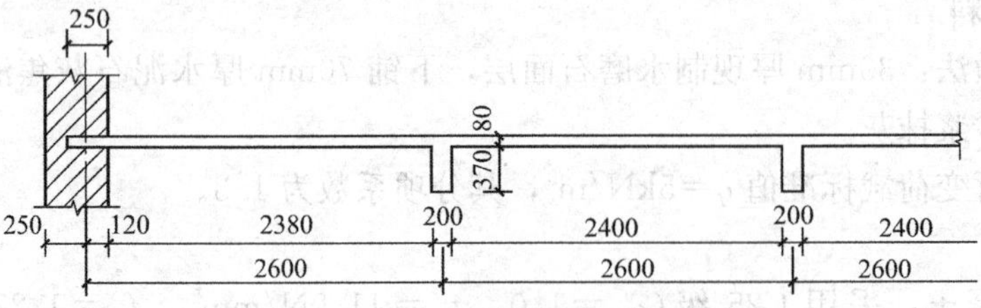

图 2-5　连续板的结构布置图

板的净跨和计算跨度 **表 2-12**

项目	净　跨	计 算 跨 度
边跨	$l_n=2600-120-200/2=2380$	$l_0=l_n+h/2=2380+80/2=2420\leqslant l_n+1/2$ 墙支承宽度 $=2380+120/2=2440$，满足要求
中跨	$l_n=2600-200=2400$	$l_0=l_n=2400$

边跨与中间跨的计算跨度相差 $\frac{2420-2400}{2400}\times100\%=0.83\%<10\%$，且跨数大于五跨，故可近似按五跨的等跨连续板的内力系数计算内力。

取 1m 宽板带进行计算，根据表 2-11、表 2-12 确定连续板的计算简图如图 2-6 所示。

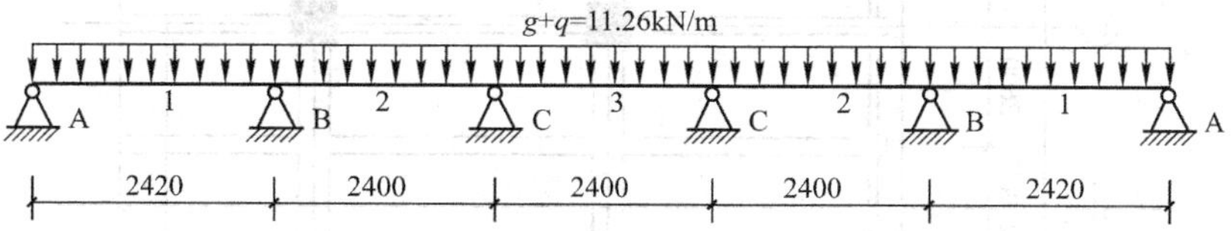

图 2-6　连续板的计算简图

（3）内力及截面承载力计算

②～⑤轴间板带的中间跨跨中和中间支座考虑板四周与梁整体连接，故弯矩值降低 20%，计算结果列在表 2-13 的括号内。

连续单向板的截面弯矩及正截面抗弯承载力计算表 **表 2-13**

截　面	边跨跨中 1	第一内支座 B	中间跨中 2	中间支座 C
计算跨度(m)	2.42	2.42	2.40	2.40
弯矩系数 α	$+\frac{1}{11}$	$-\frac{1}{11}$	$+\frac{1}{16}$	$-\frac{1}{14}$
$M=\alpha_{mp}(g+q)l_0^2$(kN·m)	5.995	−5.995	4.054(3.243)	−4.633(−3.706)
$b\times h_0$(mm)	1000×60			
$\alpha_s=\frac{M}{\alpha_1 f_c b h_0^2}$	0.140	0.140	0.095(0.076)	0.108(0.087)
$\xi=1-\sqrt{1-2\alpha_s}$	0.151	0.151	0.100(0.079)	0.115(0.091)
$\gamma_s=0.5(1+\sqrt{1-2\alpha_s})$	0.924	0.924	0.950(0.961)	0.943(0.955)
$A_s=\frac{M}{\gamma_s f_y h_0}$	401	401	264(208)	303(240)
选用钢筋	Φ10@140	Φ10@140	Φ10@140 (Φ10@140)	Φ10@140 (Φ10@140)
实配钢筋截面面积(mm^2)	561	561	561(561)	561(561)
最小配筋率 ρ_{min}(%)	$45\frac{f_t}{f_y}=45\times\frac{1.27}{270}=0.21>0.2$，取 $\rho_{min}=0.21$			
配筋率 $\rho=\frac{A_s}{bh}$	$0.70\%>\rho_{min}$	$0.70\%>\rho_{min}$	$0.70\%>\rho_{min}$ $(0.70\%>\rho_{min})$	$0.70\%>\rho_{min}$ $(0.70\%>\rho_{min})$

（4）板配筋图

板配筋图见图 2-7。

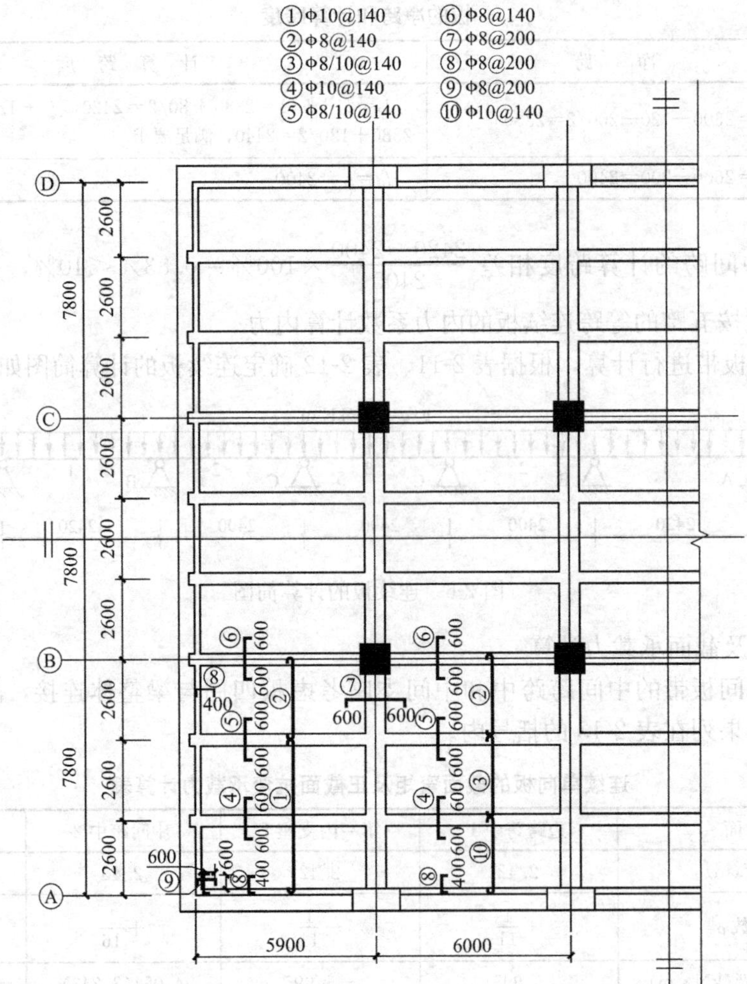

图 2-7 楼板配筋图

2.4.4 次梁设计

次梁按塑性内力重分布方法计算。

(1) 荷载计算

次梁荷载计算见表 2-14。

次梁荷载计算表 表 2-14

荷载种类		荷载标准值(kN/m)	荷载分项系数	荷载设计值(kN/m)
永久荷载	由板传来的荷载	3.97×2.6=10.32	—	—
	次梁自重	0.2×(0.45−0.08)×25=1.85	—	—
	梁侧抹灰	0.02×(0.45−0.08)×2×17=0.25	—	—
	小　计	g_k=12.42	1.2	g=14.90
可变荷载		q_k=5.00×2.6=13.00	1.3	q=16.90
全部计算荷载		—	—	$g+q$=31.80

(2) 计算简图

主梁截面为 400mm×800mm。

根据图 2-8 计算连续梁的净跨见表 2-15，连续梁的边跨一端与梁整体连接，另一端搁支在墙上，中跨两端都与梁固接，计算跨度 l_0 的计算见表 2-15。

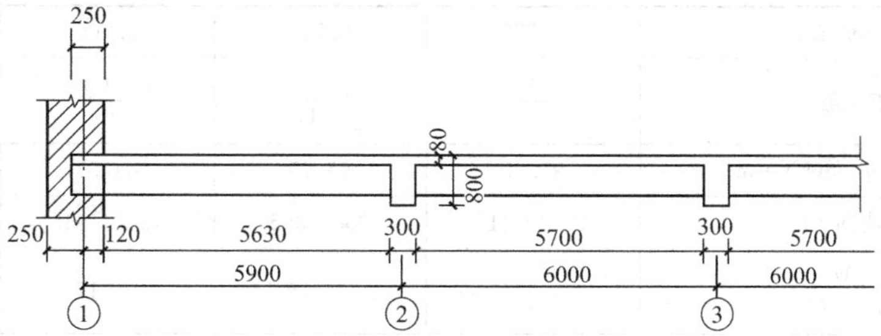

图 2-8 次梁结构布置图

次梁的净跨和计算跨度 **表 2-15**

项目	净 跨	计 算 跨 度
边跨	$l_n=5900-120-300/2=5630$	$l_0=1.025l_n=1.025\times5630=5771>l_n+1/2$ 墙支承宽度$=5630+250/2=5755$，取 $l_0=5755$
中跨	$l_n=6000-300=5700$	$l_0=l_n=5700$

边跨与中间跨的计算跨度差 $\dfrac{5755-5700}{5700}\times100\%=0.96\%<10\%$，故次梁按端支座是铰接的五跨等截面等跨连续梁计算。承受正弯矩的跨中截面按 $b_f'=l_0/3$ 的 T 形截面计算。

根据表 2-14、表 2-15 确定次梁的计算简图如图 2-9 所示。

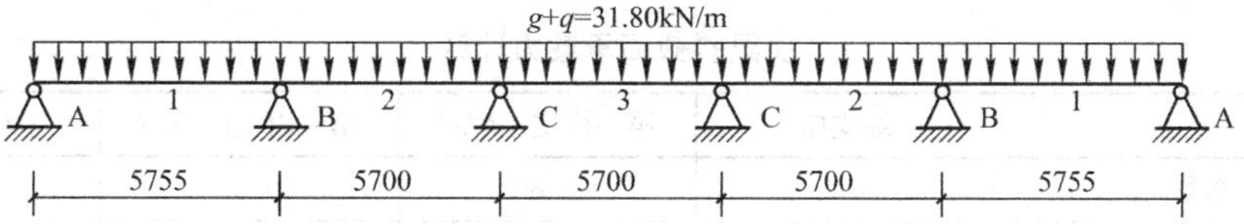

图 2-9 次梁的计算简图

(3) 内力及截面承载力计算

边跨：$b_f'=\dfrac{l_0}{3}=\dfrac{1}{3}\times5755=1918\text{mm}<b_f'=200+5630=5830$，取 $b_f'=1918\text{mm}$

中跨：$b_f'=\dfrac{l_0}{3}=\dfrac{1}{3}\times5700=1900\text{mm}<b_f'=200+5700=5900$，取 $b_f'=1900\text{mm}$

判别 T 形截面类别，取 $h_0=450-35=415\text{mm}$

边跨：

$$b_f'h_f'f_c\left(h_0-\frac{h_f'}{2}\right)=1918\times80\times11.9\times\left(415-\frac{80}{2}\right)=684.8\text{kN}\cdot\text{m}>95.75\text{kN}\cdot\text{m}$$

中跨：

$$b_f'h_f'f_c\left(h_0-\frac{h_f'}{2}\right)=1900\times80\times11.9\times\left(415-\frac{80}{2}\right)=678.3\text{kN}\cdot\text{m}>64.57\text{kN}\cdot\text{m}$$

故各跨跨中截面均属于第一类T形截面。

各截面承载力计算见表2-16和表2-17。

次梁正截面承载力计算 **表2-16**

截　面	边跨跨中1	第一内支座B	中间跨中2、3	中间支座C
计算跨度(m)	5.755	5.755	5.700	5.700
弯矩系数	$\frac{1}{11}$	$-\frac{1}{11}$	$\frac{1}{16}$	$-\frac{1}{14}$
$M=\alpha_{mb}(g+q)l_0^2$(kN·m)	95.75	95.75	64.57	73.80
$b\times h_0$ 或 $b_f'\times h_0$	1918×415	200×395	1900×415	200×395
$\alpha_s=\frac{M}{\alpha_1 f_c b h_0^2}$	0.024	0.258	0.017	0.199
$\xi=1-\sqrt{1-2\alpha_s}$	$0.025<\xi_b$	$0.304<\xi_b$	$0.017<\xi_b$	$0.224<\xi_b$
$\gamma_s=0.5(1+\sqrt{1+2\alpha_s})$	0.988	0.848	0.992	0.888
$A_s=\frac{M}{\gamma_s f_y h_0}$	779	953	523	701
选用钢筋	4Φ16	2Φ16+2Φ20	3Φ16	2Φ16+2Φ14
实配钢筋截面面积(mm^2)	804	1030	603	710
最小配筋率ρ_{min}(%)	$45\frac{f_t}{f_y}=45\times\frac{1.27}{300}=0.19<0.2$，取$\rho_{min}=0.2$			
配筋率$\rho=\frac{A_s}{bh}$或$\rho=\frac{A_s}{bh+(b-b_f)h_f}$	$0.35\%>\rho_{min}$	$1.14\%>\rho_{min}$	$0.27\%>\rho_{min}$	$0.79\%>\rho_{min}$

注：混凝土强度等级≤C50，钢筋为HRB335，则$\xi_b=0.550$。

次梁斜截面承载力计算 **表2-17**

截　面	端支座	第一内支座(左)	第一内支座(右)	中间支座
剪力系数α_{vb}	0.45	0.60	0.55	0.55
净跨l_n	5.63	5.63	5.70	5.70
$V=\alpha_{vb}(g+q)l_n$(kN)	80.57	107.42	99.69	99.69
$0.25f_c bh_0$(N)	$246.93>V$	$235.03>V$	$246.93>V$	$235.03>V$
$0.7f_t bh_0$(N)	$73.79<V$	$70.23<V$	$73.79<V$	$70.23<V$
箍筋肢数和直径	2Φ6	2Φ6	2Φ6	2Φ6
$A_{sv}=nA_{sv1}$(mm^2)	57	57	57	57
$s=\frac{A_{sv}f_{yv}h_0}{V-0.7f_t bh_0}$	942	164	247	207
实配箍筋间距(mm)	180	150	180	180
$(\rho_{sv})_{min}$	$0.26\frac{f_t}{f_{yv}}=0.122\%$			
$\rho_{sv}=\frac{A_{sv}}{bs}$	$0.158\%>(\rho_{sv})_{min}$	$0.158\%>(\rho_{sv})_{min}$	$0.158\%>(\rho_{sv})_{min}$	$0.158\%>(\rho_{sv})_{min}$

注：s_{max}为200mm，d_{min}为6mm，满足构造要求。

(4) 次梁配筋图

次梁配筋图见图 2-10。

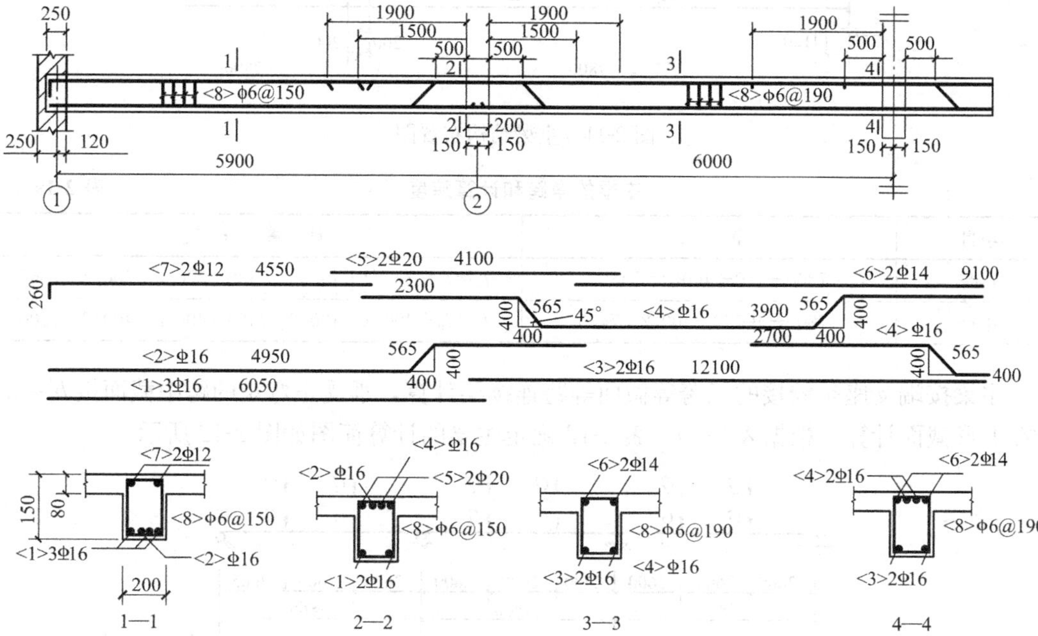

图 2-10　次梁配筋图

2.4.5　主梁计算

主梁按弹性理论计算。

(1) 荷载计算

为简化起见，主梁自重及梁侧抹灰折算为集中荷载。主梁荷载计算见表 2-18。

主梁荷载计算表　　　　**表 2-18**

荷载种类		荷载标准值(kN)	荷载分项系数	荷载设计值(kN)
永久荷载	由次梁传来的荷载	12.42×6.0=74.52	—	—
	主梁自重	0.3×(0.80−0.08)×2.6×25=14.04	—	—
	梁侧抹灰	0.02×(0.80−0.08)×2.6×2×17=1.27	—	—
	小　计	G_k=89.83	1.2	G=107.80
可变荷载		Q_k=13×6.0=78.00	1.3	Q=101.40
全部计算荷载		—	—	—

(2) 计算简图

柱截面为 400mm×400mm。

根据图 2-11 计算主梁的净跨计算如表 2-19 所示；主梁的边跨一端与柱整体连接，另一端搁支在墙上，中跨两端都与柱固接，计算跨度 l_0 的计算如表 2-19 所示。

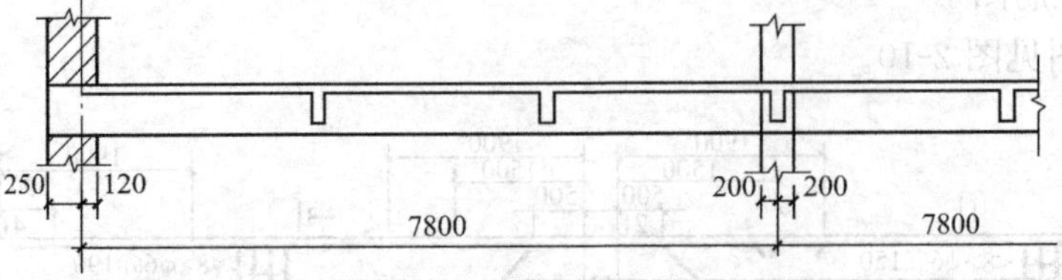

图 2-11　主梁结构布置图

主梁的净跨和计算跨度　　　　　　　　　　**表 2-19**

项目	净　跨	计　算　跨　度
边跨	$l_n=7800-120-400/2=7480$	$l_0=l_n+370/2+400/2=7480+370/2+400/2=7865$
中跨	$l_n=7800-400/2-400/2=7400$	$l_0=l_n+400/2+400/2=7400+400/2+400/2=7800$

主梁按端支座是铰接的三跨等截面等跨连续梁计算，承受正弯矩的跨中截面按 $b'_f=l_0/3$ 的 T 形截面计算。根据表 2-19、表 2-12 确定主梁的计算简图如图 2-12 所示。

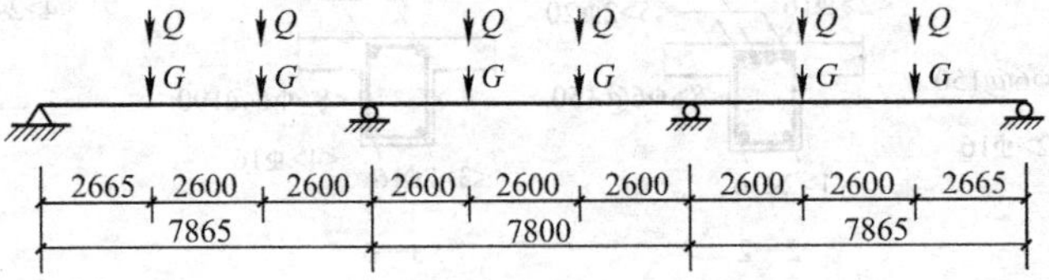

图 2-12　主梁计算简图

(3) 内力计算

主梁的内力计算见表 2-20。

主梁内力计算表　　　　　　　　　　**表 2-20**

项次	荷载简图	弯矩(kN·m)					剪力(kN)		
		边跨跨中		B 支座	中间跨跨中		A 支座	B 支座	
		$\frac{k}{M_1}$	$\frac{k}{M_2}$	$\frac{k}{M_B}$	$\frac{k}{M_3}$	$\frac{k}{M_4}$	$\frac{k}{V_A}$	$\frac{k}{V_{B左}}$	$\frac{k}{V_{B右}}$
①	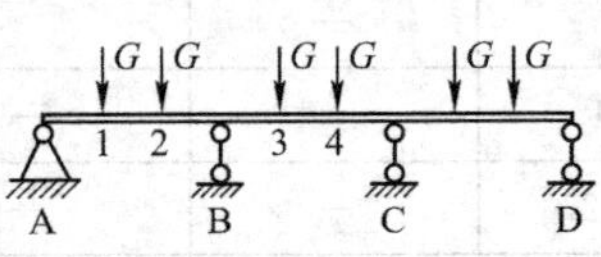	0.244	0.155	−0.267	0.067	0.067	0.733	−1.267	1.000
		206.87	131.42	−224.50	56.34	56.34	79.02	−136.58	107.80
②	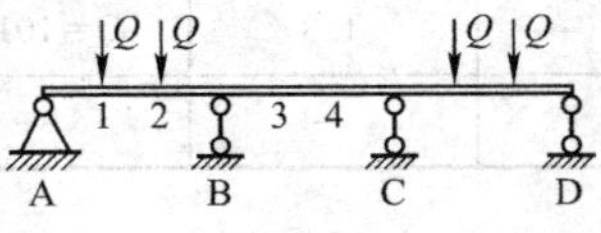	0.289	0.244	−0.133	−0.133	−0.133	0.866	−1.134	0
		230.48	194.59	−105.19	−105.19	−105.19	87.81	−114.99	0
③	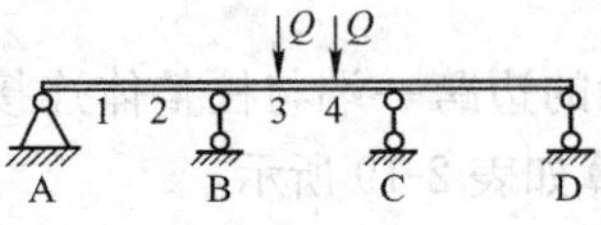	−0.044	−0.089	−0.133	0.200	0.200	−0.133	−0.133	1.000
		−35.09	−70.98	−105.19	158.14	158.14	−13.49	−13.49	101.40

续表

项次	荷载简图	弯矩(kN·m)					剪力(kN)		
		边跨跨中		B支座	中间跨跨中		A支座	B支座	
		$\frac{k}{M_1}$	$\frac{k}{M_2}$	$\frac{k}{M_B}$	$\frac{k}{M_3}$	$\frac{k}{M_4}$	$\frac{k}{V_A}$	$\frac{k}{V_{B左}}$	$\frac{k}{V_{B右}}$
④	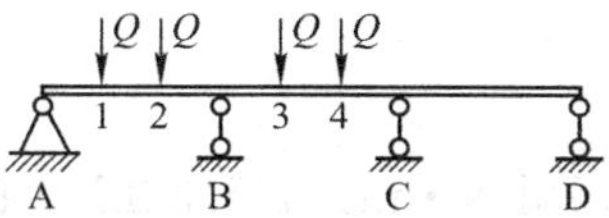	0. 229	0. 125	−0. 311	0. 096	0. 170	0. 689	−1. 211	1. 222
		238. 46	99. 69	−245. 98	75. 93	134. 46	69. 86	−122. 80	123. 91
⑤	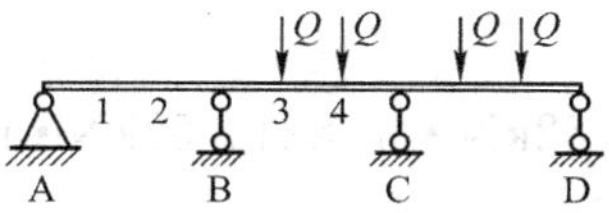	−0. 030	−0. 059	−0. 089	0. 170	0. 096	−0. 089	−0. 089	0. 778
		−23. 93	−47. 05	−70. 39	134. 46	75. 93	−9. 03	−9. 03	78. 89
内力不利组合	①+②	437. 36	326. 01	−329. 70	−48. 86	−48. 86	166. 83	−251. 57	107. 80
	①+③	171. 78	60. 44	−329. 70	214. 52	214. 52	65. 53	−150. 09	209. 20
	①+④	445. 33	231. 11	−470. 48	132. 26	190. 79	148. 88	−259. 38	231. 71
	①+⑤	182. 95	84. 36	−294. 90	190. 79	132. 26	69. 99	−146. 61	186. 69

将上述荷载情况经最不利内力组合，得到主梁的弯矩包络图和剪力包络图见图 2-13。

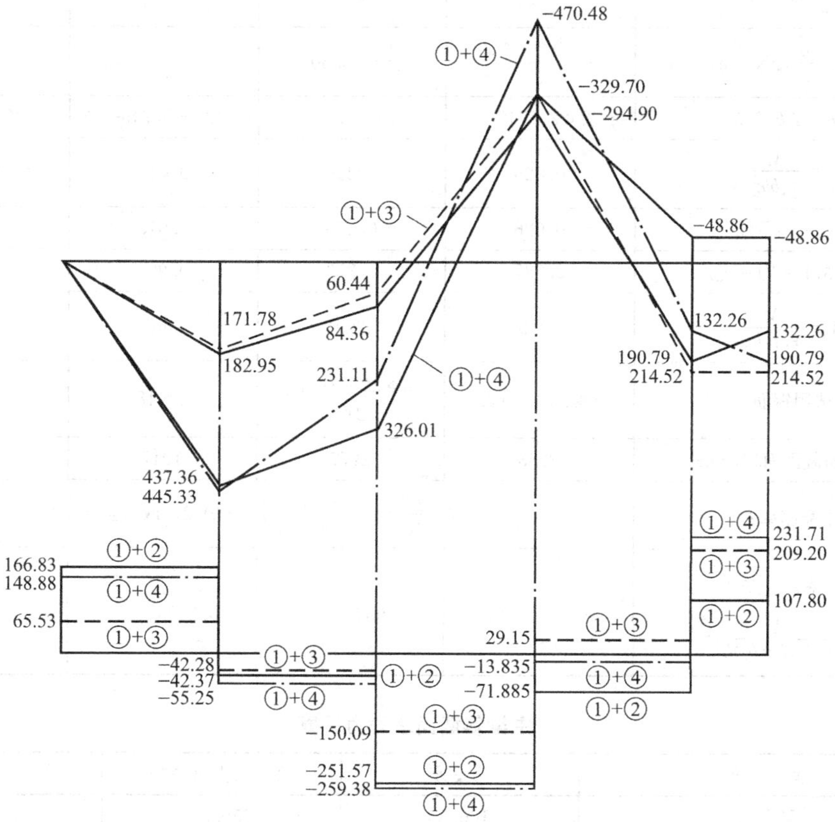

图 2-13　主梁内力包络图

（4）截面承载力计算

边跨：$b_f'=\frac{l_0}{3}=\frac{1}{3}\times7865=2622\text{mm}<b_f'=300+7480=7780$，取 $b_f'=2622\text{mm}$

中跨：$b_f'=\frac{l_0}{3}=\frac{1}{3}\times7800=2600\text{mm}<b_f'=300+7400=7700$，取 $b_f'=2600\text{mm}$

判别 T 形截面类别，取 $h_0=800-35=765\text{mm}$

边跨：

$$b_f'h_f'f_c\left(h_0-\frac{h_f'}{2}\right)=2622\times80\times11.9\times\left(765-\frac{80}{2}\right)=1809.70\text{kN}\cdot\text{m}>445.33\text{kN}\cdot\text{m}$$

中跨：

$$b_f'h_f'f_c\left(h_0-\frac{h_f'}{2}\right)=2600\times80\times11.9\times\left(765-\frac{80}{2}\right)=1794.52\text{kN}\cdot\text{m}>214.52\text{kN}\cdot\text{m}$$

故各跨跨中截面均属于第一类 T 形截面。

各截面承载力计算见表 2-21、表 2-22。

主梁正截面承载力计算 **表 2-21**

截　面	边跨中 1	中间支座 B	中间跨中 2	
M(kN·m)	445.33	−470.48	214.52	−48.86
$V_0\frac{b}{2}$(kN·m)	—	51.88	—	—
$M-V_0\frac{b}{2}$(kN·m)	—	−418.60	—	—
$b\times h_0^2$ 或 $b_f'\times h_0^2$	2622×745^2	300×720^2	2600×745^2	2600×745^2
$\alpha_s=\frac{M}{f_cbh_0^2}$	0.026	0.226	0.012	0.003
$\xi=1-\sqrt{1-2\alpha_s}$	0.026	0.260	0.013	0.003
$\gamma_s=0.5(1+\sqrt{1-2\alpha_s})$	0.987	0.870	0.994	0.999
$A_s=\frac{M}{\gamma_sf_yh_0}$	2019	2228	966	219
选用钢筋	3Φ25+2Φ22	3Φ22+2Φ18 +2Φ20	4Φ18	2Φ20
实配钢筋截面面积(mm²)	2233	2277	1017	628
最小配筋率 ρ_{min}	$45\frac{f_t}{f_y}=45\times\frac{1.27}{300}=0.19<0.2$，取 $\rho_{min}=0.2$			
配筋率 $\rho=\frac{A_s}{bh}$ 或 $\rho=\frac{A_s}{bh+(b-b_f)h_f}$	$0.52\%>\rho_{min}$	$0.95\%>\rho_{min}$	$0.24\%>\rho_{min}$	—

主梁斜截面承载力计算 **表 2-22**

截　面	边支座	第一内支座(左)	第一内支座(右)
V(kN)	166.83	259.38	231.71
$0.25f_cbh_0$(N)	642.6	642.6	642.6

续表

截　面	边支座	第一内支座(左)	第一内支座(右)
$0.7f_tbh_0$(N)	192.02>V	192.02<V	192.02<V
箍筋肢数和直径	2ϕ8	2ϕ8	2ϕ8
$A_{sv}=nA_{sv1}$(mm^2)	101	101	101
$s=\dfrac{f_{yv}A_{sv}h_0}{V-0.7f_tbh_0}$	构造配箍	292	618
实配箍筋间距(mm)	200	200	200
$(\rho_{sv})_{min}$	$0.26\dfrac{f_t}{f_{yv}}=0.122\%$		
$\rho_{sv}=\dfrac{A_{sv}}{bs}$	0.168%>$(\rho_{sv})_{min}$	0.168%>$(\rho_{sv})_{min}$	0.168%>$(\rho_{sv})_{min}$
$V_{cs}=0.7f_tbh_0+\dfrac{f_{yv}A_{sv}h_0}{s}$(N)	290.2>V	290.2>V	290.2>V

注：s_{max}为 200mm，d_{min}为 6mm，满足构造要求。

(5) 主梁吊筋计算

由次梁传至主梁的集中荷载(不包括主梁自重及粉刷)为：

$$F=G+P=1.2\times74.52+1.3\times78.00=190.82\text{kN}$$

采用箍筋，2ϕ8，$A_{sv}=2\times50.3=100.6\text{mm}^2$，$f_{yv}=270\text{N/mm}^2$

$m=\dfrac{F}{f_{yv}A_{sv}}=\dfrac{190.82\times1000}{270\times100.6}=7.03$，取 $m=8$。

若采用吊筋，则

$A_{sb}=\dfrac{G+P}{2f_y\sin\alpha}=\dfrac{190.82\times1000}{2\times300\times0.707}=450\text{mm}^2$，2Φ18(509$\text{mm}^2$)。

(6) 主梁配筋图

主梁配筋图见图 2-14。

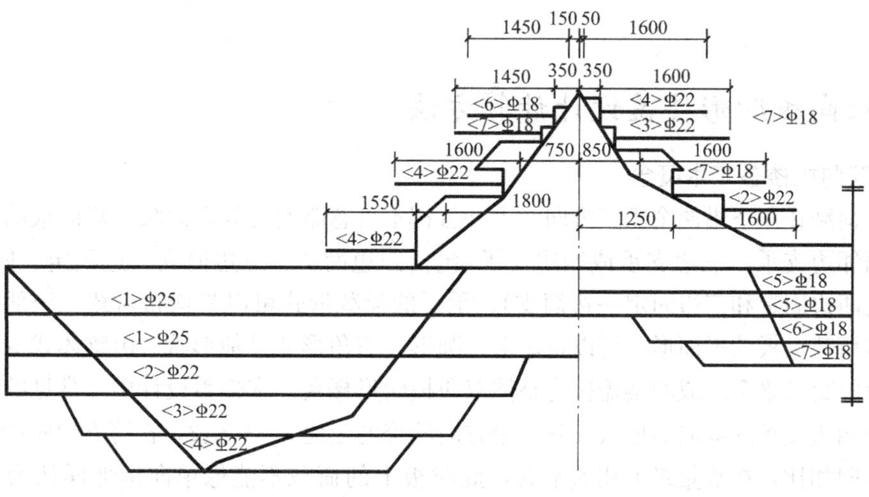

图 2-14　主梁配筋图(一)

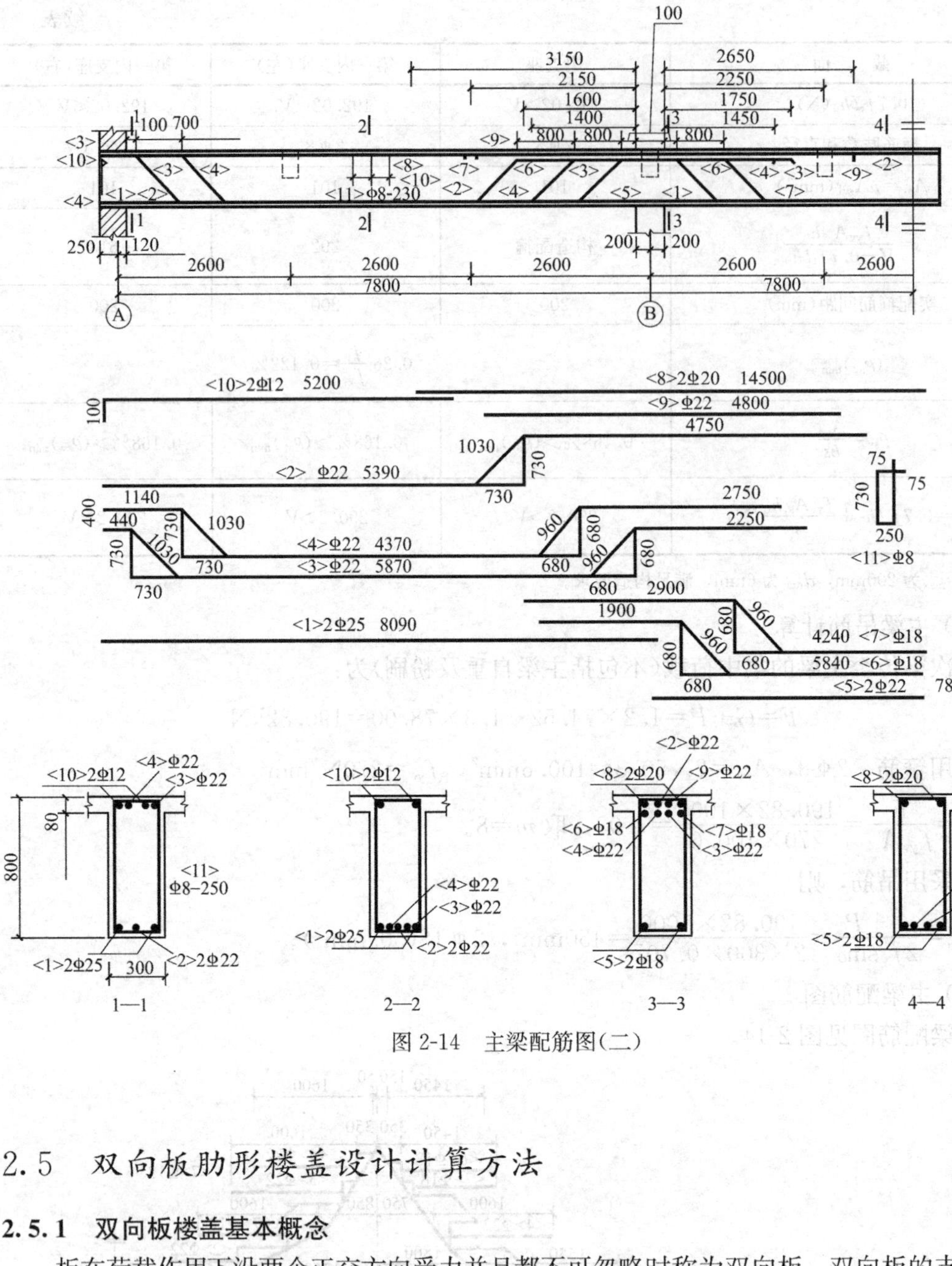

图 2-14　主梁配筋图(二)

2.5　双向板肋形楼盖设计计算方法

2.5.1　双向板楼盖基本概念

板在荷载作用下沿两个正交方向受力并且都不可忽略时称为双向板。双向板的支承形式可以是两邻边支承、三边支承或四边支承(包括四边简支、三边简支一边固定、四边固定、两边简支两边固定和三边固定一边简支)；承受的荷载形式可以是均布荷载、局部荷载或三角形分布荷载；板的平面形状可以是矩形、圆形、三角形或其他形状。由整体式双向板和承受双向板的交叉梁系组成的楼盖称为整体双向板肋形楼盖。在楼盖设计中，常见的是均布荷载作用下四边支承的双向矩形板，其两个方向的跨度之比 $l_{0y}/l_{0x}\leqslant 2$，长跨方向所产生的弯矩与短跨方向相比，在数量级上相差不大，此时板上的荷载不能像单向板那样认为只沿短跨方向传递，而是沿两个方向传递给支承结构，因此在计算与配筋方面都区别于单向板。

2.5.2 双向板楼盖的设计计算方法

双向板的内力计算有两种方法：一是按弹性理论计算；另一种是按塑性理论计算。按弹性理论计算双向板内力的方法简单，此时认为双向板为各向同性，且板厚 h 远小于平面尺寸，挠度不超过 $h/5$，其受力分析属于弹性理论小挠度薄板的弯曲问题；按塑性理论计算双向板内力的数值结果配筋，可节省钢筋，便于施工，但是计算过程较为复杂，此处仅介绍按弹性理论计算的方法。

（1）单块双向板的内力计算

单区格板根据其四边支承条件的不同，可划分为六种不同边界条件的双向板，即四边简支、一边固定三边简支、两对边固定两对边简支、四边固定、两邻边固定两邻边简支、三边固定一边简支。在均布荷载作用下，根据弹性力学，可计算出每一种板的内力和变形。在实际工程设计中，只需计算出板的跨中弯矩、支座弯矩以及跨中挠度，便可进行截面配筋设计。为了计算应用方便，工程中已经将这个计算过程编制成系数表格，如表 2-23～表 2-28 所示。计算时，只需根据边界支承条件和长短边之比的情况，直接查表确定相关系数，即可获得需要计算的内力和挠度。

弯矩可按式(2-7)计算：

$$m=\alpha p l_0^2 \tag{2-7}$$

式中 m——跨中或支座单位板宽内的弯矩设计值(kN·m/m)；

p——板上作用的均布荷载设计值(kN/m^2)，$p=g+q$；

g——板上作用的均布恒载设计值(kN/m^2)；

q——板上作用的均布活载设计值(kN/m^2)；

l_0——短跨方向的计算跨度(m)；

α——查表 2-23～表 2-28 所得弯矩系数。

挠度可按式(2-8)计算：

$$f=\lambda \frac{p l_0^4}{B_c} \tag{2-8}$$

式中 λ——查表 2-23～表 2-28 所得挠度系数；

B_c——板的截面受弯刚度，$B_c=\frac{Eh^3}{12(1-\nu^2)}$，其中 E 为弹性模量，h 为板厚，ν 为泊松比。

表 2-23～表 2-28 中，有关符号说明如下：

f、f_{max}——分别为板中心点的挠度和最大挠度；

m_x、m_{xmax}——分别为平行于 l_{0x} 方向板中心点单位板宽内的弯矩和板跨内最大弯矩；

m_y、m_{ymax}——分别为平行于 l_{0y} 方向板中心点单位板宽内的弯矩和板跨内最大弯矩；

m'_x——固定边中点沿 l_{0x} 方向单位板宽内的弯矩；

m'_y——固定边中点沿 l_{0y} 方向单位板宽内的弯矩。

另外，需要指出的是，表 2-23～表 2-28 中的系数是 $\nu=0$ 求得的，$\nu=0$ 代表一种实际上并不存在的假象材料，而钢筋混凝土的泊松比 $\nu=\frac{1}{6}$，所以用于钢筋混凝土双向板计算时，应予以考虑。即当 $\nu\neq0$，钢筋混凝土双向板的跨内弯矩可按式(2-9)和式(2-10)

计算：

$$m_x^{(\nu)}=m_x+\nu m_y \tag{2-9}$$

$$m_y^{(\nu)}=m_y+\nu m_x \tag{2-10}$$

式中 $m_x^{(\nu)}$、$m_y^{(\nu)}$——考虑泊松比影响后的 l_{0x} 和 l_{0y} 方向单位板宽内的弯矩设计值；

m_x、m_y——$\nu=0$ 时，l_{0x} 和 l_{0y} 方向单位板宽内的弯矩设计值。

对于支座截面弯矩设计值，由于另一个方向板带弯矩等于零，故不存在两个方向板带弯矩的相互影响问题。

四边简支双向板均布荷载作用下的计算系数表 **表 2-23**

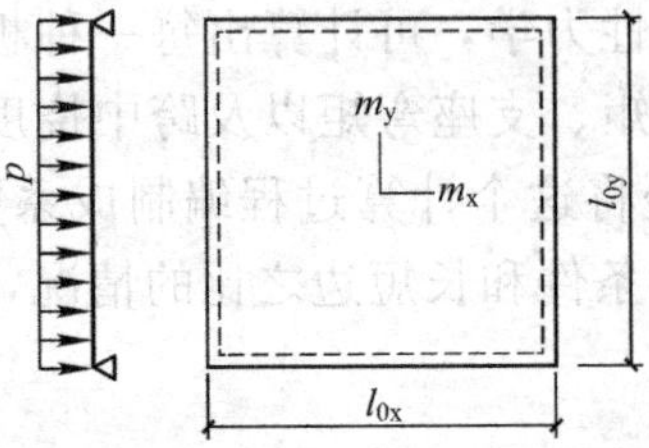

挠度＝表中系数×$\dfrac{pl_{0x}^4}{B_c}$

$\nu=0$，弯矩＝表中系数×pl_{0x}^2

此处 $l_{0x}<l_{0y}$

l_{0x}/l_{0y}	f	m_x	m_y	l_{0x}/l_{0y}	f	m_x	m_y
0.50	0.01013	0.0965	0.0174	0.80	0.00603	0.0561	0.0334
0.55	0.00940	0.0892	0.0210	0.85	0.00547	0.0506	0.0348
0.60	0.00867	0.0820	0.0242	0.90	0.00496	0.0456	0.0358
0.65	0.00796	0.0750	0.0271	0.95	0.00449	0.0410	0.0364
0.70	0.00727	0.0683	0.0296	1.00	0.00406	0.0368	0.0368
0.75	0.00663	0.0620	0.0317				

三边简支、一边固定双向板均布荷载作用下的计算系数表 **表 2-24**

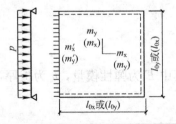

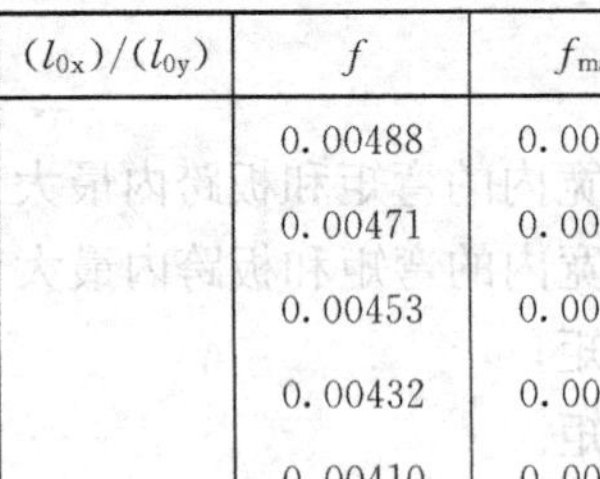

挠度＝表中系数×$\dfrac{pl_{0x}^4}{B_c}$$\left(\text{或}\times\dfrac{p(l_{0x})^4}{B_c}\right)$

$\nu=0$，弯矩＝表中系数×pl_{0x}^2（或×$p(l_{0x})^2$），此处 $l_{0x}<l_{0y}$，$(l_{0x})<(l_{0y})$

l_{0x}/l_{0y}	$(l_{0x})/(l_{0y})$	f	f_{max}	m_x	m_{xmax}	m_y	m_{ymax}	m'_x或(m'_y)
0.50		0.00488	0.00504	0.0583	0.0646	0.0060	0.0063	−0.1212
0.55		0.00471	0.00492	0.0563	0.0618	0.0081	0.0087	−0.1187
0.60		0.00453	0.00472	0.0539	0.0589	0.0104	0.0111	−0.1158
0.65		0.00432	0.00448	0.0513	0.0559	0.0126	0.0133	−0.1124
0.70		0.00410	0.00422	0.0485	0.0529	0.0148	0.0154	−0.1087
0.75		0.00388	0.00399	0.0457	0.0496	0.0168	0.0174	−0.1048
0.80		0.00365	0.00376	0.0428	0.0463	0.0187	0.0193	−0.1007

续表

l_{0x}/l_{0y}	$(l_{0x})/(l_{0y})$	f	f_{max}	m_x	m_{xmax}	m_y	m_{ymax}	m'_x或(m'_y)
0.85		0.00343	0.00352	0.0400	0.0431	0.0204	0.0211	−0.0965
0.90		0.00321	0.00329	0.0372	0.0400	0.0219	0.0226	−0.0922
0.95		0.00299	0.00306	0.0345	0.0369	0.0232	0.0239	−0.0880
1.00	1.00	0.00279	0.00285	0.0319	0.0340	0.0243	0.0249	−0.0839
	0.95	0.00316	0.00324	0.0324	0.0345	0.0280	0.0287	−0.0882
	0.90	0.00360	0.00368	0.0328	0.0347	0.0322	0.0330	−0.0926
	0.85	0.00409	0.00417	0.0329	0.0347	0.0370	0.0378	−0.0970
	0.80	0.00464	0.00473	0.0326	0.0343	0.0424	0.0433	−0.1014
	0.75	0.00526	0.00536	0.0319	0.0335	0.0485	0.0494	−0.1056
	0.70	0.00595	0.00605	0.0308	0.0323	0.0553	0.0562	−0.1096
	0.65	0.00670	0.00680	0.0291	0.0306	0.0627	0.0637	−0.1133
	0.60	0.00752	0.00762	0.0268	0.0289	0.0707	0.0717	−0.1166
	0.55	0.00838	0.00848	0.0239	0.0271	0.0792	0.0801	−0.1193
	0.50	0.00927	0.00935	0.0205	0.0249	0.0880	0.0888	−0.1215

两对边简支、两对边固定双向板均布荷载作用下的计算系数表 **表 2-25**

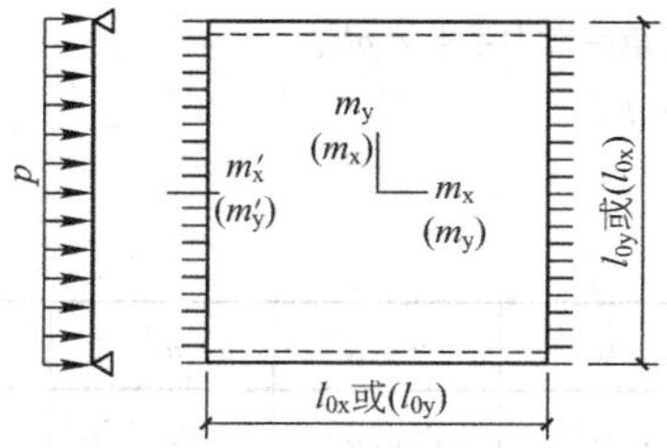

挠度＝表中系数×$\frac{pl_{0x}^4}{B_c}\left(或×\frac{p(l_{0x})^4}{B_c}\right)$

$\nu=0$，弯矩＝表中系数×pl_{0x}^2（或×$p(l_{0x})^2$），此处 $l_{0x}<l_{0y}$，$(l_{0x})<(l_{0y})$

l_{0x}/l_{0y}	$(l_{0x})/(l_{0y})$	f	m_x	m_y	m'_x或(m'_y)
0.50		0.00261	0.0416	0.0017	−0.0843
0.55		0.00259	0.0410	0.0028	−0.0840
0.60		0.00255	0.0402	0.0042	−0.0834
0.65		0.00250	0.0392	0.0057	−0.0826
0.70		0.00243	0.0379	0.0072	−0.0814
0.75		0.00236	0.0366	0.0088	−0.0799
0.80		0.00228	0.0351	0.0103	−0.0782
0.85		0.00220	0.0335	0.0118	−0.0763
0.90		0.00211	0.0319	0.0133	−0.0743
0.95		0.00201	0.0302	0.0146	−0.0721

续表

l_{0x}/l_{0y}	$(l_{0x})/(l_{0y})$	f	m_x	m_y	m'_x或(m'_y)
1.00	1.00	0.00192	0.0285	0.0158	−0.0698
	0.95	0.00223	0.0296	0.0189	−0.0746
	0.90	0.00260	0.0306	0.0224	−0.0797
	0.85	0.00303	0.0314	0.0266	−0.0850
	0.80	0.00354	0.0319	0.0316	−0.0904
	0.75	0.00413	0.0321	0.0374	−0.0959
	0.70	0.00482	0.0318	0.0441	−0.1013
	0.65	0.00560	0.0308	0.0518	−0.1066
	0.60	0.00647	0.0292	0.0604	−0.1114
	0.55	0.00743	0.0267	0.0698	−0.1156
	0.50	0.00844	0.0234	0.0798	−0.1191

两邻边简支、两邻边固定双向板均布荷载作用下的计算系数表　　表 2-26

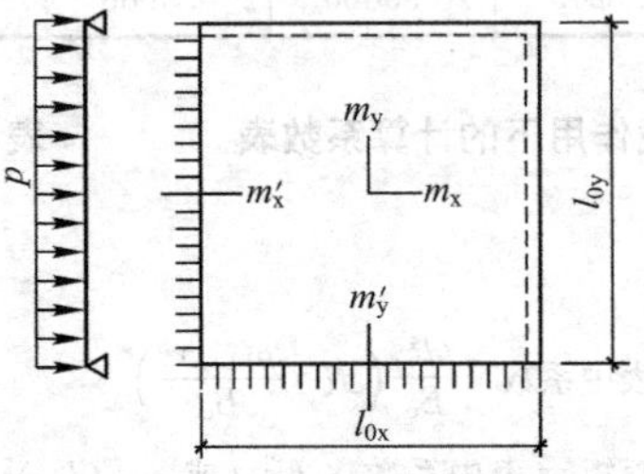

挠度＝表中系数×$\frac{pl_{0x}^4}{B_c}$

$\nu=0$，弯矩＝表中系数×pl_{0x}^2

此处 $l_{0x}<l_{0y}$

l_{0x}/l_{0y}	f	f_{max}	m_x	m_{xmax}	m_y	m_{ymax}	m'_x	m'_y
0.50	0.00468	0.00471	0.0559	0.0562	0.0079	0.0135	−0.1179	−0.0786
0.55	0.00445	0.00454	0.0529	0.0530	0.0104	0.0153	−0.1140	−0.0785
0.60	0.00419	0.00429	0.0496	0.0498	0.0129	0.0169	−0.1095	−0.0782
0.65	0.00391	0.00399	0.0461	0.0465	0.0151	0.0183	−0.1045	−0.0777
0.70	0.00363	0.00368	0.0426	0.0432	0.0172	0.0195	−0.0992	−0.0770
0.75	0.00335	0.00340	0.0390	0.0396	0.0189	0.0206	−0.0938	−0.0760
0.80	0.00308	0.00313	0.0356	0.0361	0.0204	0.0218	−0.0883	−0.0748
0.85	0.00281	0.00286	0.0322	0.0328	0.0215	0.0229	−0.0829	−0.0733
0.90	0.00256	0.00261	0.0291	0.0297	0.0224	0.0238	−0.0776	−0.0716
0.95	0.00232	0.00237	0.0261	0.0267	0.0230	0.0244	−0.0726	−0.0698
1.00	0.00210	0.00215	0.0234	0.0240	0.0234	0.0249	−0.0677	−0.0677

一边简支、三边固定双向板均布荷载作用下的计算系数表　　表 2-27

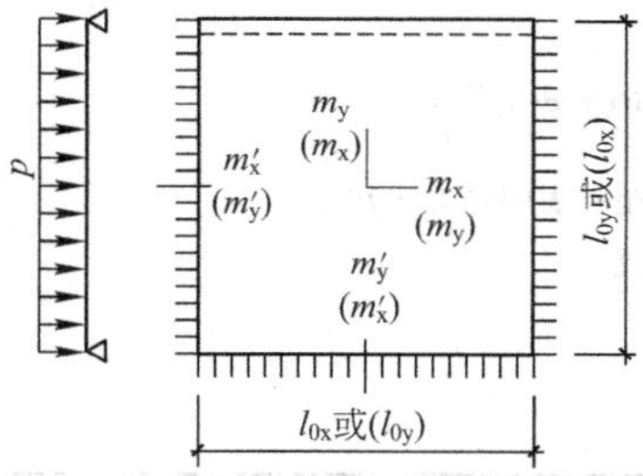

挠度=表中系数×$\frac{pl_{0x}^4}{B_c}$（或×$\frac{p(l_{0x})^4}{B_c}$）

$\nu=0$，弯矩=表中系数×pl_{0x}^2（或×$p(l_{0x})^2$），此处$l_{0x}<l_{0y}$，$(l_{0x})<(l_{0y})$

l_{0x}/l_{0y}	$(l_{0x})/(l_{0y})$	f	f_{max}	m_x	m_{xmax}	m_y	m_{ymax}	m'_x	m'_y
0.50		0.00257	0.00258	0.0408	0.0409	0.0028	0.0089	−0.0836	−0.0569
0.55		0.00252	0.00255	0.0398	0.0399	0.0042	0.0093	−0.0827	−0.0570
0.60		0.00245	0.00249	0.0384	0.0386	0.0059	0.0105	−0.0814	−0.0571
0.65		0.00237	0.00240	0.0368	0.0371	0.0076	0.0116	−0.0796	−0.0572
0.70		0.00227	0.00229	0.0350	0.0354	0.0093	0.0127	−0.0774	−0.0572
0.75		0.00216	0.00219	0.0331	0.0335	0.0109	0.0137	−0.0750	−0.0572
0.80		0.00205	0.00208	0.0310	0.0314	0.0124	0.0147	−0.0722	−0.0570
0.85		0.00193	0.00196	0.0289	0.0293	0.0138	0.0155	−0.0693	−0.0567
0.90		0.00181	0.00184	0.0268	0.0273	0.0159	0.0163	−0.0663	−0.0563
0.95		0.00169	0.00172	0.0247	0.0252	0.0160	0.0172	−0.0631	−0.0558
1.00	1.00	0.00157	0.00160	0.0227	0.0231	0.0168	0.0180	−0.0600	−0.0550
	0.95	0.00178	0.00182	0.0229	0.0234	0.0194	0.0207	−0.0629	−0.0599
	0.90	0.00201	0.00206	0.0228	0.0234	0.0223	0.0238	−0.0656	−0.0653
	0.85	0.00227	0.00233	0.0225	0.0231	0.0255	0.0273	−0.0683	−0.0711
	0.80	0.00256	0.00262	0.0219	0.0224	0.0290	0.0311	−0.0707	−0.0772
	0.75	0.00286	0.00294	0.0208	0.0214	0.0329	0.0354	−0.0729	−0.0837
	0.70	0.00319	0.00327	0.0194	0.0200	0.0370	0.0400	−0.0748	−0.0903
	0.65	0.00352	0.00365	0.0175	0.0182	0.0412	0.0446	−0.0762	−0.0970
	0.60	0.00386	0.00403	0.0153	0.0160	0.0454	0.0493	−0.0773	−0.1033
	0.55	0.00419	0.00437	0.0127	0.0133	0.0496	0.0541	−0.0780	−0.1093
	0.50	0.00449	0.00463	0.0099	0.0103	0.0534	0.0588	−0.0784	−0.1146

四边固定双向板均布荷载作用下的计算系数表 **表 2-28**

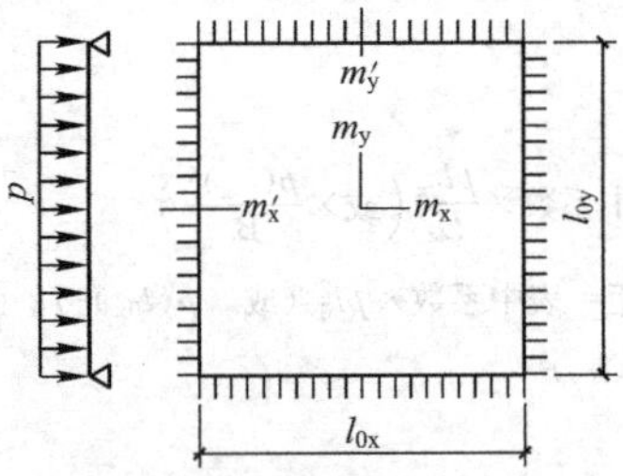

挠度＝表中系数×$\frac{pl_{0x}^4}{B_c}$

$\nu=0$，弯矩＝表中系数×pl_{0x}^2

此处 $l_{0x}<l_{0y}$

l_{0x}/l_{0y}	f	m_x	m_y	m_x'	m_y'
0.50	0.00253	0.0400	0.0038	−0.0829	−0.0570
0.55	0.00246	0.0385	0.0056	−0.0814	−0.0571
0.60	0.00236	0.0367	0.0076	−0.0793	−0.0571
0.65	0.00224	0.0345	0.0095	−0.0766	−0.0571
0.70	0.00211	0.0321	0.0113	−0.0735	−0.0569
0.75	0.00197	0.0296	0.0130	−0.0701	−0.0565
0.80	0.00182	0.0271	0.0144	−0.0664	−0.0559
0.85	0.00168	0.0246	0.0156	−0.0626	−0.0551
0.90	0.00153	0.0221	0.0165	−0.0588	−0.0541
0.95	0.00140	0.0198	0.0172	−0.0550	−0.0528
1.00	0.00127	0.0176	0.0176	−0.0513	−0.0513

（2）多区格连续双向板的内力计算

多区格连续双向板的内力计算十分复杂，在设计中一般采用以单区格双向板计算为基础的近似计算方法。该方法采用的基本假定为：支承梁的抗弯刚度很大，梁的竖向变形可以忽略不计；支承梁的抗扭刚度很小，其对板的转动约束作用可以忽略不计。根据上述基本假定，可将梁视为板的不动铰支座，从而使双向板的内力计算得到简化。

由于多区格连续双向板上作用的荷载有恒荷载和活荷载，根据结构力学中活荷载最不利布置的原则，在确定活荷载的最不利作用位置时，可以采用既接近实际情况又便于利用单区格双向板计算系数表的布置方案：当求支座负弯矩时，楼盖各区格板均满布活荷载；当求跨中正弯矩时，在该区格及其前后左右每隔一区格布置活荷载，这就是所谓的“棋盘式布置”方案，如图 2-15 所示。

当连续双向板在同一方向相邻跨的最大跨度差不超过 20％时，可按下述方法进行计算。

① 跨中最大正弯矩的计算

双向板的边界条件往往既不是完全嵌固又不是理想简支，而单向板计算系数表只有固定和简支两种典型条件，为了能利用这些典型的系数表，在计算区格跨中最大正弯矩时，通常把作用在板上的均布荷载分解为正对称$\left(\text{满布荷载 } g+\frac{q}{2}\text{作用}\right)$和反对称$\left(\text{间隔布置}\pm\frac{q}{2}\text{作用}\right)$两种情况，其计算图式如图 2-15($a$)、($b$)所示。此处 g 为均布恒荷载，q 为均布活荷载。

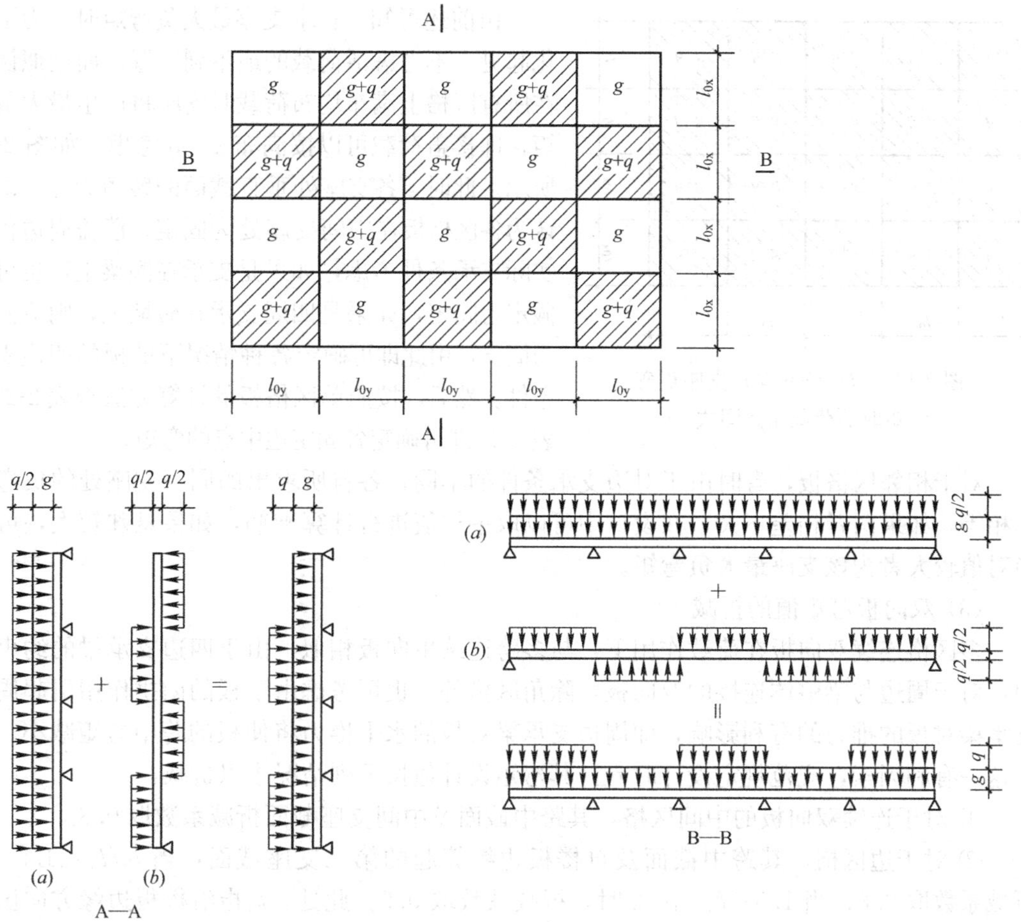

图 2-15　多区格连续双向板计算跨中弯矩时的计算图式

(*a*) 满布荷载 $g+\frac{q}{2}$；(*b*) 间隔布置荷载 $\pm\frac{q}{2}$

在对称荷载作用下，即满布荷载 $g+\frac{q}{2}$ 的情况。多跨连续双向板由于荷载并跨布置，其中间支座两侧荷载相同。由结构力学中对称结构在对称荷载作用下反对称内力为零的特点可知，板在支座处垂直截面的转角为零，因而所有中间区格板均可视为四边固定的双向板。但是对于边区格板，根据实际情况可视为三边固定一边简支的双向板，而角区格板则可视为两边固定两边简支的双向板。

在反对称荷载作用下，即间隔布置的 $\pm\frac{q}{2}$ 情况。由于荷载在相邻区格间正负相间，由结构力学中对称结构在反对称荷载作用下正对称内力为零的特点可知，板在支座处垂直截面弯矩为零，且转角大小相等，方向相同，变形协调，因而可以把中间支座看成都是简支的，即所有中间区格板均可视为四边简支板，对于边区格和角区格仍按实际情况采用。

经过以上处理，就可以查表 2-23～表 2-28 中的相关系数对上述两种荷载情况分别求出其跨中弯矩，而后叠加，即可求出各区格的跨中最大弯矩。

② 支座最大负弯矩的计算

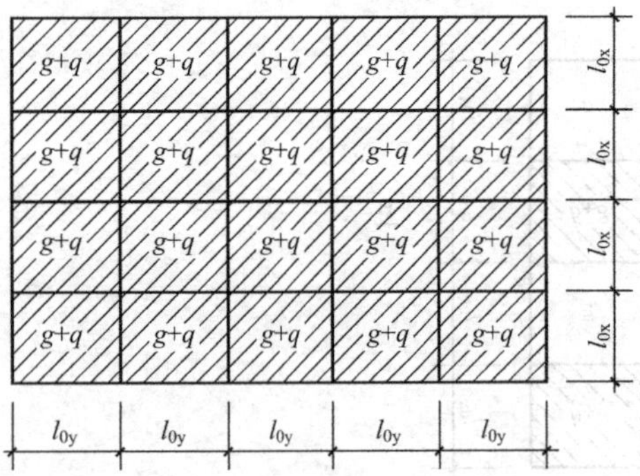

图 2-16　求连续双向板支座负弯矩时的荷载布置图式

由前述可知，在求支座最大负弯矩时，为了简化起见，不考虑活荷载的最不利布置，而近似认为在所有区格上满布均布荷载时支座将产生最大负弯矩，即楼盖荷载可以按满布 $g+q$ 考虑，如图 2-16 所示。此时，各支座处垂直截面的转角为零，即可认为各区格板在中间支座处为固定；楼盖周边仍按实际支承条件考虑，如果是支承在圈梁上，也可以假定为固定，如果是四周支承在砖墙上，则应假定为简支，由此即可确定各种情况下的板的四边支承条件。然后，按照单区格板的计算方法查表 2-23～表 2-28 即可确定各固定边中点的弯矩。

对于相邻区格板，有时由于对边支承条件的不同，各自所求出的同一支座处的负弯矩不相等，如果两者相差不大，在设计中可以取平均值进行计算配筋，如果悬殊较大，可取绝对值较大者为该支座最大负弯矩。

（3）双向板弯矩值的折减

多区格连续双向板在荷载作用下，与多跨连续单向板相似，由于四边支承梁的约束作用，对于周边与梁整体连接的双向板，除角区格外，也可考虑由于板的内拱作用引起周边支承梁对板的推力的有利影响，即周边支承梁对板的水平推力将使板的跨中弯矩减小。鉴于这一有利因素，规范规定设计时允许其弯矩设计值按下列情况予以折减：

① 对于连续双向板的中间区格，其跨中截面及中间支座截面折减系数取 0.8。

② 对于边区格，其跨中截面及自楼板边缘算起的第二支座截面：当 $l_b/l_0<1.5$ 时，折减系数取 0.8；当 $1.5\leqslant l_b/l_0<2$ 时，折减系数取 0.9。此处，l_b 指沿楼板边缘方向区格板的计算跨度，l_0 指垂直于楼板边缘方向(即 l_b 方向)板的计算跨度。

③ 楼板的角区格板不予折减。

2.5.3　双向板支承梁的设计

精确地确定双向板传给支承梁的荷载是困难的，工程上也是不必要的。在实际工程设计中，常将双向板的板面按 45°对角线分块，并分别作用到两个方向的支承梁上，然后进行近似计算。即在确定双向板传给支承梁的荷载时，可根据荷载传递路线最短的原则按如下方法近似确定：从每一区格的四角作 45°线与平行于长边的中线相交，把整块板分为四块，每块小板上的荷载就近传至其支承梁上。因此，双向板支承梁上的荷载不是均匀分布的，除梁自重(均布荷载)和直接作用在梁上的荷载(均布荷载或集中荷载)外，短跨支承梁上的荷载呈三角形分布，长跨支承梁上的荷载呈梯形分布，如图 2-17 所示。

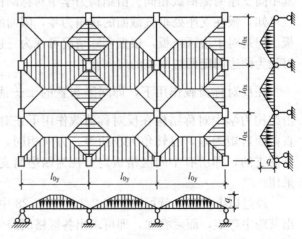

图 2-17　双向板支承梁上的荷载计算简图

支承梁的内力可按弹性理论或塑性理论计算，分别如下所述。

(1) 按弹性理论计算

按弹性理论计算时，对于等跨或近似等跨(跨度相差不超过10%)的连续支承梁，当承受梯形分布荷载时，其内力分析可直接查用静力计算手册有关表格所提供的内力系数进行计算，而对承受三角形分布荷载的连续梁，其内力系数亦可由有关《混凝土结构设计》教材中查得。当这些系数查用不方便时，对承受三角形或梯形分布荷载的连续支承梁，还可考虑利用固端弯矩相等的条件，先将支承梁的三角形或梯形荷载化为等效均布荷载，如图2-18和图2-19所示，然后再利用均布荷载下单跨简支梁的静力平衡条件计算梁的内力(弯矩、剪力)。

图2-18、图2-19分别表示出了三角形分布荷载和梯形分布荷载化为等效均布荷载的计算公式，是根据支座处弯矩相等的条件求出的。

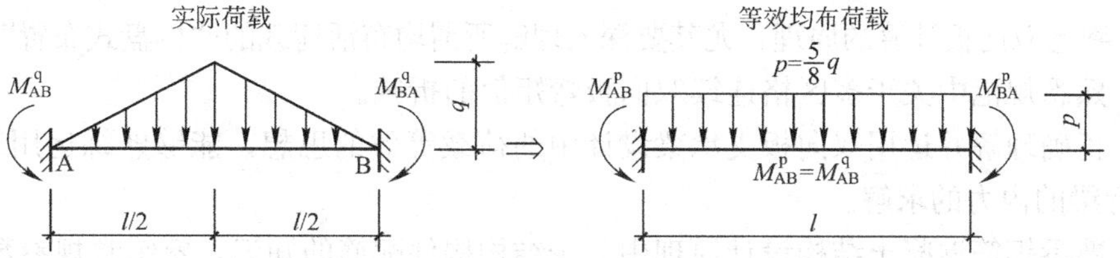

图2-18　三角形分布荷载等效为均布荷载

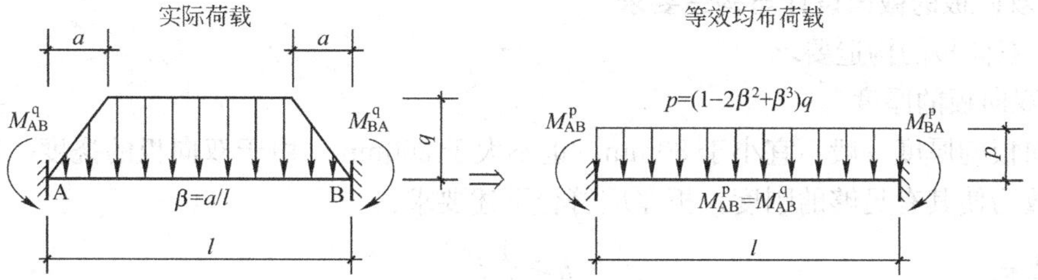

图2-19　梯形分布荷载等效为均布荷载

根据图2-18和图2-19可知，实际荷载经过等效后，等效均布荷载大小如下：

三角形荷载
$$p=\frac{5}{8}q \tag{2-11}$$

梯形荷载
$$p=(1-2\beta^2+\beta^3)q \tag{2-12}$$

在按等效均布荷载求出支座弯矩后，再根据所求得的支座弯矩和每跨的荷载分布由静力平衡条件计算出跨中弯矩和支座剪力。需要指出的是，由于等效均布荷载是根据梁支座弯矩值相等的条件确定的，因此各跨的跨内弯矩和支座剪力值应按梁上原有荷载形式进行计算。即先按等效均布荷载确定各支座截面的弯矩值，然后以各跨为脱离体按简支梁在支座弯矩和实际荷载共同作用下，由静力平衡条件计算出跨中弯矩。

另外，承受三角形荷载的简支梁跨中弯矩计算公式为：

$$M=\frac{ql^2}{12} \tag{2-13}$$

承受梯形荷载的简支梁跨中弯矩计算公式为：

$$M=\frac{ql^2}{24}(3-4\beta^2) \tag{2-14}$$

因此，若根据等效均布荷载求出支座弯矩后，亦可由式(2-13)和式(2-14)计算出实际荷载作用下相应简支梁的跨中弯矩，然后依据叠加原理计算跨中的最终弯矩。

(2) 按塑性理论计算

在考虑塑性内力重分布时，可在弹性理论求得的支座弯矩基础上，进行调幅(可取调幅系数为0.75～0.85)，再按实际荷载分布由静力平衡条件计算出跨中弯矩。

双向板支承梁的截面设计和构造要求与单向板肋梁楼盖的支承梁相同。

2.5.4 双向板楼盖的设计要点及难点

对于钢筋混凝土双向板肋梁楼盖的设计，其设计要点在于：

(1) 正确理解单区格双向板的计算方法，学会通过表2-13～表2-18查用不同边界支承条件均布荷载作用下的相关计算系数。

(2) 熟悉双向板计算的原理，尤其要深入理解所谓均布活荷载的“棋盘式布置”的思想。

(3) 熟悉规范中关于多区格连续双向板弯矩值的折减。

(4) 正确理解并运用双向板支承梁设计中的荷载等效的思想，能够熟练运用结构力学知识进行梁的内力的求解。

(5) 熟悉钢筋混凝土结构设计原理中关于结构构件配筋的知识，熟练常规参数。

(6) 熟悉双向板的配筋构造要求，能够通过绘制施工图正确体现设计意图。

2.5.5 双向板的截面设计与构造要求

(1) 双向板的构造要求

① 双向板的厚度

双向板的厚度一般不宜小于80mm，也不大于200mm。由于双向板的挠度一般不另作验算，故为使其有足够的刚度，板厚应符合下述要求：

简支板
$$h\geqslant\frac{1}{45}l_{0x} \tag{2-15}$$

连续板
$$h\geqslant\frac{1}{50}l_{0x} \tag{2-16}$$

式中　l_{0x}——双向板的短跨计算跨度。

② 板的截面有效高度

双向板沿两个方向均布置受力钢筋，故计算时在两个方向应分别采用各自的截面有效高度 h_{01} 和 h_{02}。由于双向板短跨方向的弯矩值比长跨方向大，因此短跨方向的钢筋应放置在长跨方向钢筋的外侧。此时截面有效高度 h_{01}、h_{02} 可取为：

短跨 l_{0x} 方向：　$h_{01}=h-20\text{mm}$

长跨 l_{0y} 方向：　$h_{02}=h_{01}-d\approx h-30\text{mm}$

式中　h——板厚(mm)。

③ 板的配筋计算

当计算出单位板宽度的截面弯矩设计值 m 后，可按下式计算受拉钢筋截面积：

$$A_s=\frac{m}{f_y\gamma_s h_0} \tag{2-17}$$

式中　γ_s——内力臂系数，近似取0.9～0.95。

(2) 双向板的钢筋配置

双向板跨中截面配筋是以跨中最大弯矩进行配筋，但是实际上跨中弯矩不仅沿板长变化，且沿板宽向两边逐渐减小，故截面配筋也应向两边逐渐减小。考虑到施工方便，设计中的具体做法是：将板在 l_{0x} 及 l_{0y} 方向各分为三个板带(图 2-20)，两个边板带的宽度均为板短跨方向 l_{0x} 的 $\frac{1}{4}$，其余则为中间板带。在中间板带均匀配置按最大正弯矩求得的板底钢筋，边板带单位板宽的配筋量取为中间板带单位板宽配筋量的一半，但每米宽度内不得少于 3 根。但是，对于支座边界板顶负钢筋，为了承受四角扭矩，钢筋沿全支座宽度均匀布置，配筋量按最大支座负弯矩求得，并不在边带内减少。

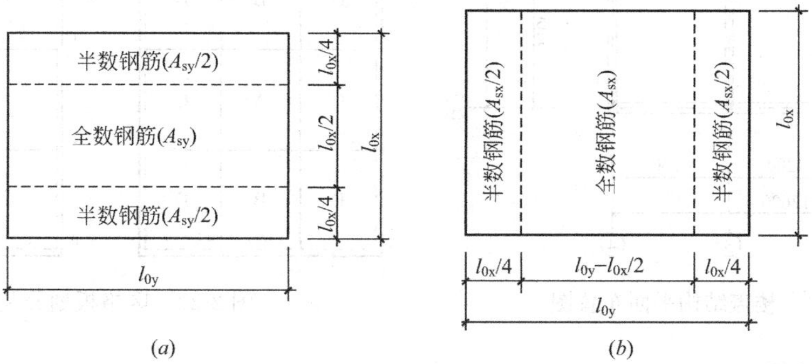

图 2-20　双向板配筋板带的划分

(a)平行于 l_{0y} 方向的钢筋 A_{sy}；(b)平行于 l_{0x} 方向的钢筋 A_{sx}

双向板的配筋方式有分离式和连续式两种，但是由于双向板内钢筋纵横，并且在两个方向都是主筋，采用连续配筋比较麻烦，所以实际工程中常采用分离式配筋，其构造要求可查有关构造手册。

受力钢筋的直径、间距和弯起点、切断点的位置等规定，与单向板的有关规定相同；沿墙边、墙角处的构造钢筋配置亦与单向板楼盖中的有关规定相同。

2.5.6　计算书及施工图要求

现浇钢筋混凝土双向板肋梁楼盖设计的计算书和施工图要求做到以下几点：

(1) 计算书中基本资料描述准确，参数选取合理。

(2) 荷载和内力计算过程清晰完整，需画出正确的计算模型简图。

(3) 施工图要求达到一定的深度，满足施工要求，表达合理规范。

2.6　双向板肋形楼盖设计计算实例

2.6.1　设计资料

某楼盖采用现浇钢筋混凝土双向板结构，其结构平面布置如图 2-21 所示。其楼面做法为：板厚选用 100mm，板面用 20mm 水泥砂浆找平，板底用 20mm 厚混合砂浆粉刷。楼面活荷载标准为 4.0kN/m^2。材料选用：混凝土 C25，钢筋 HPB300。

对图 2-21 所示各区格进行编号，根据结构平面尺寸和边界支承条件共分四类，即 A、B、C、D 四类，区格板划分及标注如图 2-22 所示，现按弹性理论设计该双向板楼盖。

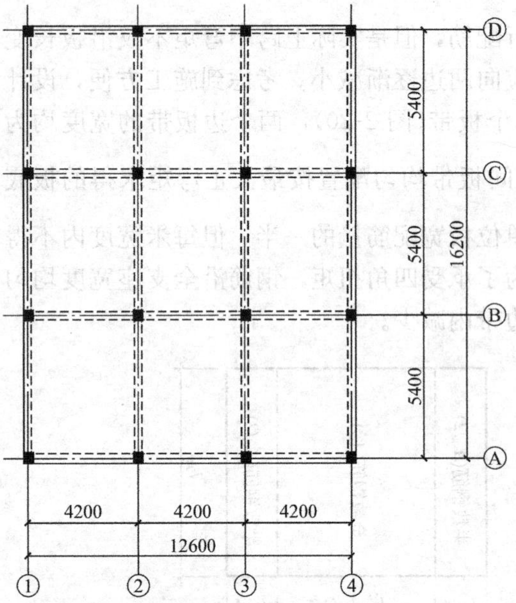

图 2-21　楼盖结构平面布置图

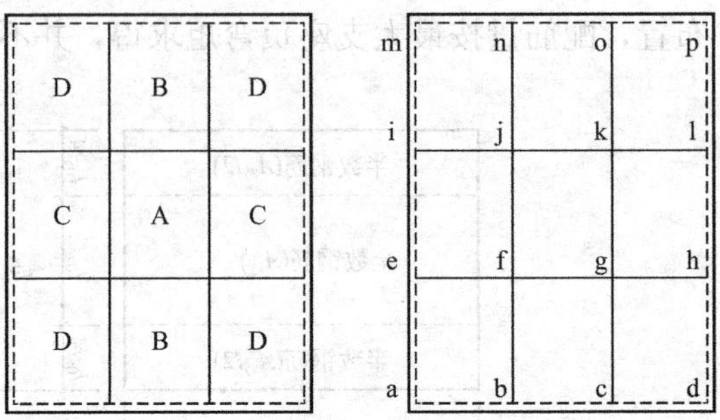

图 2-22　区格板划分及标注

2.6.2　荷载计算

（1）活载

取活载分项系数为 1.4，则

$$q=4.0\times1.4=5.6\text{kN/m}^2$$

（2）恒载

20mm 厚水泥砂浆面层　　　$0.020\times20=0.4\text{kN/m}^2$

100mm 厚钢筋混凝土板　　$0.100\times25=2.5\text{kN/m}^2$

20mm 板底混合砂浆粉刷　$0.020\times17=0.34\text{kN/m}^2$

$$g=1.2\times(0.4+2.5+0.34)=3.89\text{kN/m}^2$$

因此　$$g+q=5.6+3.89=9.49\text{kN/m}^2$$

$$g+q/2=3.89+5.6/2=6.69\text{kN/m}^2$$

$$q/2=5.6/2=2.8\text{kN/m}^2$$

2.6.3　内力计算

（1）计算跨度

① 内跨 $l_0=l_c$，此处 l_c为轴线间的距离；

② 边跨 $l_0=l_n+b$，此处 l_n为板净跨，b 为梁宽。

（2）弯矩计算

跨中最大正弯矩发生在活载为“棋盘式布置”时，即跨中弯矩为当内支座固支时 $g+\frac{q}{2}$作用下的跨中弯矩与当内支座铰支时$\pm\frac{q}{2}$作用下的跨中弯矩值两者之和。支座最大负弯矩可以近似按活载满布时求得，即为内支座固支时 $g+q$ 作用下的支座弯矩。在上述各种情况中，周边梁对板的作用视为铰支座，如图 2-23 所示。计算弯矩时考虑泊松比的影响，在计算中近似取 0.2。

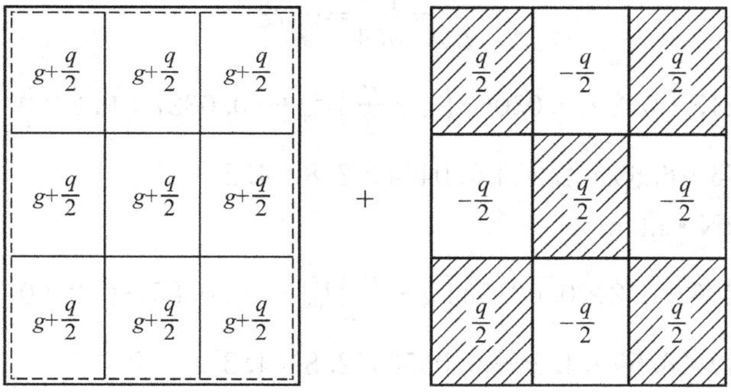

图 2-23　连续双向板计算图

A 区格板：

$$\frac{l_{0x}}{l_{0y}}=\frac{4.2}{5.4}=0.78$$

查表 2-13～表 2-18，并按 $\begin{cases} m_{x\nu}=m_x+\nu m_y \\ m_{y\nu}=m_y+\nu m_x \end{cases}$ 计算板的跨中正弯矩；板的支座负弯矩按 $g+q$ 作用下计算。

$$m_x=(0.0281+0.2\times0.0138)\left(g+\frac{q}{2}\right)l_{0x}^2+(0.0585+0.2\times0.0327)\frac{q}{2}l_{0x}^2$$
$$=0.0309\times6.69\times4.2^2+0.065\times2.8\times4.2^2$$
$$=6.85\text{kN}\cdot\text{m/m}$$

$$m_y=(0.0138+0.2\times0.0281)\left(g+\frac{q}{2}\right)l_{0x}^2+(0.0327+0.2\times0.0585)\frac{q}{2}l_{0x}^2$$
$$=0.0194\times6.69\times4.2^2+0.0444\times2.8\times4.2^2$$
$$=4.48\text{kN}\cdot\text{m/m}$$

$$m_x'=-0.0679(g+q)l_{0x}^2=-0.0679\times9.49\times4.2^2=-11.37\text{kN}\cdot\text{m/m}$$
$$m_y'=-0.0561(g+q)l_{0x}^2=-0.0561\times9.49\times4.2^2=-9.39\text{kN}\cdot\text{m/m}$$

B 区格板：

$$\frac{l_{0x}}{l_{0y}}=\frac{4.2}{5.4}=0.78$$

$$m_x=(0.0318+0.2\times0.0118)\left(g+\frac{q}{2}\right)l_{0x}^2+(0.0585+0.2\times0.0327)\frac{q}{2}l_{0x}^2$$
$$=0.0342\times6.69\times4.2^2+0.0650\times2.8\times4.2^2$$
$$=7.24\text{kN}\cdot\text{m/m}$$

$$m_y=(0.0118+0.2\times0.0318)\left(g+\frac{q}{2}\right)l_{0x}^2+(0.0327+0.2\times0.0585)\frac{q}{2}l_{0x}^2$$
$$=0.0182\times6.69\times4.2^2+0.0444\times2.8\times4.2^2$$
$$=4.34\text{kN}\cdot\text{m/m}$$

$$m_x'=-0.0733(g+q)l_{0x}^2=-0.0733\times9.49\times4.2^2=-12.27\text{kN}\cdot\text{m/m}$$
$$m_y'=-0.0571(g+q)l_{0x}^2=-0.0571\times9.49\times4.2^2=-9.56\text{kN}\cdot\text{m/m}$$

C 区格板：

$$\frac{l_{0x}}{l_{0y}}=\frac{4.2}{5.4}=0.78$$

$$m_x=(0.0215+0.2\times0.0306)\left(g+\frac{q}{2}\right)l_{0x}^2+(0.0327+0.2\times0.0585)\frac{q}{2}l_{0x}^2$$
$$=0.0276\times6.69\times4.2^2+0.0444\times2.8\times4.2^2$$
$$=5.45\text{kN}\cdot\text{m/m}$$

$$m_y=(0.0306+0.2\times0.0215)\left(g+\frac{q}{2}\right)l_{0x}^2+(0.0585+0.2\times0.0327)\frac{q}{2}l_{0x}^2$$
$$=0.0349\times6.69\times4.2^2+0.0650\times2.8\times4.2^2$$
$$=7.33\text{kN}\cdot\text{m/m}$$

$$m_x'=-0.0716(g+q)l_{0x}^2=-0.0716\times9.49\times4.2^2=-11.99\text{kN}\cdot\text{m/m}$$

$$m_y'=-0.0798(g+q)l_{0x}^2=-0.0798\times9.49\times4.2^2=-13.36\text{kN}\cdot\text{m/m}$$

D 区格板：

$$\frac{l_{0x}}{l_{0y}}=\frac{4.2}{5.4}=0.78$$

$$m_x=(0.0369+0.2\times0.0198)\left(g+\frac{q}{2}\right)l_{0x}^2+(0.0585+0.2\times0.0327)\frac{q}{2}l_{0x}^2$$
$$=0.0409\times6.69\times4.2^2+0.0650\times2.8\times4.2^2$$
$$=8.03\text{kN}\cdot\text{m/m}$$

$$m_y=(0.0198+0.2\times0.0369)\left(g+\frac{q}{2}\right)l_{0x}^2+(0.0327+0.2\times0.0585)\frac{q}{2}l_{0x}^2$$
$$=0.0272\times6.69\times4.2^2+0.0444\times2.8\times4.2^2$$
$$=5.40\text{kN}\cdot\text{m/m}$$

$$m_x'=-0.0905(g+q)l_{0x}^2=-0.0905\times9.49\times4.2^2=-15.15\text{kN}\cdot\text{m/m}$$

$$m_y'=-0.0753(g+q)l_{0x}^2=-0.0753\times9.49\times4.2^2=-12.61\text{kN}\cdot\text{m/m}$$

2.6.4 配筋计算

截面有效高度：l_{0x}(短跨)方向跨中截面的 $h_{01}=100-20=80\text{mm}$，$l_{0y}$(长跨)方向跨中截面的 $h_{02}=100-30=70\text{mm}$，支座截面处 h_0 均为 80mm。

计算配筋时，近似取内力臂系数 $\gamma_s=0.95$，$A_s=\dfrac{m}{0.95h_0f_y}$。截面配筋计算结果及实际配筋见表 2-29。

按弹性理论计算配筋 **表 2-29**

截面			h_0(mm)	m (kN·m/m)	A_s (mm²/m)	配筋	实配 A_s (mm²/m)
跨中	A 区格	l_{0x}方向	80	6.85	334	Φ10@200	393
		l_{0y}方向	70	4.48	250	Φ10@200	393
	B 区格	l_{0x}方向	80	7.24	353	Φ10@200	393
		l_{0y}方向	70	4.34	242	Φ10@200	393

续表

截　　面			h_0(mm)	m (kN·m/m)	A_s (mm^2/m)	配筋	实配 A_s (mm^2/m)
跨中	C 区格	l_{0x}方向	80	5.45	265	Φ 10@200	393
		l_{0y}方向	70	7.33	408	Φ 10@150	523
	D 区格	l_{0x}方向	80	8.03	391	Φ 10@150	523
		l_{0y}方向	70	5.40	301	Φ 10@200	393
支座	j—k(f—g)		80	−12.27	598	Φ 10@100	785
	j—f(k—g)		80	−13.36	651	Φ 10@100	785
	b—f(n—j、o—k、c—g)		80	−12.61	614	Φ 10@100	785
	b—c(n—o)		80	0	0	构造(Φ 8@200)	251
	e—i(h—l)		80	0	0	构造(Φ 8@200)	251
	e—f(g—h、i—j、k—l)		80	−15.15	738	Φ 12@130	870
	a—e(d—h、i—m、l—p)		80	0	0	构造(Φ 8@200)	251
	a—b(c—d、m—n、o—p)		80	0	0	构造(Φ 8@200)	251

楼板配筋图见图 2-24。

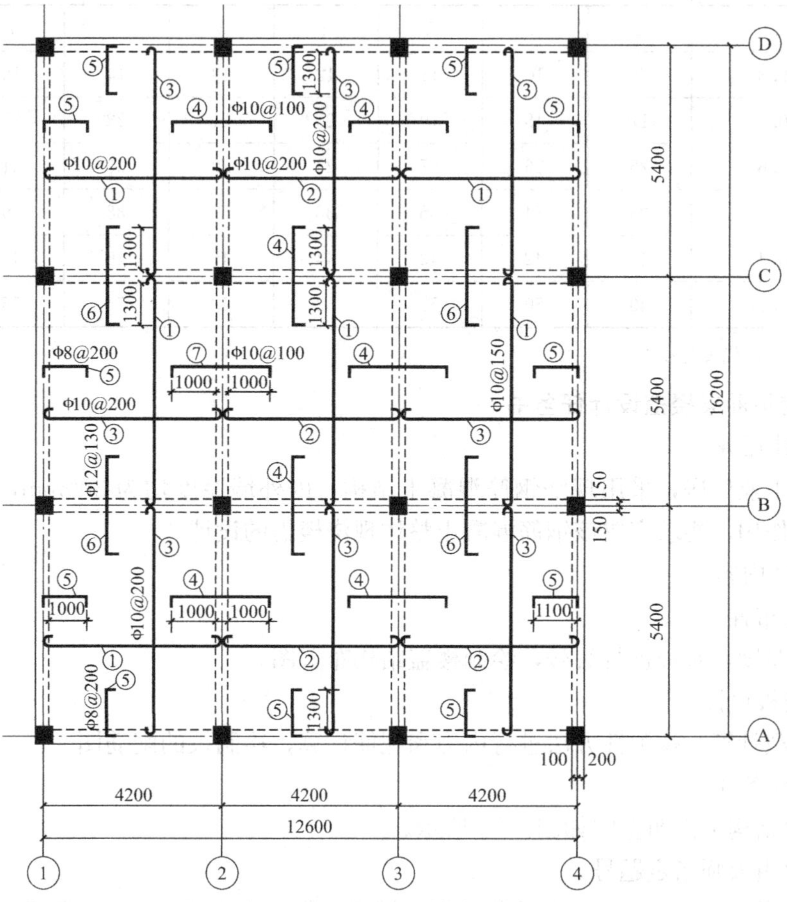

图 2-24　楼板配筋图

2.7 楼盖设计题目

2.7.1 单向板肋梁楼盖设计任务书

某多层厂房采用钢筋混凝土现浇单向板肋梁楼盖，其中三层楼面荷载、材料及构造等设计资料如下：

(1) 楼面活荷载标准值 q_k＝__________ kN/m²，厂房平面尺寸 $L_1 \times L_2$＝__________。

(2) 楼面面层用 20mm 厚水泥砂浆抹面(γ＝20kN/m³)，板底及梁用 15mm 厚石灰砂浆抹底(γ＝17kN/m³)。

(3) 混凝土强度等级采用 C20，C25，C30，钢筋采用 HPB300、HRB335 或 HRB400。

(4) 板伸入墙内 120mm，次梁伸入墙内 240mm，主梁伸入墙内 370mm；柱的截面尺寸 400mm×400mm。

(5) 厂房平面尺寸见任务分配表 2-30。

课程设计任务分配表 表 2-30

$L_1 \times L_2$(m×m) \ q_k(kN/m²)	4	4.5	5	5.5	6	6.5	7	7.5
31.2×18.9	1	2	3	4	5	6	7	8
33.0×19.8	9	10	11	12	13	14	15	16
33.6×20.7	17	18	19	20	21	22	23	24
34.8×21.6	25	26	27	28	29	30	31	32
36.0×22.5	33	34	35	36	37	38	39	40
37.2×23.4	41	42	43	44	45	46	47	48
38.4×24.3	49	50	51	52	53	54	55	56

注：表中 1～56 代表题号。

2.7.2 双向板肋梁楼盖设计任务书

(1) 设计任务

某多层工业厂房，采用现浇钢筋混凝土结构，内外墙厚度均为 300mm，设计时只考虑竖向荷载作用，要求完成该钢筋混凝土整体现浇楼盖的设计。

(2) 设计内容

① 结构布置

确定板厚度，对板进行编号，绘制楼盖结构布置图。

② 双向板设计

进行荷载计算，按弹性方法进行内力和配筋计算，绘制板的配筋图。

(3) 设计条件

① 楼盖结构平面布置图如图 2-25 所示。

② 学生由教师指定题号。

③ 楼面做法：20mm 厚水泥砂浆地面，钢筋混凝土现浇板，15mm 厚石灰砂浆抹底。

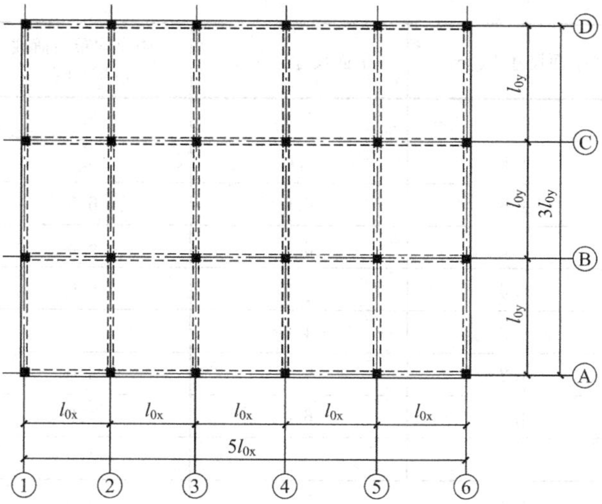

图 2-25　楼盖结构平面布置图

④ 荷载：永久荷载主要为板、面层及粉刷层自重，钢筋混凝土重度 25kN/m^3，水泥砂浆重度 20kN/m^3，石灰砂浆重度 17kN/m^3，分项系数 $\gamma_G=1.2$。可变荷载、楼面均布荷载标准值见表 2-21，分项系数 $\gamma_Q=1.3$ 或 1.4。

（4）材料

采用混凝土强度等级见表 2-31。

钢筋采用 HRB335 钢筋。

题号及可变荷载和混凝土强度等级　　**表 2-31**

题号	平面尺寸 l_{0x}(m)	平面尺寸 l_{0y}(m)	楼面均布活荷载 q(kN/m^2)	混凝土强度等级
1	3.3	3.9	4.0	C20
2	3.6	4.2	4.5	C20
3	3.9	4.8	5.0	C20
4	4.2	5.4	5.5	C20
5	4.5	6.0	6.0	C20
6	4.8	6.6	6.5	C20
7	3.3	3.9	6.5	C20
8	3.6	4.2	6.0	C20
9	3.9	4.8	5.5	C20
10	4.2	5.4	5.0	C20
11	4.5	6.0	4.5	C20
12	4.8	6.6	4.0	C20
13	3.3	3.9	4.0	C25
14	3.6	4.2	4.5	C25
15	3.9	4.8	5.0	C25

续表

题号	平面尺寸 l_{0x}(m)	平面尺寸 l_{0y}(m)	楼面均布活荷载 q(kN/m^2)	混凝土强度等级
16	4.2	5.4	5.5	C25
17	4.5	6.0	6.0	C25
18	4.8	6.6	6.5	C25
19	3.3	3.9	6.5	C25
20	3.6	4.2	6.0	C25
21	3.9	4.8	5.5	C25
22	4.2	5.4	5.0	C25
23	4.5	6.0	4.5	C25
24	4.8	6.6	4.0	C25
25	3.3	3.9	4.0	C30
26	3.6	4.2	4.5	C30
27	3.9	4.8	5.0	C30
28	4.2	5.4	5.5	C30
29	4.5	6.0	6.0	C30
30	4.8	6.6	6.5	C30
31	3.3	3.9	6.5	C30
32	3.6	4.2	6.0	C30
33	3.9	4.8	5.5	C30
34	4.2	5.4	5.0	C30
35	4.5	6.0	4.5	C30
36	4.8	6.6	4.0	C30

第3章 楼 梯 设 计

楼梯是多层建筑竖向交通的主要构件，也是多、高层建筑遭遇火灾和其他灾害时的主要疏散通道。常见的楼梯主要是钢筋混凝土现浇楼梯，在非地震区也有多层建筑用钢筋混凝土预制楼梯的。楼梯的结构形式主要是板式和梁式楼梯，在一些公共建筑中有时也用剪刀式和螺旋式楼梯的。其中前二者为平面受力体系(图 3-1)，后二者属空间受力体系(图 3-2)，本节主要介绍最基本的板式楼梯和梁式楼梯的设计计算方法。

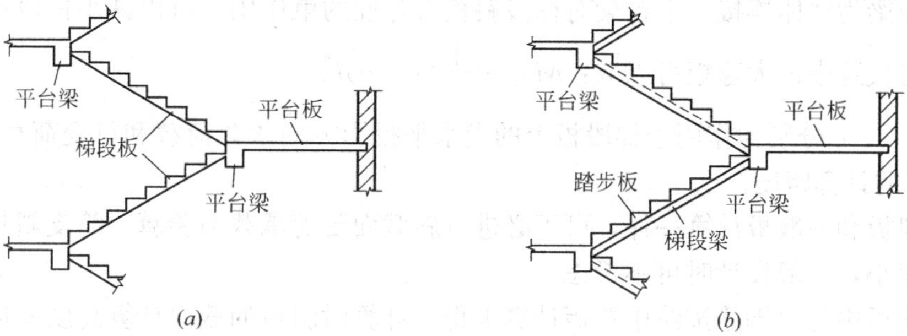

图 3-1 板式和梁式楼梯

(a)板式楼梯；(b)梁式楼梯

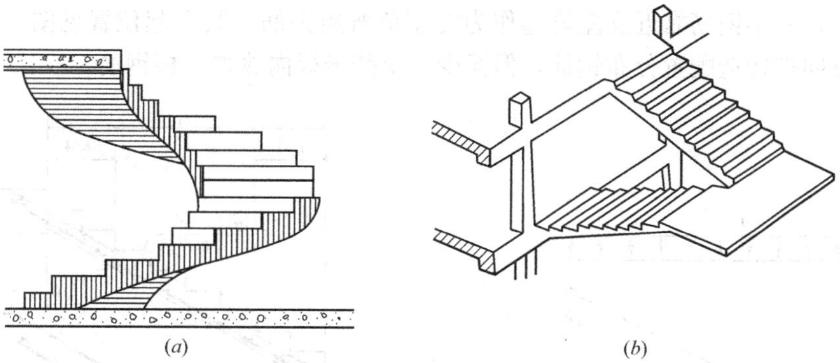

图 3-2 螺旋式和剪刀式楼梯

(a)螺旋式楼梯；(b)剪刀式楼梯

3.1 现浇板式楼梯的设计与构造

当楼梯梯段的跨度不大(一般约在 3m 以内)、活荷载较小时，一般采用板式楼梯。板式楼梯由梯段板、平台板和平台梁组成。

3.1.1 梯段板设计计算

板式楼梯的梯段板是一块有踏步的斜板，板端支承在平台梁上，板上的荷载直接传至平台梁。斜板的厚度一般取梯段水平方向跨度的$\frac{1}{25}$～$\frac{1}{30}$左右。

梯段板的荷载包括板面均布活荷载和恒荷载。恒荷载包括踏步与斜板自重等，沿斜板的倾斜方向分布；活荷载是沿水平方向分布。为了计算统一，一般将恒荷载也换算成沿水平方向分布。计算时，取1m宽板带作为计算单元。

梯段板［图3-3(a)］在内力计算时，简化为简支水平板计算［图3-3(b)］。其计算跨度按照斜板的水平投影长度取值，荷载也按照换算后的沿斜板的水平投影长度上的均布荷载。简支斜板是斜向搁置的受弯构件，在竖向荷载作用下，会在板中引起弯矩、剪力，还有轴力。

根据结构力学，简支斜板在竖向均布荷载作用下（沿水平投影长度）的最大弯矩与相应的简支水平直梁（荷载、水平跨度相同）的最大弯矩相等：$M_{max}=\frac{1}{8}(g+q)l_0^2$，考虑到梯段斜板与平台梁为整体连接，平台梁对梯段斜板有弹性约束作用，可以减小梯段板的跨中弯矩，计算时板跨中最大弯矩可以取：$M_{max}=\frac{1}{10}(g+q)l_0^2$。

式中：g、q分别为作用于梯段板上的沿水平投影方向永久荷载和可变荷载的设计值；l_0为梯段板的计算跨度。

梯段斜板和一般板计算一样，可不必进行斜截面受剪承载力验算。简支斜板产生的轴向力影响很小，一般设计时可不考虑。

梯段斜板中受力钢筋按跨中弯矩计算求得，计算时斜板的截面计算高度h应按垂直斜向取用。在构造上，考虑到梯段板和支座连接处的整体性，为防止该处表面开裂，一般在斜板上部靠近支座处配置适量的负弯矩钢筋，其钢筋用量一般取与跨中截面相同，伸出支座长度为$l_n/4$（图3-4）。梯段板的配筋可以采用分离式或弯起式，采用弯起式时，一半钢筋伸入支座，一半钢筋靠近支座弯起作为支座负弯矩钢筋，其弯起位置见图3-4。在垂直受力钢筋方向按构造配置分布钢筋，但至少每个踏步板内放置一根钢筋。

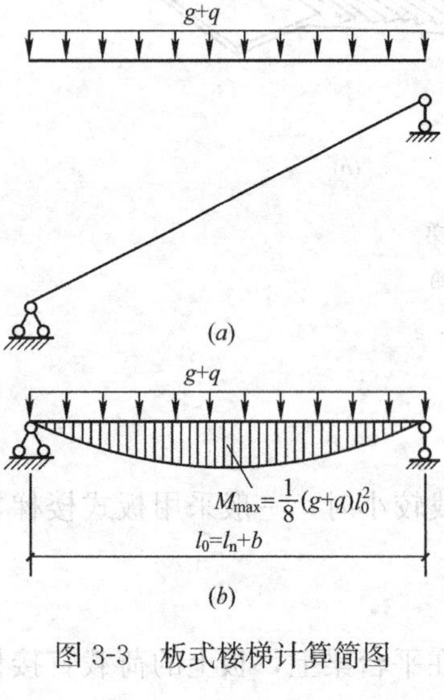

图3-3　板式楼梯计算简图

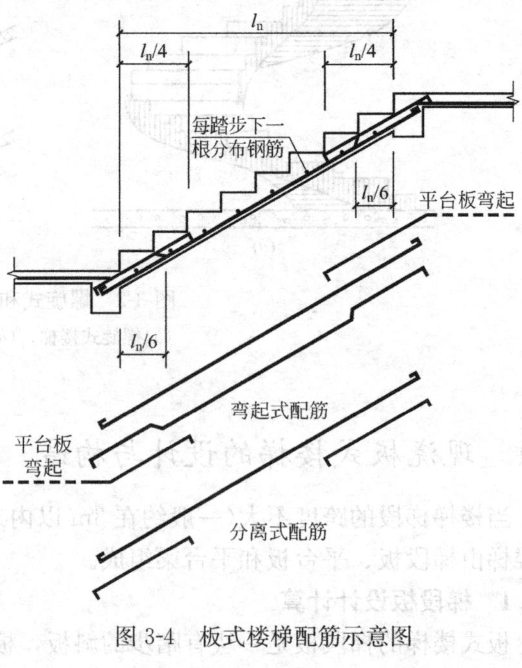

图3-4　板式楼梯配筋示意图

3.1.2 平台板的设计计算

平台板一般为单向板，支承于平台梁及外墙上或钢筋混凝土过梁上，其计算弯矩一般取 $M_{max}=\frac{1}{8}(g+q)l_0^2$ 或 $M_{max}=\frac{1}{10}(g+q)l_0^2$（仅当板两端均与梁整体连接时），其设计和配筋与一般简支板相同。

3.1.3 平台梁的设计计算

平台梁承受平台板传来的均布荷载、梯段斜板传来的均布荷载以及平台梁的自重，其计算和构造按一般受弯构件处理。平台梁是倒 L 形截面，其截面高度一般取 $h \geqslant l_0/12$（l_0 为平台梁的计算跨度），且应满足梯段斜板的搁置要求。

3.1.4 折线形板式楼梯的设计与构造

为满足楼梯下净高要求，在房屋底层经常会采用折线形楼梯（图 3-5）。折线形楼梯斜梁或斜板的计算与普通梁式、板式楼梯一样，将斜梯段上的荷载换算成沿水平长度方向分布的荷载，然后再按简支梁计算 M 和 N 的值，按照板式或梁式楼梯进行配筋。

折线形楼梯应注意几个构造问题：

① 折线形梯段板的水平段的板厚度与梯段斜板相同。

② 梯段折板折角处内折角的钢筋不能沿板底弯折，否则受拉的纵向钢筋将产生较大的向外合力，使该处混凝土崩脱［图 3-6(*a*)］，故该处钢筋应断开后自行锚固［图 3-6(*b*)］。

③ 折线形梁式楼梯的梯段梁在内折角弯折处的受拉纵向钢筋应分开配置，并各自满足锚固长度，同时还应在该处增设附加箍筋。

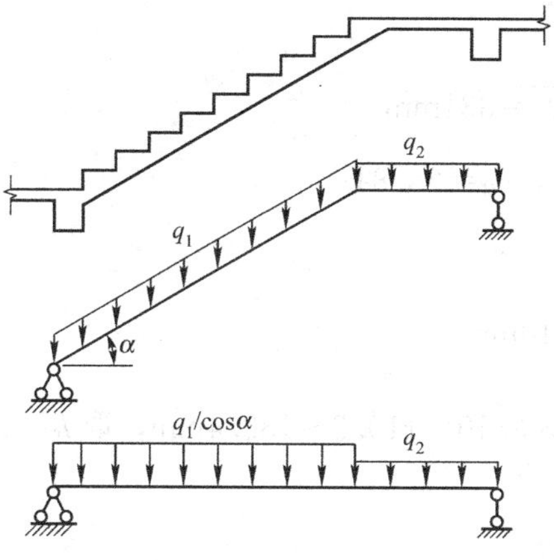

图 3-5 折线形板式楼梯计算简图

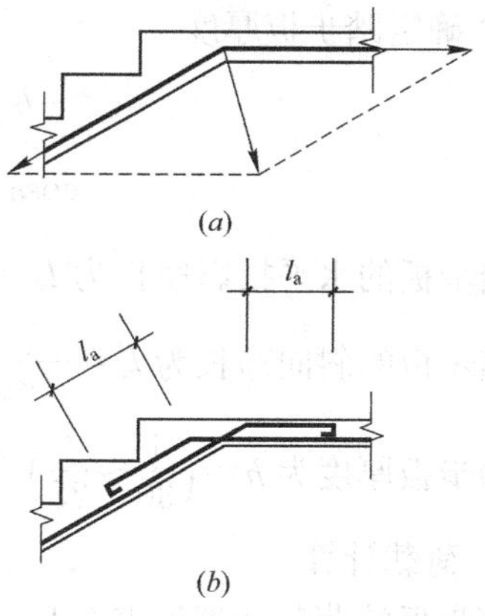

图 3-6 折线形板式楼梯折角处构造

(*a*)合力会使混凝土崩脱；(*b*)内折角处钢筋的锚固

3.2 板式楼梯设计计算例题

某建筑采用现浇钢筋混凝土板式楼梯，楼梯结构布置见图 3-7。踏步板两端与平台梁和楼梯梁整结，平台板一端与平台梁整结，另一端搁置在砖墙上，平台梁两端都搁置在楼梯间的侧墙上。试计算楼梯各组成部分。

3.2.1 设计资料

① 楼梯做法：30mm 厚现制水磨石面层，底面为 20mm 厚水泥石灰砂浆。

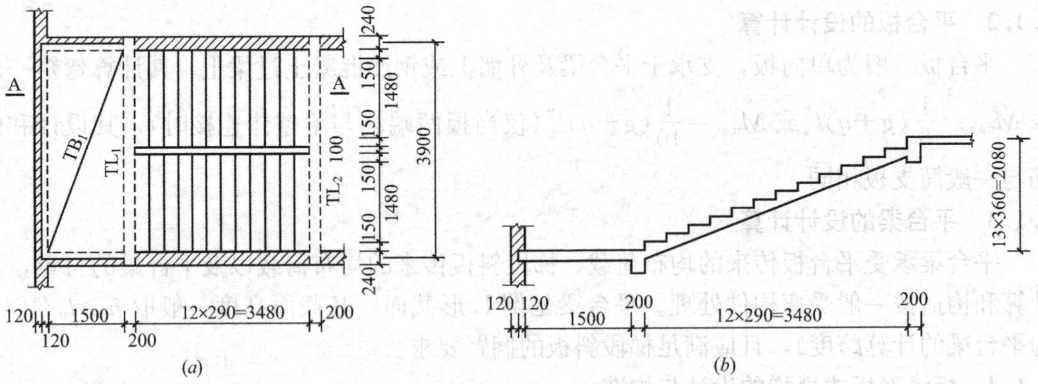

图 3-7　楼梯结构布置图

(a)平面图；(b)剖面图

② 楼梯可变荷载标准值 $q=2.5\text{kN/m}^2$，其分项系数为 1.4。

③ 材料：

梁、板混凝土：采用 C25 级（$\alpha_1=1.0$，$f_c=11.9\text{N/mm}^2$，$f_t=1.27\text{N/mm}^2$，$E_c=2.80\times10^4\text{N/mm}^2$）；

钢筋：直径≥12mm 时，采用 HRB335 钢（$f_y=300\text{N/mm}^2$，$E_s=2.0\times10^5\text{N/mm}^2$）；

直径<12mm 时，采用 HPB300 钢（$f_y=270\text{N/mm}^2$，$E_s=2.1\times10^5\text{N/mm}^2$）。

3.2.2　踏步板设计计算

对踏步板取 1m 宽作为其计算单元。

① 确定踏步板厚度

$$b=\sqrt{290^2+160^2}=331\text{mm}$$

$$\cos\alpha=\frac{290}{331}=0.876,\quad \alpha=28.84^\circ$$

踏步板的水平投影净长为 $l_n=2900\text{mm}$

踏步板的斜向净长为 $l_n'=\frac{l_n}{\cos\alpha}=\frac{2900}{0.876}=3310\text{mm}$

踏步板厚度为 $h=\left(\frac{1}{30}\sim\frac{1}{25}\right)l_n'=\left(\frac{1}{30}\sim\frac{1}{25}\right)\times3310=110.3\sim132.4\text{mm}$，取 $h=120\text{mm}$。

② 荷载计算

踏步板的荷载计算见表 3-1。

踏步板荷载计算表　　**表 3-1**

荷载种类		荷载标准值(kN/m²)	荷载分项系数	荷载设计值(kN/m²)
永久荷载	30mm 水磨石面层	$0.03\text{m}\times(0.29+0.16)\text{m}\times1/0.29\times25\text{kN/m}^3=1.16$	—	—
	锯齿形踏步板自重	$\left(\frac{0.15}{2}+\frac{0.12}{0.876}\right)\times25\text{kN/m}^3=5.30$	—	—
	20mm 水泥石灰砂浆抹底	$0.02\text{m}\times1/0.876\times17\text{kN/m}^3=0.39$	—	—
	小计	$g_k=6.85$	1.2	$g=8.22$
可变荷载		$q_k=2.50$	1.4	$q=3.50$
全部计算荷载		—	—	$g+q=11.72$

③ 计算简图

踏步板两端与平台梁和楼梯梁整结，其净跨和计算跨度如表 3-2 所示。

踏步板的净跨和计算跨度 **表 3-2**

项　目	净　跨	计　算　跨　度
踏步板	$l_n=2900$	$l_0=l_n+a=2900+200/2+200/2=3100$

根据表 3-1 和表 3-2 确定的踏步板的计算简图如图 3-8 所示。

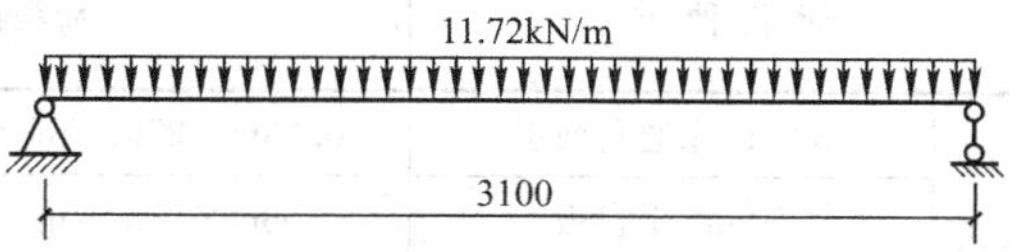

图 3-8　踏步板的计算简图

④ 内力计算

跨中弯矩

$$M=\frac{(g+q)l_0^2}{10}=\frac{11.72\times3.1^2}{10}=11.26\text{kN}\cdot\text{m}$$

⑤ 截面承载力计算

$$h_0=h-20=100\text{mm},\quad b=1000\text{mm}$$

$$\alpha_s=\frac{M}{\alpha_1 f_c b h_0^2}=\frac{11.26\times1000000}{1.0\times11.9\times1000\times100^2}=0.095$$

$$\xi=1-\sqrt{1-2\alpha_s}=1-\sqrt{1-2\times0.095}=0.100$$

$$\gamma_s=0.5(1+\sqrt{1-2\alpha_s})=0.5\times(1+\sqrt{1-2\times0.095})=0.950$$

$$A_s=\frac{M}{\gamma_s f_y h_0}=\frac{11.26\times1000000}{0.950\times270\times100}=439\text{mm}^2$$

选用：受力钢筋：φ10@150($A_s=523\text{mm}^2$)；

分布钢筋：φ6@290，即每踏步下一根。

⑥ 踏步板配筋图

踏步板配筋图见图 3-9。

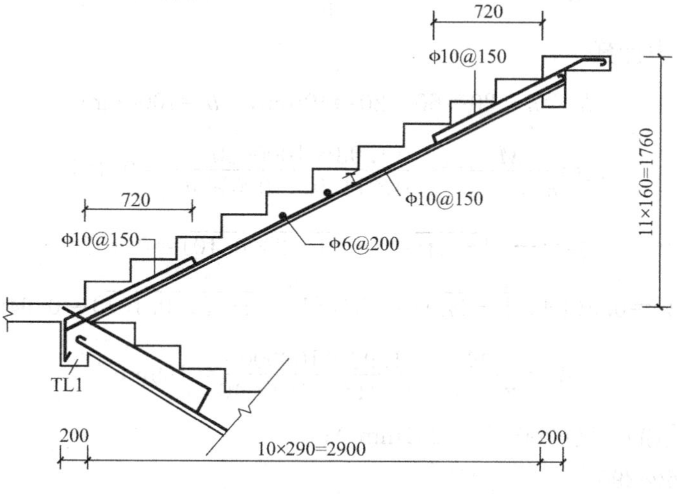

图 3-9　踏步板配筋图

3.2.3 平台板设计计算

平台板厚度 $h=60\text{mm}$，取板宽 $b=1000\text{mm}$ 为计算单元。

① 荷载计算

平台板的荷载计算见表 3-3。

平台板荷载计算表 **表 3-3**

荷载种类		荷载标准值(kN/m²)	荷载分项系数	荷载设计值(kN/m²)
永久荷载	30mm 水磨石面层	$0.03\text{m}\times25\text{kN/m}^3=0.75$	—	
	60mm 平台板	$0.06\text{m}\times25\text{kN/m}^3=1.50$	—	—
	20mm 水泥石灰砂浆抹底	$0.02\text{m}\times17\text{kN/m}^3=0.34$	—	—
	小计	$g_k=2.59$	1.2	$g=3.11$
可变荷载		$q_k=2.50$	1.4	$q=3.50$
全部计算荷载		—	—	$g+q=6.61$

② 计算简图

平台板一端与平台梁整结，另一端搁置在砖墙上，其净跨和计算跨度如表 3-4 所示。

平台板的净跨和计算跨度 **表 3-4**

项目	净跨	计算跨度
平台板	$l_n=1500$	$l_0=l_n+t/2=1500+60/2=1530$

平台板近似地按短跨方向的简支板计算。根据表 3-3 和表 3-4 确定的踏步板的计算简图如图 3-10 所示。

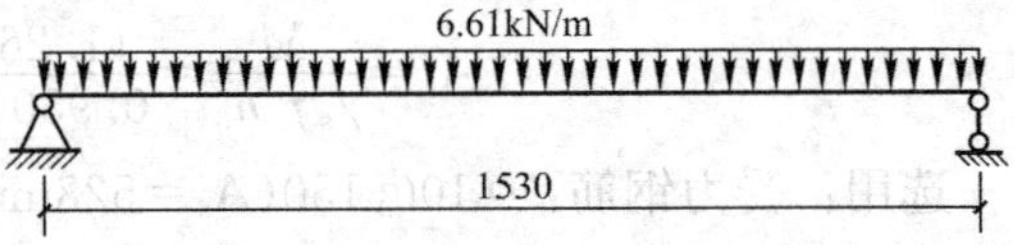

图 3-10 平台板的计算简图

③ 内力计算

平台板跨中弯矩：

$$M=\frac{(g+q)l_0^2}{8}=\frac{6.61\times1.53^2}{8}=1.93\text{kN}\cdot\text{m}$$

④ 截面承载力计算

$$h_0=h-20=60-20=40\text{mm},\quad b=1000\text{mm}$$

$$\alpha_s=\frac{M}{\alpha_1 f_c b h_0^2}=\frac{1.93\times1000000}{1.0\times11.9\times1000\times40^2}=0.101$$

$$\xi=1-\sqrt{1-2\alpha_s}=1-\sqrt{1-2\times0.101}=0.107$$

$$\gamma_s=0.5(1+\sqrt{1-2\alpha_s})=0.5\times(1+\sqrt{1-2\times0.101})=0.946$$

$$A_s=\frac{M}{\gamma_s f_y h_0}=\frac{1.93\times1000000}{0.946\times270\times40}=189\text{mm}^2$$

选用：受力钢筋 φ8@200($A_s=251\text{mm}^2$)；

分布钢筋 φ6@290。

⑤ 平台板配筋图

平台板配筋图见图 3-11。

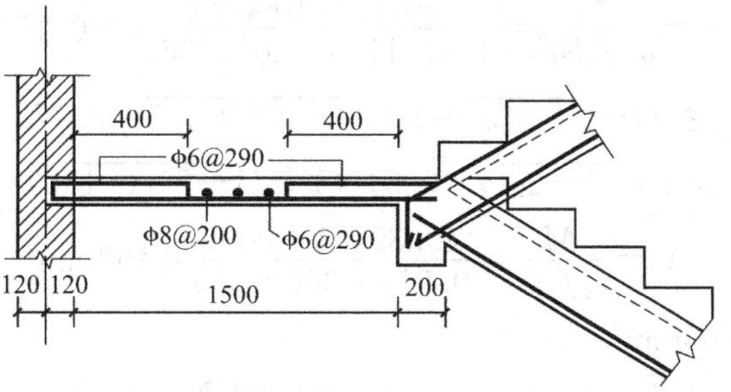

图 3-11　平台板配筋图

3.2.4　平台梁设计计算

① 荷载计算

平台梁的荷载计算如表 3-5 所示。

平台梁荷载计算表　　**表 3-5**

荷载种类		荷载标准值(kN/m)	荷载分项系数	荷载设计值(kN/m)
永久荷载	平台板传来的荷载	$6.85\times3.10/2=10.62$	—	—
	斜板传来的荷载	$2.59\times1.53/2=1.98$		
	平台梁自重	$0.2\times(0.40-0.06)\times25=1.70$	—	—
	平台梁抹灰	$0.02\times(0.40-0.06)\times2\times17=0.23$	—	—
	小　计	$g_k=14.53$	1.2	$g=17.44$
可变荷载		$q_k=2.50\times1\times\left(\frac{3.10}{2}+\frac{1.53}{2}+0.2\right)=6.29$	1.4	$q=8.80$
全部计算荷载		—	—	$g+q=26.24$

② 计算简图

平台梁的两端搁置在楼梯间的侧墙上，则净跨和计算跨度的计算如表 3-6 所示。

平台梁的净跨和计算跨度　　**表 3-6**

项　目	净　跨	计算跨度
平台梁	$l_n=3900-120-120=3660$	$l_0=l_n+a=3660+120+120=3900$

根据表 3-5 和表 3-6 确定的平台梁的计算简图如图 3-12 所示。

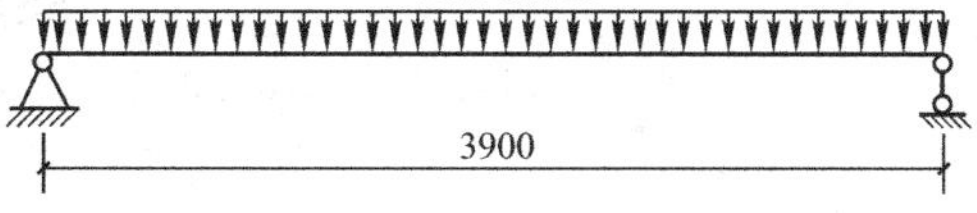

图 3-12　平台梁的计算简图

③ 内力计算

平台梁跨中正截面最大弯矩

$$M=\frac{pl_0^2}{8}=\frac{26.24\times3.90^2}{8}=49.89\text{kN}\cdot\text{m}$$

平台梁支座处最大剪力

$$V=\frac{pl_n}{2}=\frac{26.24\times3.66}{2}=48.02\text{kN}$$

④ 截面承载力计算

$$\alpha_s=\frac{M}{\alpha_1 f_c b h_0^2}=\frac{49.89\times1000000}{1.0\times11.9\times200\times365^2}=0.157$$

$$\xi=1-\sqrt{1-2\alpha_s}=1-\sqrt{1-2\times0.157}=0.172$$

$$\gamma_s=0.5(1+\sqrt{1-2\alpha_s})=0.5\times(1+\sqrt{1-2\times0.157})=0.914$$

$$A_s=\frac{M}{\gamma_s f_y h_0}=\frac{49.89\times1000000}{0.914\times300\times365}=498\text{mm}^2$$

选用 3Φ16($A_s=603\text{mm}^2$)。

$V_u=0.7f_t bh_0=0.7\times1.27\times200\times365=64897\text{N}=64.9\text{kN}>V=48.02\text{kN}$，按构造要求配置箍筋，选用φ6@200($A_s=141\text{mm}^2$)。

⑤ 平台梁配筋图

平台梁配筋图见图 3-13。

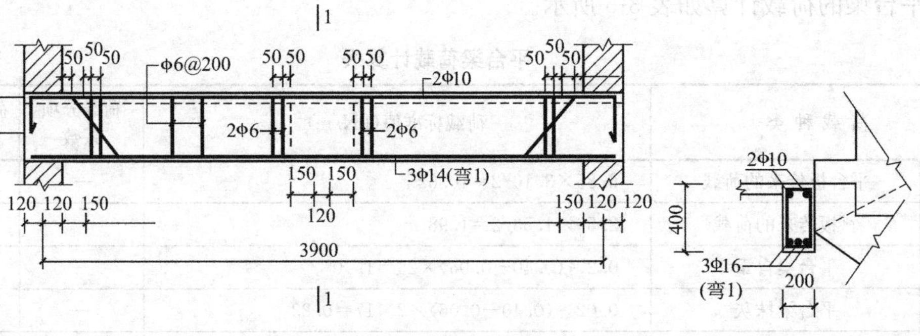

图 3-13 平台梁配筋图

3.3 钢筋混凝土梁式楼梯设计与构造

梁式楼梯由踏步板、梯段斜梁、平台板和平台梁组成，如图 3-14 所示。踏步板支承于梯段斜梁上，梯段斜梁支承于上、下平台梁上，平台梁可直接支承于承重墙体、构造柱或者框架梁上。从荷载的传递途径看，踏步板将荷载传递于梯段斜梁上，梯段斜梁将荷载

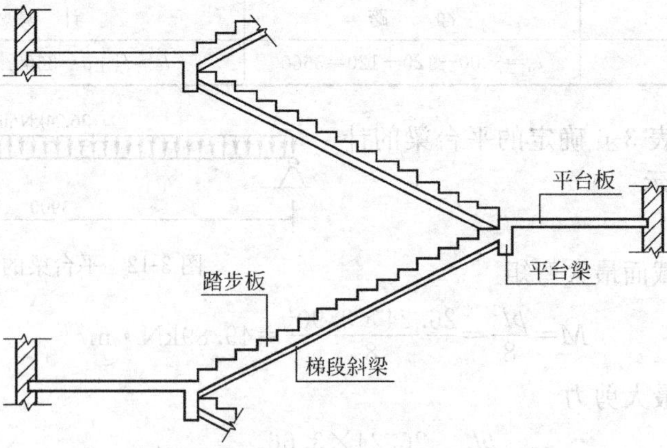

图 3-14 梁式楼梯

传递给平台梁，而平台板也将荷载传递给平台梁。当梯段板水平方向的宽度大于3.0～3.3m，活荷载较大时，采用梁式楼梯较为经济，但是与板式楼梯相比，其缺点也很明显，即施工时支模比较复杂，而且从外观来看也显得比较笨重。

3.3.1 梁式楼梯内力及配筋计算

梁式楼梯的内力及配筋计算，包括踏步板、梯段斜梁、平台板和平台梁的内力及配筋计算。

（1）踏步板

① 计算模型

踏步板由斜板和踏步组成，从梯段板中取出一个踏步板作为计算单元，如图3-15所示。踏步板为梯形断面，计算时按截面面积相等的原则将梯形断面折算为等宽度的矩形断面，矩形断面的高度为$h=\frac{c}{2}+\frac{\delta}{\cos\alpha}$，此处$c$为踏步的高度，$\delta$为底板厚度，一般取30～50mm。踏步板按两端简支单向板计算，计算跨度取$l_0=\min[l_n+b, 1.05l_n]$，此处l_n为净跨，b为梯段斜梁宽。

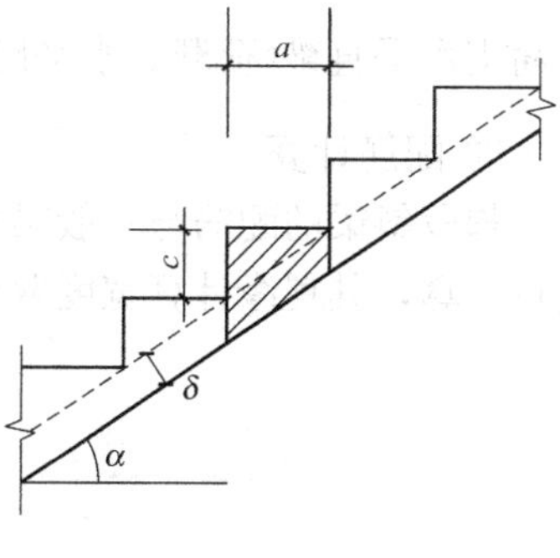

图3-15 踏步板计算模型

② 荷载和内力计算

踏步板的荷载计算包括恒荷载和活荷载，前者主要包括水泥砂浆面层、踏步重、斜板重和板底抹灰的重量，活荷载根据建筑物的使用功能由《建筑结构荷载规范》(GB 50009—2012)确定。确定各种荷载的标准值之后，将恒荷载叠加，然后考虑荷载分项系数将恒荷载和活荷载叠加，假设恒荷载为g，活荷载为q，则总荷载为p，踏步板的跨中弯矩为$M_{\max}=\frac{1}{8}pl_0^2=\frac{1}{8}(g+q)l_0^2$，考虑到踏步板与梯段斜梁整体连接时，支座的嵌固作用，其跨中弯矩可取$M_{\max}=\frac{1}{10}(g+q)l_0^2$。

③ 配筋计算

由于踏步板可按两端简支单向板计算，因此完全可以参照朱彦鹏教授主编的教材《混凝土结构设计原理》第三章“受弯构件正截面承载力的计算”进行，主要公式如下：$\alpha_s=\frac{M}{\alpha_1 f_c bh_0^2}$，$\xi=1-\sqrt{1-2\alpha_s}$，$\gamma_s=\frac{1+\sqrt{1-2\alpha_s}}{2}$，$A_s=\frac{M}{\gamma_s f_y h_0}$。另外，踏步板的计算和一般板一样，可不进行斜截面受剪承载力计算。

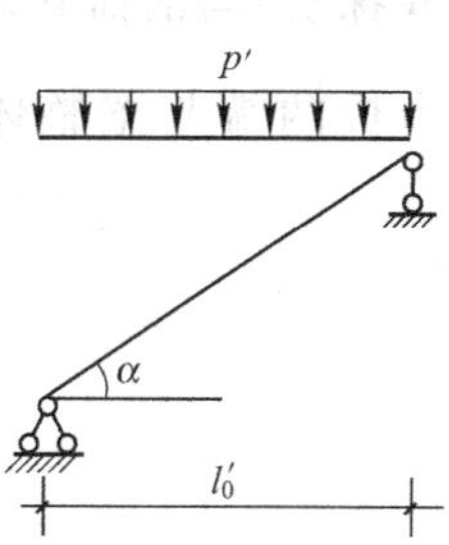

图3-16 梯段斜梁计算简图

（2）梯段斜梁

① 计算模型

梯段斜梁按简支斜梁计算，计算跨度取$l'_0=\min[l'_n+b, 1.05l'_n]$，此处$b$为梯段斜梁宽，$l'_n$为梯段斜梁的净跨，确定梯段斜梁的计算跨度后，其高度一般取$h'\geqslant l'_0/20$，计算简图如图3-16所示。

② 荷载和内力计算

梯段斜梁承受由踏步板传来的均布荷载、梯段斜梁自重、梯段斜梁粉刷自重，按简支斜梁计算。根据结构力学的分析可知：简支斜梁在竖向均布荷载作用下(沿水平投影长度)的跨中最大弯矩等于其相应的简支水平直梁(荷载、水平跨度相同)的跨中最大弯矩，即 $M_{max}=\frac{1}{8}p'l_0^2=\frac{1}{8}(g'+q')l_0'^2$，考虑到梯段斜梁与平台梁为整体连接，并非理想铰接，设计中跨中截面最大弯矩一般取为 $M_{max}=\frac{1}{10}p'l_0^2=\frac{1}{10}(g'+q')l_0'^2$；另外，简支斜梁在竖向均布荷载作用下(沿水平投影长度)的支座截面最大剪力等于其相应的简支水平直梁(荷载、水平跨度相同)的支座剪力乘以 $\cos\alpha$，即 $V_{max}=\frac{1}{2}p'l_0'\cos\alpha$。

③ 配筋计算

梯段斜梁的配筋与一般梁相同，需进行正截面和斜截面承载力计算，但是需按倒 L 梁进行计算，其翼缘计算宽度取 $b_f'=b+5h_f'=b+5\delta$，其配筋示意图如图 3-17 所示。

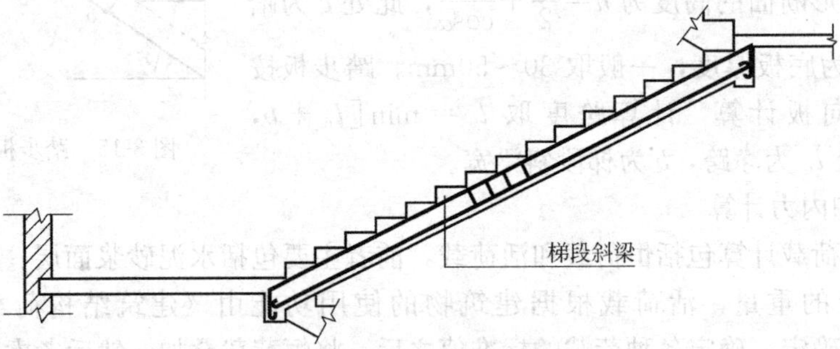

图 3-17　梯段斜梁的配筋

(3) 平台板

① 计算模型

平台板按简支单向板(取单位板宽，计算板厚 70mm 左右)，计算跨度 $l_0''=l_n''+\frac{b'}{2}+a$，此处 l_n''为平台板的净跨，b'为平台梁的宽度，a 为平台板在平台梁、外墙体或钢筋混凝土过梁上的支承长度，平台板的计算简图如图 3-18 所示。

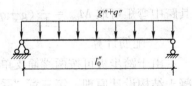

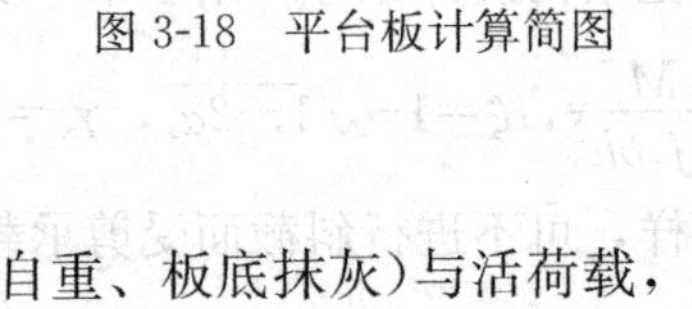

图 3-18　平台板计算简图

② 荷载和内力计算

平台板承受的荷载包括恒荷载(水泥砂浆面层、平台板自重、板底抹灰)与活荷载，其计算弯矩一般取 $M_{max}=\frac{1}{8}(g''+q'')l_0''^2$ 或 $M_{max}=\frac{1}{10}(g''+q'')l_0''^2$(仅当板两端与梁整体连接时)。

③ 配筋计算

平台板的配筋计算与一般板相同。

(4) 平台梁

① 计算模型

平台梁截面尺寸：宽度取 $b'\geqslant200$，高度取 $h''\geqslant c+h'/\cos\alpha$，且应满足梯段斜板的搁置要求，按简支梁计算，计算简图如图 3-19 所示，图中 P 为梯段斜梁传来的集中荷载，b 为梯段斜梁宽，δ'为墙厚，δ''为护栏间距。

② 荷载和内力计算

平台梁除承受平台板传来的均布荷载、平台梁自重、平台梁粉刷自重外，还承受梯段斜梁传来的集中荷载，根据图 3-19 所示计算简图，可知平台梁的最大弯矩 $M_{\max}=\frac{1}{8}(g'''+q''')l_0'''^2+\frac{P}{l_0'''}\sum a_i b_i$，最大剪力 $V_{\max}=\frac{1}{2}pl_0'''+\frac{1}{2}\sum P$，此处 l_0'''为平台梁的计算跨度。

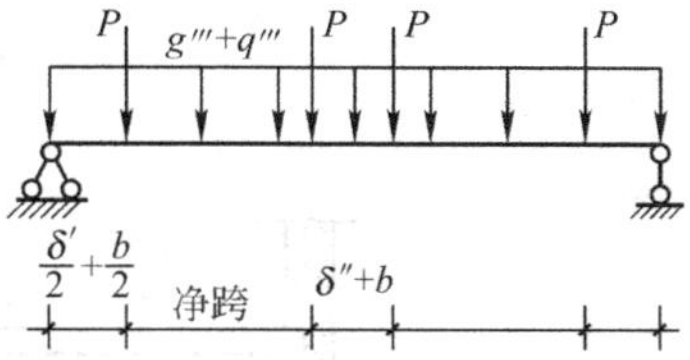

图 3-19 平台梁计算简图

③ 配筋计算

平台梁的配筋计算与普通梁相同，需进行正截面和斜截面承载力计算，但是需按倒 L 梁计算，其翼缘计算宽度取 $b_f''=b'+5h_f''$，此处 h_f''实际为平台板的厚度。

3.3.2 设计要点及难点

对于现浇梁式楼梯的设计，其设计要点在于：

(1) 正确计算不同组成部分的荷载和确定相应的计算模型，深入理解支座条件，尤其是铰接和弹性嵌固的作用。

(2) 合理计算各组成构件的计算跨度，进一步计算其内力。

(3) 根据《混凝土结构设计原理》的相关知识进行构件的配筋计算。

3.3.3 构造要求

梁式楼梯的三角形踏步的尺寸由建筑设计确定，踏步底板厚度一般取 30～50mm，其配筋应保证在每个踏步内不少于 2ф6 的受力筋。另外，在垂直受力筋的上方(即梯段方向)均匀布置分布钢筋，分布钢筋不得小于 ф6@250，如图 3-20 所示。

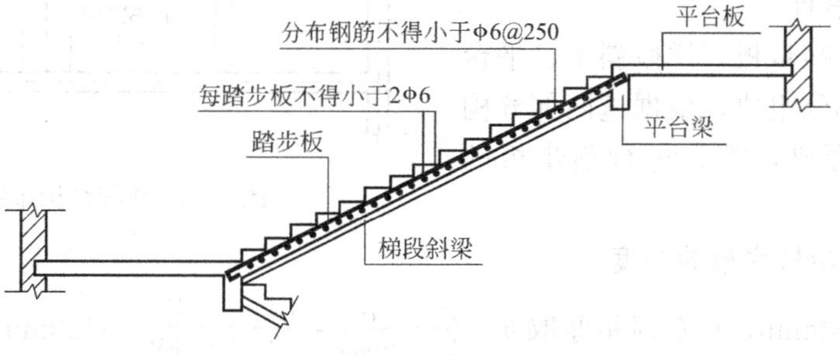

图 3-20 梁式楼梯踏步板配筋构造

梯段斜梁一般设置在踏步板的两侧，斜梁的高度通常取 $h'\geqslant l_0'/20$(l_0'为其计算跨度)。斜梁上端部应按构造设置负钢筋，钢筋数量不应小于跨中截面纵向受力钢筋截面面积的 1/4。钢筋在支座处的锚固长度应满足受拉钢筋的锚固长度，其配筋如图 3-21 所示。

平台板和平台梁的构造要求同普通的现浇整体式梁板结构的构造要求。

3.3.4 计算书及施工图要求

现浇钢筋混凝土梁式楼梯设计的计算书和施工图要求做到以下几点：

(1) 计算书中基本资料描述准确，参数选取合理。

(2) 荷载和内力计算过程清晰完整，需有正确的计算模型简图。

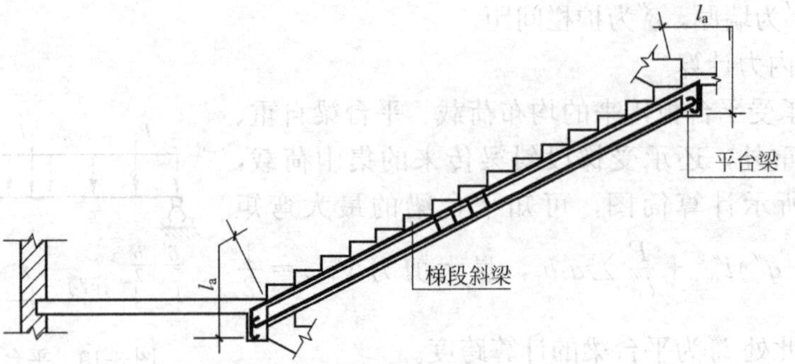

图 3-21　梁式楼梯梯段斜梁配筋构造

(3) 计算书中应画出各组成构件的配筋草图。

(4) 施工图要求达到一定的深度，满足施工要求，表达合理规范。

3.4　梁式楼梯设计计算例题

3.4.1　设计资料

某现浇梁式楼梯结构布置如图 3-22 所示，楼梯踏步尺 150mm×300mm。楼梯采用 C25 混凝土。楼梯板采用 HPB300 钢筋，梁采用 HRB335 钢筋。楼梯上均布活荷载标准值 $q_k=3.5\text{kN/m}^2$。试设计该楼梯。

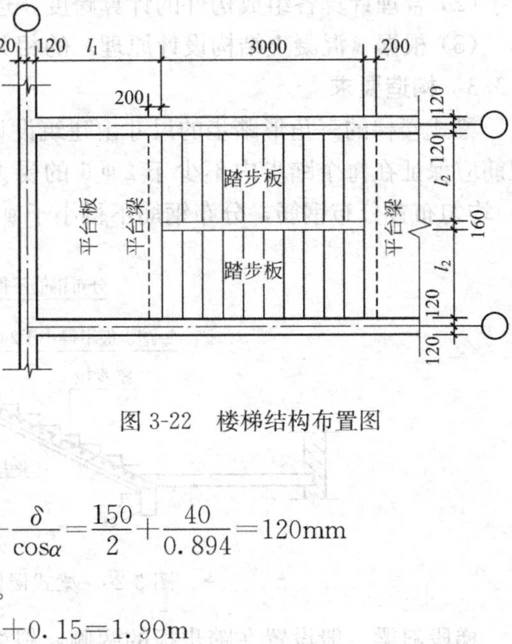

图 3-22　楼梯结构布置图

3.4.2　踏步板设计

梁式楼梯由踏步板、梯段斜梁、平台板和平台梁四部分组成，根据这四部分构件之间的传力原则，首先进行踏步板的设计。

(1) 确定踏步板底板的厚度

底板取 $\delta=40\text{mm}$，计算时板厚取 $h=\dfrac{c}{2}+\dfrac{\delta}{\cos\alpha}=\dfrac{150}{2}+\dfrac{40}{0.894}=120\text{mm}$

梯段斜梁尺寸取 $b\times h=150\text{mm}\times250\text{mm}$。

踏步板计算跨度　　$l_0=l_n+b=1.75+0.15=1.90\text{m}$

以及　　$l_0=1.05l_n=1.05\times1.75=1.838\text{m}$

取　　$l_0=\min(1.90\text{m},\ 1.838\text{m})=1.838\text{m}$

(2) 荷载计算

恒荷载

20mm 厚水泥砂浆面层 $(0.3+0.15)\times0.02\times20=0.18\text{kN/m}$

踏步重　　$\dfrac{1}{2}\times0.3\times0.15\times25=0.563\text{kN/m}$

混凝土斜板　　$0.04\times0.3\times25/0.894=0.336\text{kN/m}$

板底抹灰　　$0.02\times0.3\times17/0.894=0.114\text{kN/m}$

恒荷载标准值　　$0.18+0.563+0.336+0.114=1.193\text{kN/m}$

恒荷载设计值　　$1.2\times1.193=1.432\text{kN/m}$

活荷载

活荷载标准值　　$3.5\times0.3=1.05\text{kN/m}$

活荷载设计值　　$1.4\times1.05=1.47\text{kN/m}$

荷载总计

荷载设计值　　$p=g+q=1.432+1.47=2.902\text{kN/m}$

(3) 内力计算

跨中弯矩　　$M=\frac{1}{8}pl_0^2=\frac{1}{8}\times2.902\times1.838^2=1.225\text{kN}\cdot\text{m}$

(4) 配筋计算

板保护层 20mm，有效高度 $h_0=120-20=100\text{mm}$。

$$\alpha_s=\frac{M}{\alpha_1 f_c b h_0^2}=\frac{1.225\times10^6}{1.0\times11.9\times300\times100^2}=0.034$$

则

$$\xi=1-\sqrt{1-2\alpha_s}=1-\sqrt{1-2\times0.034}=0.035<\xi_b=0.614$$

$$\gamma_s=\frac{1+\sqrt{1-2\alpha_s}}{2}=\frac{1+\sqrt{1-2\times0.034}}{2}=0.983$$

$$A_s=\frac{M}{\gamma_s f_y h_0}=\frac{1.225\times10^6}{0.983\times270\times100}=46.2\text{mm}^2$$

踏步板最小配筋率：

在 0.2% 和 $45f_t/f_y\%=45\times1.27/270\%=0.212\%$间取大值为 0.212%。

此时 $A_s=0.00212\times300\times120=76.32\text{mm}^2$。

选配每踏步 2Φ8，$A_s=101\text{mm}^2$，满足踏步板配筋不少于于 2Φ6 的构造要求。

另外，分布钢筋选用 Φ6@250。

踏步板的配筋见图 3-23。

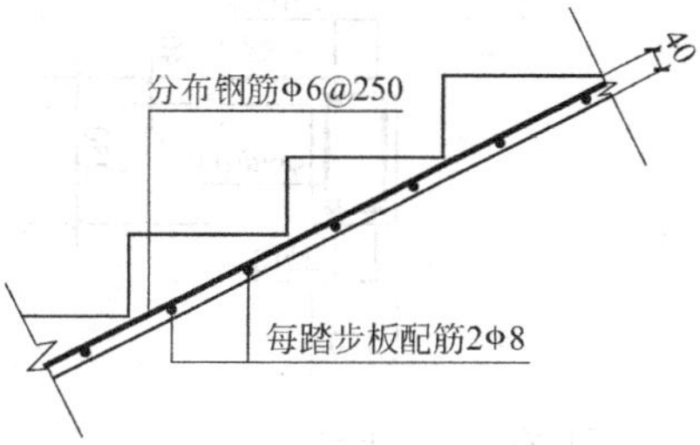

图 3-23　踏步板配筋

3.4.3　梯段斜梁设计

(1) 梯段斜梁计算参数

板倾斜角 $\tan\alpha=150/300=0.5$，$\alpha=26.6°$，$\cos\alpha=0.894$，$l_n=4.5\text{m}$。

(2) 荷载计算

踏步板传来：$\frac{2.902}{0.3}\times1.75/2=8.46\text{kN/m}$

梯段斜梁自重：$1.2\times0.15\times0.3\times25/0.894=1.51\text{kN/m}$

梯段斜梁粉刷重：$1.2\times0.02\times2\times(0.15+0.3)\times17/0.894=0.41\text{kN/m}$

荷载设计值：$p=8.46+1.51+0.41=10.38\text{kN/m}$

(3) 内力计算

梁计算跨度 $l_0=l_n+b=4.5+0.2=4.7\text{m}$(此处 b 为平台梁的宽度)

以及 $l_0=1.05l_n=1.05\times4.5=4.725\text{m}$，取小值 $l_0=4.7\text{m}$

跨中弯矩 $M=\frac{1}{8}pl_0^2=\frac{1}{8}\times10.38\times4.7^2=28.66\text{kN}\cdot\text{m}$

水平向剪力 $V'=\frac{1}{2}pl_0=\frac{1}{2}\times10.38\times4.7=24.39\text{kN}$

斜向剪力 $V=V'\cos\alpha=24.39\times0.894=21.80\text{kN}$

(4) 配筋计算

梯段斜梁按倒L形计算，$b_f'=b+5h_f'=150+5\times40=350\text{mm}$

梁有效高度 $h_0=250-35=215\text{mm}$

$$\alpha_s=\frac{M}{\alpha_1 f_c b h_0^2}=\frac{28.66\times10^6}{1.0\times11.9\times350\times215^2}=0.149$$

则 $$\xi=1-\sqrt{1-2\alpha_s}=1-\sqrt{1-2\times0.149}=0.162<\xi_b=0.55$$

$$\gamma_s=\frac{1+\sqrt{1-2\alpha_s}}{2}=\frac{1+\sqrt{1-2\times0.149}}{2}=0.919$$

$$A_s=\frac{M}{\gamma_s f_y h_0}=\frac{28.66\times10^6}{0.919\times300\times215}=483.5\text{mm}^2$$

选配2Φ18，$A_s=509\text{mm}^2$。

箍筋计算：

$$V_{cs}=0.7f_t bh_0=0.7\times1.27\times150\times215=28.67\text{kN}>21.80\text{kN}$$

可以按构造配箍筋，选用φ6@200。

梯段斜梁的配筋见图3-24。

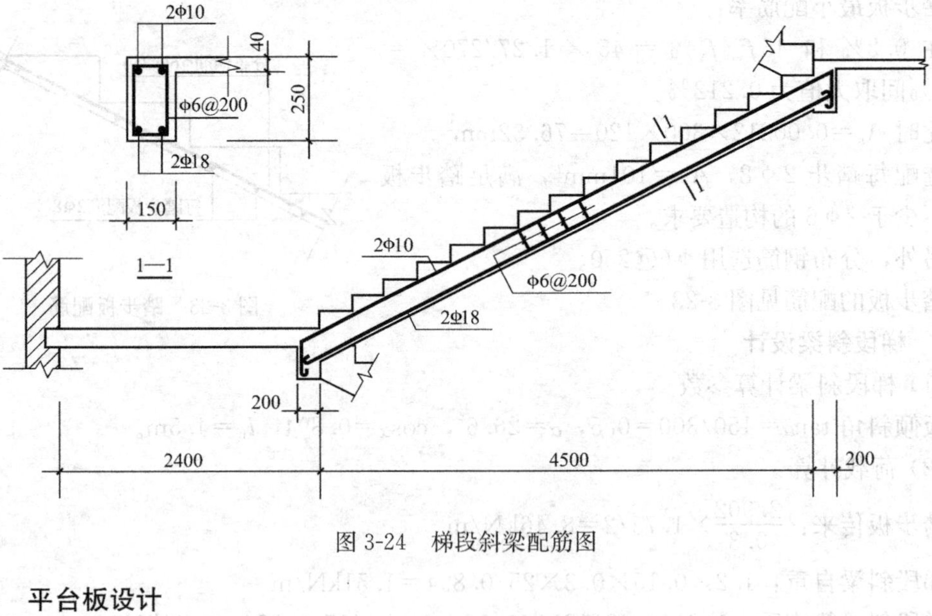

图3-24 梯段斜梁配筋图

3.4.4 平台板设计

(1) 确定板厚

板厚取 $h=70\text{mm}$，板跨度 $l_0=2.4-0.2+\frac{0.2}{2}+0.06=2.36\text{m}$

取1m宽板带按简支单向板进行配筋计算。

(2) 荷载计算

恒荷载

20mm 厚水泥砂浆面层	$0.02\times20\times1=0.4\text{kN/m}$
平台板	$0.07\times25\times1=1.75\text{kN/m}$
板底抹灰	$0.02\times17\times1=0.34\text{kN/m}$
恒荷载标准值	$0.4+1.75+0.34=2.49\text{kN/m}$
恒荷载设计值	$1.2\times2.49=2.99\text{kN/m}$

活荷载

活荷载标准值	3.5kN/m
活荷载设计值	$1.4\times3.5=4.9\text{kN/m}$

荷载总计

荷载设计值	$g+q=2.99+4.9=7.89\text{kN/m}$

(3) 内力计算

跨中弯矩 $M=\frac{1}{8}(g+q)l_0^2=\frac{1}{8}\times7.89\times2.36^2=5.49\text{kN}\cdot\text{m}$

(4) 配筋计算

板保护层 20mm，有效高度 $h_0=70-20=50\text{mm}$。

$$\alpha_s=\frac{M}{\alpha_1 f_c b h_0^2}=\frac{5.49\times10^6}{1.0\times11.9\times1000\times50^2}=0.185$$

则 $$\xi=1-\sqrt{1-2\alpha_s}=1-\sqrt{1-2\times0.185}=0.206<\xi_b=0.614$$

$$\gamma_s=\frac{1+\sqrt{1-2\alpha_s}}{2}=\frac{1+\sqrt{1-2\times0.185}}{2}=0.897$$

$$A_s=\frac{M}{\gamma_s f_y h_0}=\frac{5.49\times10^6}{0.897\times270\times50}=453.4\text{mm}^2$$

选配 Φ10@150，$A_s=523\text{mm}^2$。

平台板的配筋图见图 3-25。

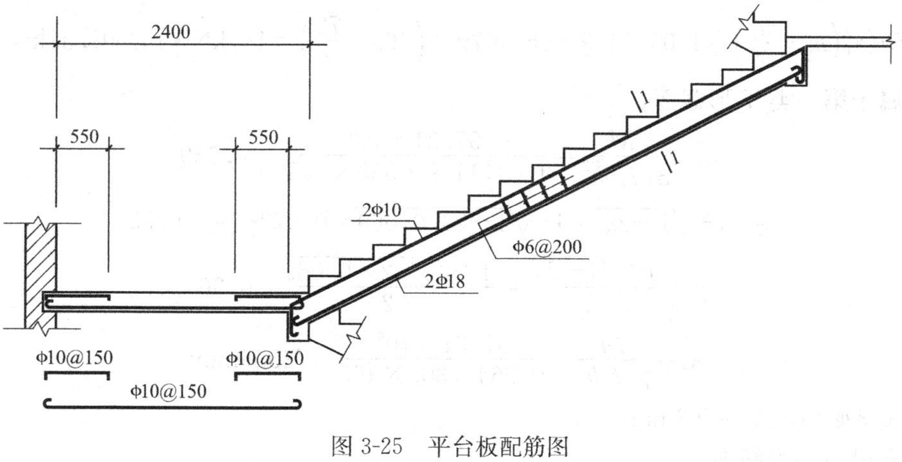

图 3-25 平台板配筋图

3.4.5 平台梁设计

(1) 确定平台梁尺寸

梁宽取 $b=200\text{mm}$

高 $h \geqslant 150+250/0.894=430\text{mm}$，取 $h=500\text{mm}$

梁跨度取 $l_0=4.5\text{m}$。

(2) 荷载计算

梯段斜梁传来：$P=\frac{1}{2}pl_0=\frac{1}{2}\times 10.38\times 4.7=24.39\text{kN}$

平台板传来：$7.89\times(0.2+2.2/2)=10.26\text{kN/m}$

平台梁自重：$1.2\times 0.2\times(0.5-0.07)\times 25=2.58\text{kN/m}$

平台梁粉刷重：$1.2\times 0.02\times(0.2+0.50\times 2-0.07\times 2)\times 17=0.43\text{kN/m}$

荷载设计值：$p=10.26+2.58+0.43=13.27\text{kN/m}$

平台梁计算简图见图 3-26。

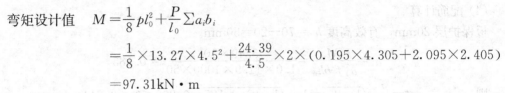

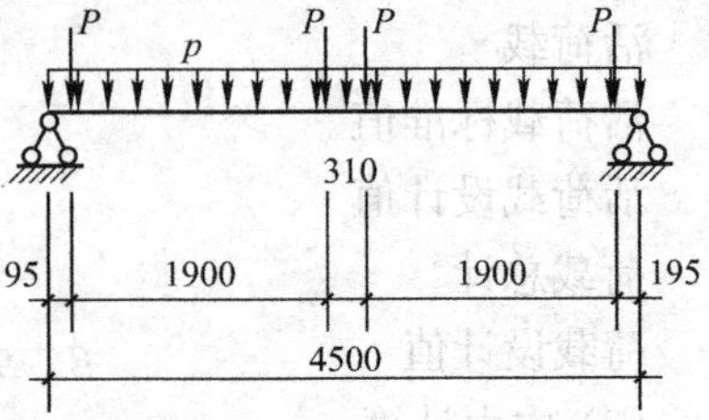

图 3-26　平台梁计算简图

(3) 内力计算

弯矩设计值

$$M=\frac{1}{8}pl_0^2+\frac{P}{l_0}\sum a_i b_i$$

$$=\frac{1}{8}\times 13.27\times 4.5^2+\frac{24.39}{4.5}\times 2\times(0.195\times 4.305+2.095\times 2.405)$$

$$=97.31\text{kN}\cdot\text{m}$$

剪力设计值

$$V=\frac{1}{2}pl_0+\frac{1}{2}\sum P=\frac{1}{2}\times 13.27\times 4.5+\frac{1}{2}\times 4\times 24.39=78.64\text{kN}$$

(4) 配筋计算

平台梁按倒 L 形计算，$b_f'=b+5h_f'=200+5\times 70=550\text{mm}$

梁有效高度 $h_0=500-35=465\text{mm}$。

判断截面类型，由于

$$\alpha_1 f_c b_f' h_f'\left(h_0-\frac{h_f'}{2}\right)=1.0\times 11.9\times 550\times 70\times\left(465-\frac{70}{2}\right)=197\text{kN}\cdot\text{m}>97.31\text{kN}\cdot\text{m}$$

故属于第一类 T 形截面。

$$\alpha_s=\frac{M}{\alpha_1 f_c b h_0^2}=\frac{97.31\times 10^6}{1.0\times 11.9\times 550\times 465^2}=0.069$$

则

$$\xi=1-\sqrt{1-2\alpha_s}=1-\sqrt{1-2\times 0.069}=0.072<\xi_b=0.55$$

$$\gamma_s=\frac{1+\sqrt{1-2\alpha_s}}{2}=\frac{1+\sqrt{1-2\times 0.069}}{2}=0.964$$

$$A_s=\frac{M}{\gamma_s f_y h_0}=\frac{97.31\times 10^6}{0.964\times 300\times 465}=723.6\text{mm}^2$$

选配 3Φ18，$A_s=763\text{mm}^2$。

平台梁最小配筋率：

在 0.2%和 $45f_t/f_y\%=45\times 1.27/300\%=0.19\%$间取大值为 0.2%

此时 $A_{smin}=0.002\times 200\times 500=200\text{mm}^2<763\text{mm}^2$

满足要求。

验算是否需要按计算配置箍筋。

$0.7f_tbh_0=0.7\times1.27\times200\times465=82.68\text{kN}>V=78.64\text{kN}$。

可以按构造配箍筋，箍筋选用 φ 6@200。

3.5 楼梯课程设计任务书

3.5.1 板式楼梯课程设计任务书

(1) 设计任务

某住宅楼现浇钢筋混凝土板式楼梯，某现浇梁式楼梯踏步尺寸 150mm×300mm，要求完成该现浇钢筋混凝土板式楼梯的设计。

(2) 设计内容

① 结构尺寸确定。确定梯段板厚度、平台板厚度和平台梁尺寸。

② 梯段板设计。确定梯段板底厚度，进行荷载计算、内力和配筋计算，并绘制梯段板配筋图。

③ 平台板设计。确定平台板厚度，进行荷载计算、内力和配筋计算，并绘制平台板配筋图。

④ 平台梁设计。确定平台梁尺寸，进行荷载计算、内力和配筋计算，并绘制平台梁配筋图。

(3) 设计条件

① 楼梯结构布置如图 3-27 所示。

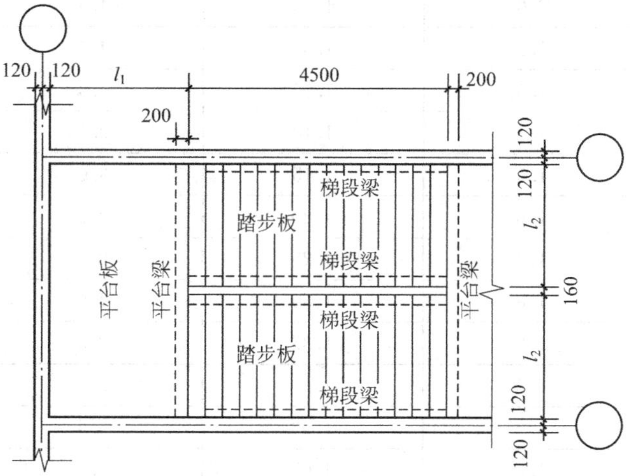

图 3-27　楼梯结构布置图

② 学生由教师指定题号。

③ 荷载：永久荷载包括板、梁等结构自重，钢筋混凝土重度 25kN/m^3，水泥砂浆重度 20kN/m^3，石灰砂浆重度 17kN/m^3，分项系数 $\gamma_G=1.2$。楼梯上均布活荷载标准值取值见表 1，分项系数 $\gamma_Q=1.4$。

(4) 材料

采用混凝土强度等级见表 3-7。

题号、可变荷载和混凝土强度等级　　　　表 3-7

题号	平面尺寸 l_1(m)	平面尺寸 l_2(m)	楼梯均布活荷载 q(kN/m^2)	混凝土强度等级
1	1.2	1.00	2.0	C20
2	1.3	1.05	2.5	C20
3	1.4	1.10	3.0	C20
4	1.5	1.15	3.5	C20
5	1.6	1.20	4.0	C20
6	1.7	1.25	4.5	C20
7	1.8	1.30	4.5	C20
8	1.9	1.35	4.0	C20
9	2.0	1.40	3.5	C20
10	1.2	1.00	3.0	C20
11	1.3	1.05	2.5	C20
12	1.4	1.10	2.0	C20
13	1.5	1.15	2.0	C25
14	1.5	1.20	2.5	C25
15	1.7	1.25	3.0	C25
16	1.8	1.30	3.5	C25
17	1.9	1.35	4.0	C25
18	2.0	1.40	4.5	C25
19	1.2	1.00	4.5	C25
20	1.3	1.05	4.0	C25
21	1.4	1.10	3.5	C25
22	1.5	1.15	3.0	C25
23	1.6	1.20	2.5	C25
24	1.7	1.25	2.0	C25
25	1.8	1.30	2.0	C30
26	1.9	1.35	2.5	C30
27	2.0	1.40	3.0	C30
28	1.2	1.00	3.5	C30
29	1.3	1.05	4.0	C30
30	1.4	1.10	4.5	C30
31	1.5	1.15	4.5	C30
32	1.6	1.20	4.0	C30
33	1.7	1.25	3.5	C30
34	1.8	1.30	3.0	C30
35	1.9	1.35	2.5	C30
36	2.0	1.40	2.0	C30

楼梯板采用 HPB300 钢筋，梁采用 HRB335 钢筋。

3.5.2 梁式楼梯课程设计任务书

（1）设计任务

某办公楼现浇钢筋混凝土楼梯，结构形式采用梁式楼梯，某现浇梁式楼梯踏步尺寸 150mm×300mm。要求完成该现浇钢筋混凝土梁式楼梯的设计。

（2）设计内容

① 结构尺寸确定

确定梯段板厚度、梯段斜梁尺寸、平台板厚度和平台梁尺寸。

② 踏步板设计

确定踏步板板底厚度，进行荷载计算、内力和配筋计算，并绘制踏步板配筋图。

③ 梯段斜梁设计

确定梯段斜梁相关计算参数，进行荷载计算、内力和配筋计算，并绘制梯段斜梁配筋图。

④ 平台板设计

确定平台板厚度，进行荷载计算、内力和配筋计算，并绘制平台板配筋图。

⑤ 平台梁设计

确定平台梁尺寸，进行荷载计算、内力和配筋计算，并绘制平台梁配筋图。

（3）设计条件

① 楼梯结构布置如图 3-28 所示。

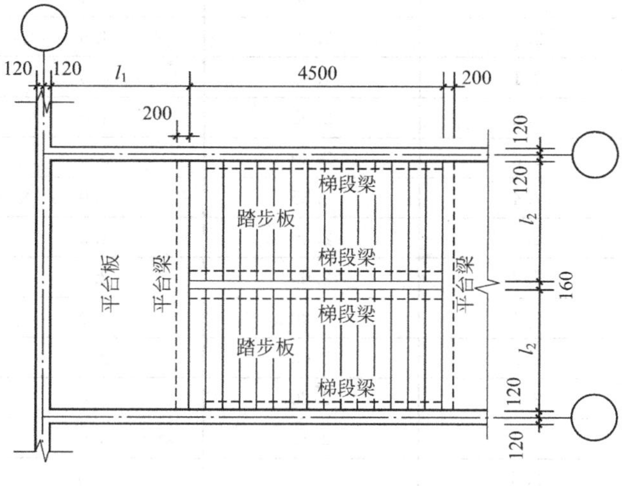

图 3-28 楼梯平面布置图

② 学生由教师指定题号。

③ 荷载：永久荷载包括板、梁等结构自重，钢筋混凝土重度 25kN/m^3，水泥砂浆重度 20kN/m^3，石灰砂浆重度 17kN/m^3，分项系数 $\gamma_G=1.2$。楼梯上均布活荷载标准值取值见表 3-8，分项系数 $\gamma_Q=1.4$。

（4）材料

采用混凝土强度等级见表 3-8。

楼梯板采用 HPB300 钢筋，梁采用 HRB335 钢筋。

题号、可变荷载和混凝土强度等级　　　　表 3-8

题号	平面尺寸 l_1(m)	平面尺寸 l_2(m)	楼梯均布活荷载 q(kN/m²)	混凝土强度等级
1	2.1	1.90	2.0	C20
2	2.2	2.05	2.5	C20
3	2.3	2.20	3.0	C20
4	2.4	2.35	3.5	C20
5	2.5	2.50	4.0	C20
6	2.7	2.65	4.5	C20
7	2.1	1.90	4.5	C20
8	2.2	2.05	4.0	C20
9	2.3	2.20	3.5	C20
10	2.4	2.35	3.0	C20
11	2.5	2.50	2.5	C20
12	2.7	2.65	2.0	C20
13	2.1	1.90	2.0	C25
14	2.2	2.05	2.5	C25
15	2.3	2.20	3.0	C25
16	2.4	2.35	3.5	C25
17	2.5	2.50	4.0	C25
18	2.7	2.65	4.5	C25
19	2.1	1.90	4.5	C25
20	2.2	2.05	4.0	C25
21	2.3	2.20	3.5	C25
22	2.4	2.35	3.0	C25
23	2.5	2.50	2.5	C25
24	2.7	2.65	2.0	C25
25	2.1	1.90	2.0	C30
26	2.2	2.05	2.5	C30
27	2.3	2.20	3.0	C30
28	2.4	2.35	3.5	C30
29	2.5	2.50	4.0	C30
30	2.7	2.65	4.5	C30
31	2.1	1.90	4.5	C30
32	2.2	2.05	4.0	C30
33	2.3	2.20	3.5	C30
34	2.4	2.35	3.0	C30
35	2.5	2.50	2.5	C30
36	2.7	2.65	2.0	C30

第 4 章　单层工业厂房排架结构设计

4.1　单层厂房排架结构设计基本知识

4.1.1　主要结构构件

单层厂房排架结构的主要结构构件如图 4-1 所示。

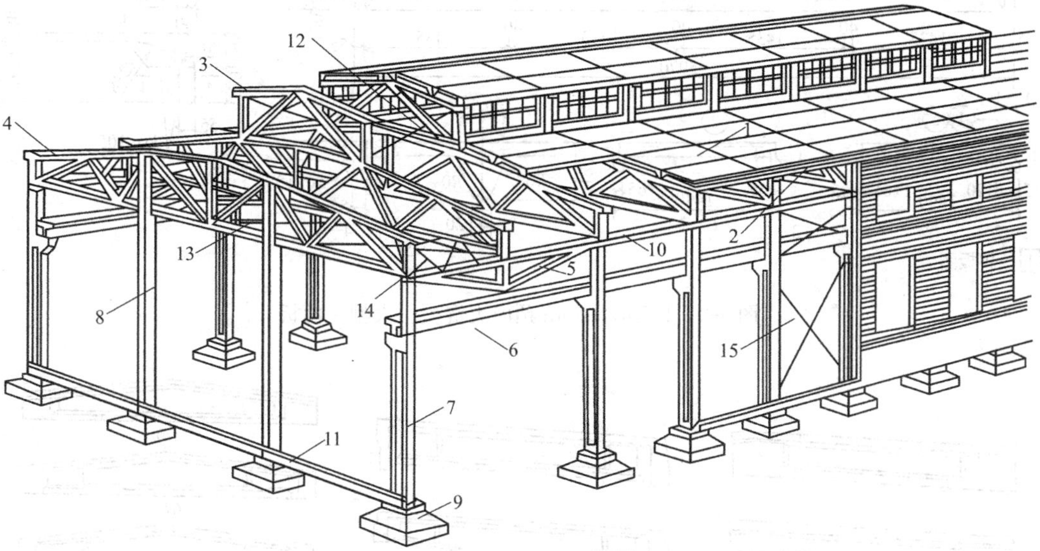

图 4-1　单层混凝土结构排架厂房主要结构构件组成

1—屋面板；2—天沟板；3—天窗架；4—屋架；5—托架；6—吊车梁；7—排架柱；
8—抗风柱；9—基础；10—连系梁；11—基础梁；12—天窗架垂直支撑；
13—屋架下弦横向水平支撑；14—屋架端部垂直支撑；15—柱间支撑

主要结构构件可分为以下几个部分：

(1) 屋盖部分

① 屋面板

常用的屋盖形式是无檩屋盖，无檩屋盖中，最常用的屋面板是预应力混凝土大型屋面板，如图 4-2 所示。

汶川地震中，东方汽轮机厂的钢筋混凝土屋面板破坏较重，甚至出现了垮塌现象。相比之下，轻屋盖体系的抗震性能好，故地震区推荐使用压型钢板夹心板等轻屋盖体系。

② 屋架或屋面梁

一般情况下，跨度≤15m 采用屋面梁，跨度≥18m 采用屋架。

屋面梁从屋面形式上有单坡、双坡两种，从是否施加预应力上分为预应力混凝土屋面梁和钢筋混凝土屋面梁两种，跨度为 6m、9m、12m、15m 等，如图 4-3 所示。

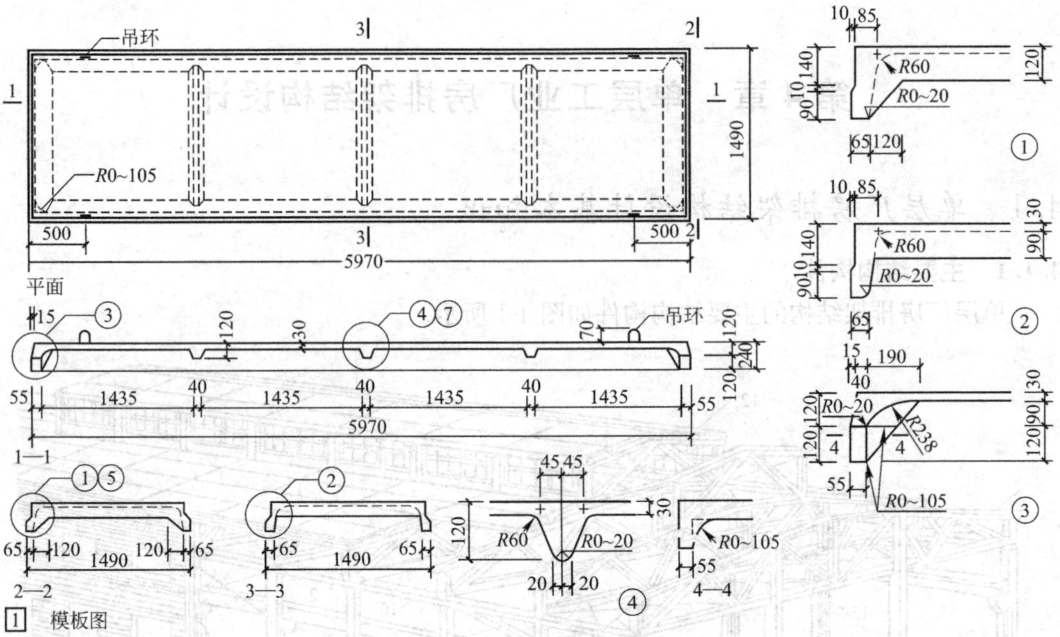

图 4-2　1.5m×6.0m 预应力混凝土大型屋面板

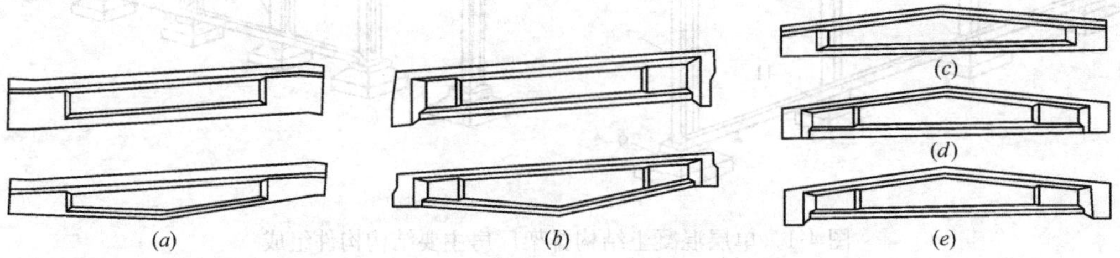

图 4-3　各种屋面梁形式

(*a*)钢筋混凝土单坡屋面梁；(*b*)预应力混凝土单坡屋面梁；(*c*)钢筋混凝土双坡屋面梁；
(*d*)先张法预应力混凝土双坡屋面梁；(*e*)后张法预应力混凝土双坡屋面梁

钢筋混凝土屋面梁由于施工方便，使用得较多。

屋架跨度为 18m、21m、24m、27m、30m 等，按材料可分为钢筋混凝土屋架和钢屋架，一般情况下可采用钢筋混凝土屋架，跨度≥30m 时宜采用钢屋架(汶川地震中，东方汽轮机厂的钢筋混凝土屋架出现了垮塌情况。相比之下，钢屋架抗震性能好，故地震区推荐使用钢屋架)。钢筋混凝土屋架分普通钢筋混凝土屋架和预应力钢筋混凝土屋架，一般情况下均采用预应力屋架。

屋架有多种形式，其中最常用的是预应力折线形屋架，其屋面坡度在天窗范围内是 1/10，其余两侧坡度是 1/5，屋架端部竖杆中心线(也是屋架竖向荷载作用点位置)距厂房轴线均为 150mm，如图 4-4 所示。

其他跨度预应力折线形屋架见图 4-5。

③ 天窗架

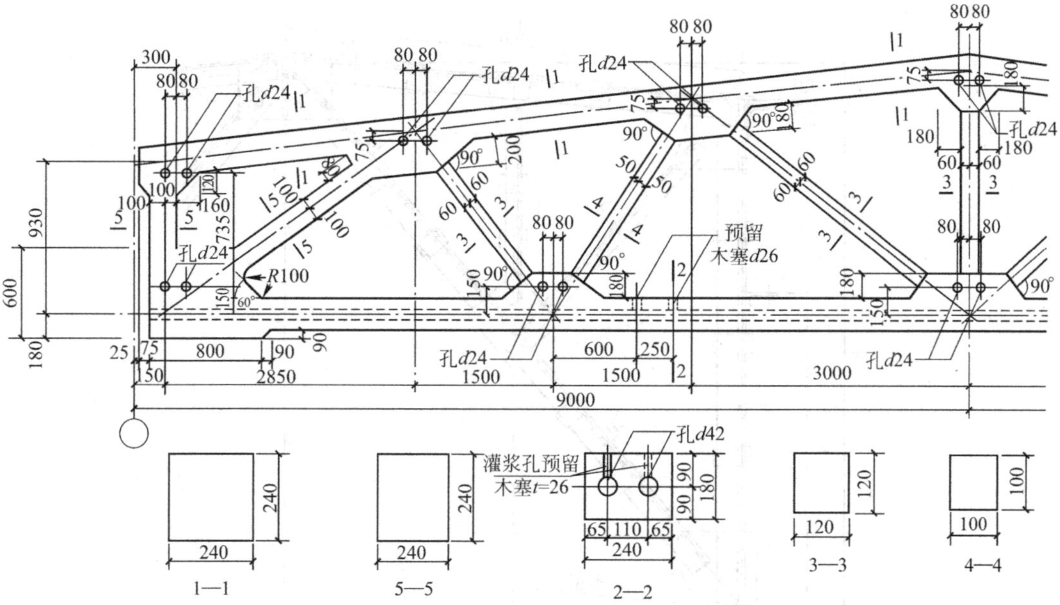

图 4-4　18m 跨度预应力折线形屋架模板图

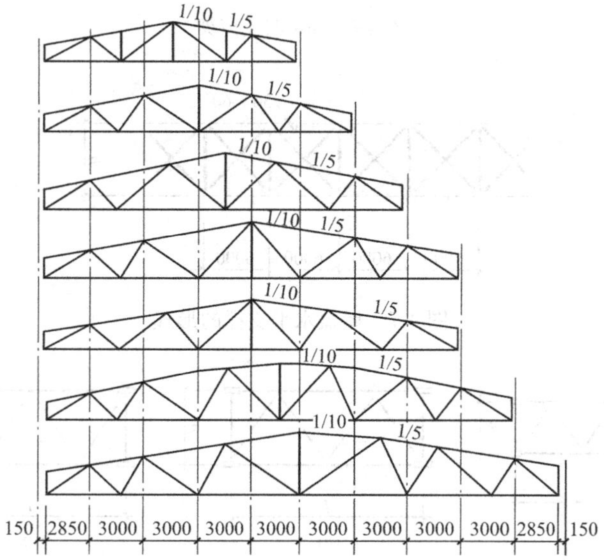

图 4-5　18～30m 折线形屋架示意图

常用的天窗架跨度为 6m 和 9m。在地震区，天窗架建议采用钢天窗架。

图 4-6 是 6m 钢天窗架的示意图。

④ 屋盖支撑

屋盖支撑系统包括天窗支撑、屋盖上弦支撑、屋盖下弦支撑、屋盖垂直支撑及水平系杆部分。

屋盖上弦支撑、屋盖下弦支撑的形式见图 4-7，垂直支撑的形式见图 4-8。

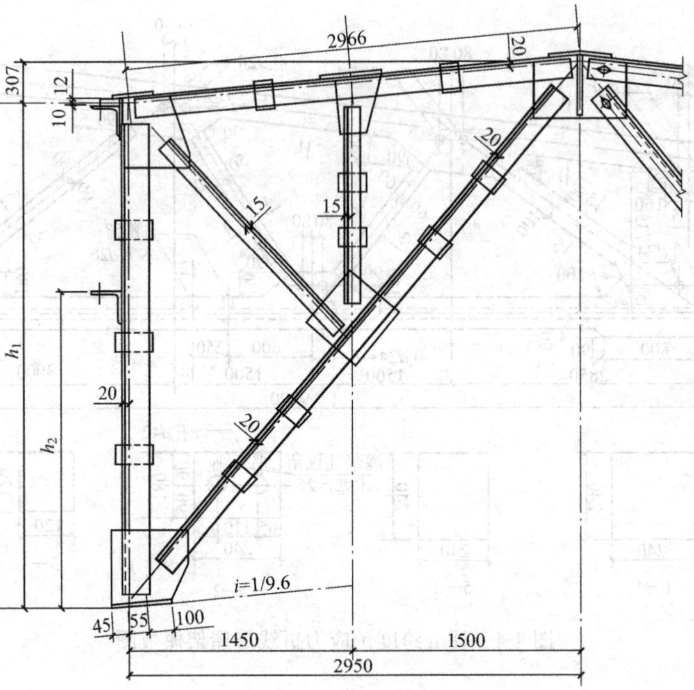

图 4-6　6m 钢天窗架

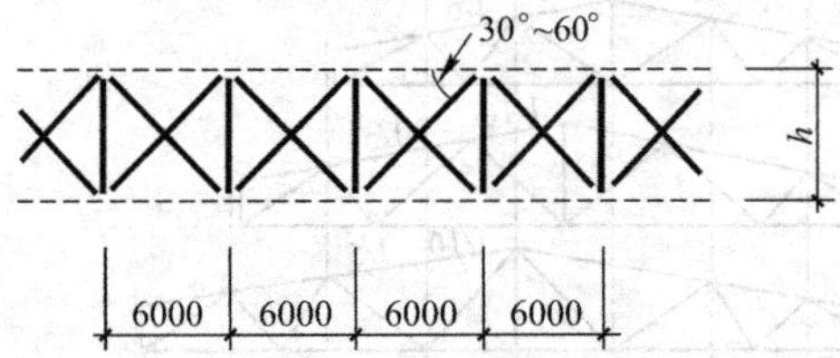

图 4-7　屋盖水平支撑的形式

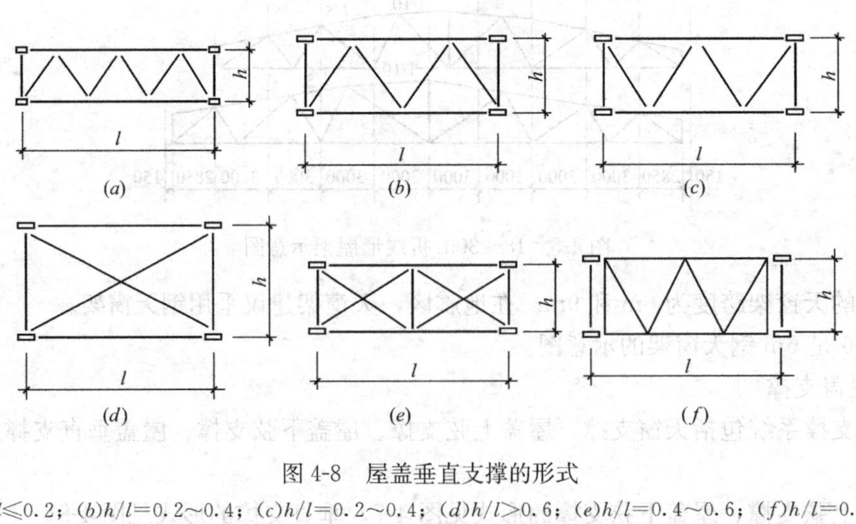

图 4-8　屋盖垂直支撑的形式

(*a*) $h/l \leqslant 0.2$；(*b*) $h/l = 0.2 \sim 0.4$；(*c*) $h/l = 0.2 \sim 0.4$；(*d*) $h/l > 0.6$；(*e*) $h/l = 0.4 \sim 0.6$；(*f*) $h/l = 0.2 \sim 0.4$

（2）梁柱部分

① 吊车梁

多数吊车采用四轮桥式吊车或梁式吊车。

吊车的利用级别是吊车在使用期内要求的总工作循环次数，载荷状态是指吊车荷载达到其额定值的频繁程度。根据利用级别和载荷状态，吊车共分 8 个工作级别：A1～A8。

满载机会少、运行速度低以及不需要紧张而繁重工作的场所，如水电站、机械检修站等的吊车工作级别属于 A1～A3；机械加工和装配车间属于 A4、A5，冶炼车间和直接参加连续生产的吊车工作级别为 A6、A7、A8。吊车还可以根据利用级别和载荷状态分成轻级工作制、中级工作制、重级工作制、超重级工作制四种，一般中级工作制对应的工作级别为 A4、A5。

吊车梁有钢筋混凝土吊车梁、预应力混凝土吊车梁和钢吊车梁三种，吊车吨位较小时，可选用钢筋混凝土吊车梁，吨位较大时，选用预应力混凝土吊车梁或钢吊车梁。

图 4-9 是钢筋混凝土等截面吊车梁的模板图。

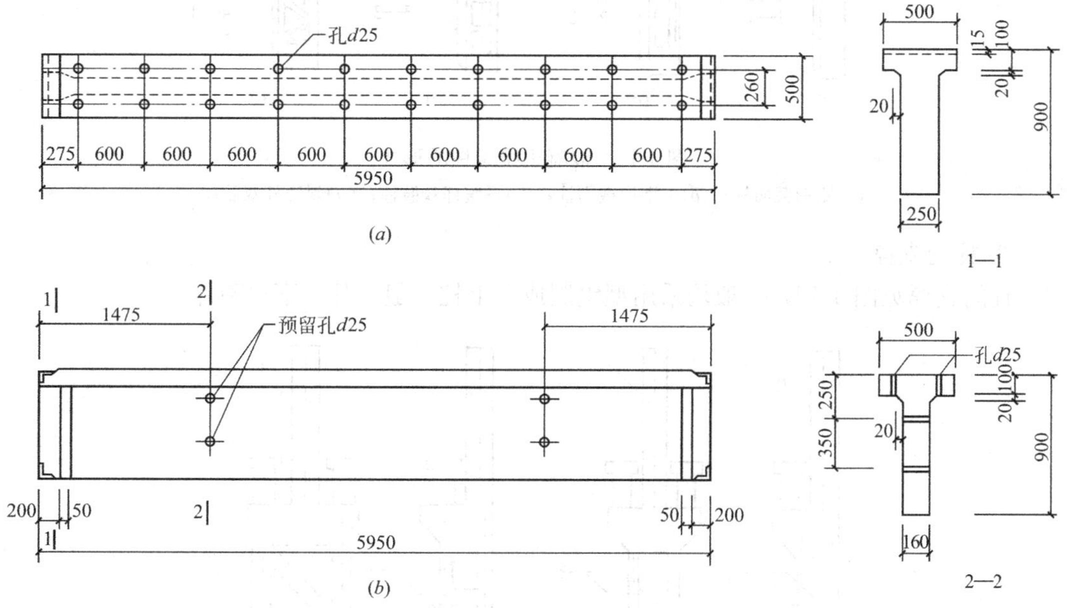

图 4-9　钢筋混凝土等截面吊车梁的模板图

(a)吊车轨道螺栓孔平面；(b)模板图

图 4-10 是吊车梁和柱、吊车轨道的关系。

② 排架柱

排架柱多数采用钢筋混凝土柱，当厂房较高、吊车吨位较大时，也可采用钢柱或钢管混凝土柱的。

混凝土排架柱的形式见图 4-11，最常用的是矩形柱和工字形柱，一般柱长边尺寸≥600mm 时采用工字形柱，柱长边尺寸为 400mm、500mm 时采用矩形柱。

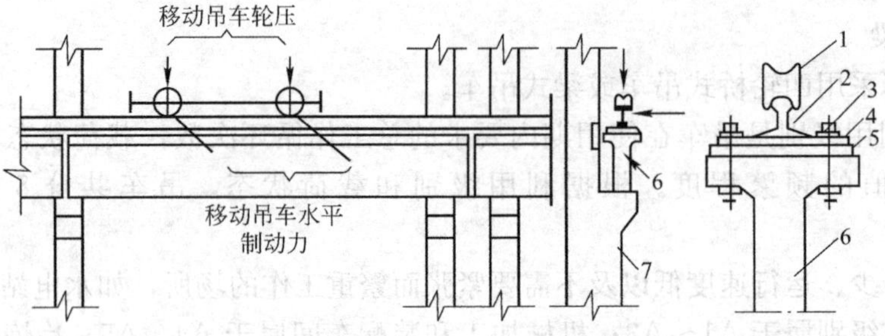

图 4-10 吊车梁和柱、吊车轨道的关系

1—吊车轮；2—轨道；3—螺栓；4—钢垫板；5—混凝土垫层；6—吊车梁；7—柱

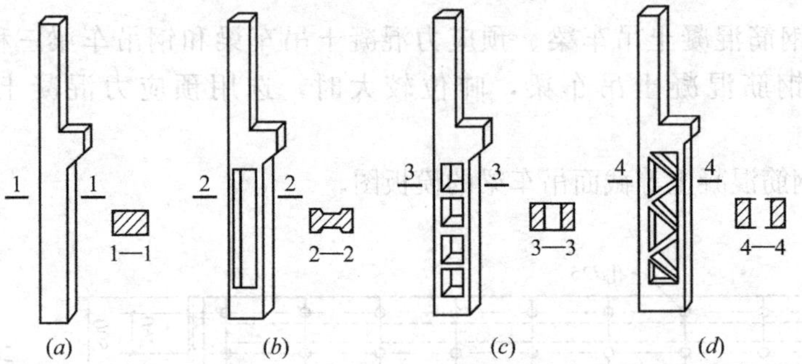

图 4-11 混凝土排架柱的形式

(a)矩形截面柱；(b)工字形截面柱；(c)平腹杆双肢柱；(d)斜腹杆双肢柱

③ 柱间支撑

柱间支撑见图 4-12，一般均采用型钢制成，上柱一般一片，下柱两片。

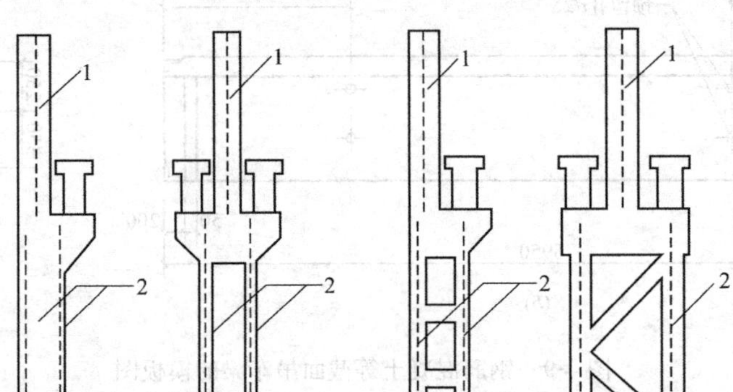

图 4-12 柱间支撑

1—上柱支撑；2—下柱支撑

柱间支撑与柱的连接见图 4-13。

(3) 基础部分

① 基础

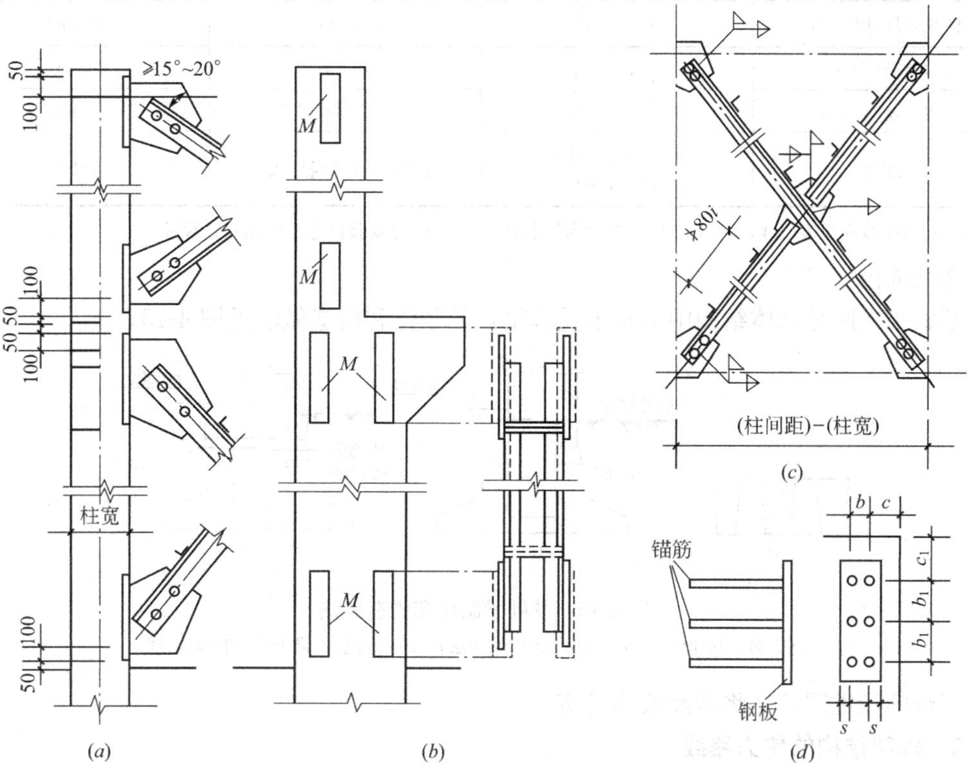

图 4-13　柱间支撑与柱的连接

单层厂房的基础一般是杯口基础(实际是独立基础的一种特殊形式)，如果采用桩基，则桩基承台也应做成杯口形式。

杯口基础的形式见图 4-14，构造尺寸要求见表 4-1。

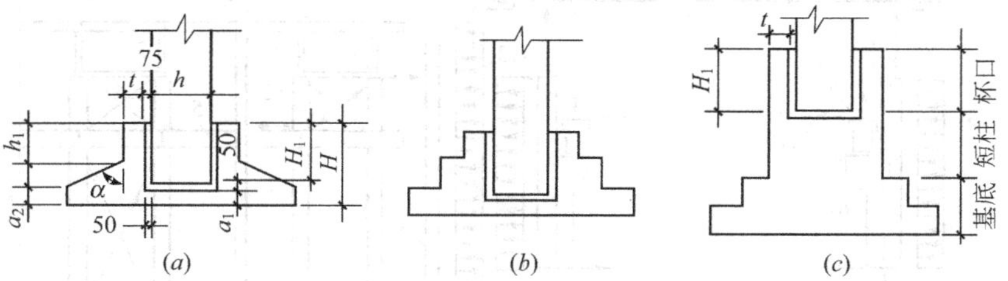

图 4-14　杯口基础的形式

(*a*)锥形基础；(*b*)阶梯形基础；(*c*)高杯口基础

杯口基础外形尺寸的要求　　　　**表 4-1**

柱截面尺寸(mm)	H_1(mm)	a_1(mm)	t(mm)
$h<500$	$(1.0\sim1.2)h$	≥150	150～200
$500\leqslant h<800$	h	≥200	≥200
$800\leqslant h<1000$	$0.9h$ 且≥800	≥200	≥300

续表

柱截面尺寸(mm)	H_1(mm)	a_1(mm)	t(mm)
1000≤h<1500	0.8h 且≥1000	≥250	≥350
1500≤h≤2000	0.8h 且≥1000	≥300	≥400
双肢柱	(1/3～2/3)h_A (1.5～1.8)h_B	≥300(可适当加大)	≥400

注：h 为柱截面长边尺寸；h_A 为双肢柱整个截面长边尺寸；h_B 为双肢柱整个截面短边尺寸。

② 基础梁

基础梁实际是砌体结构中的自承重墙梁，其制作和构造做法见图 4-15。

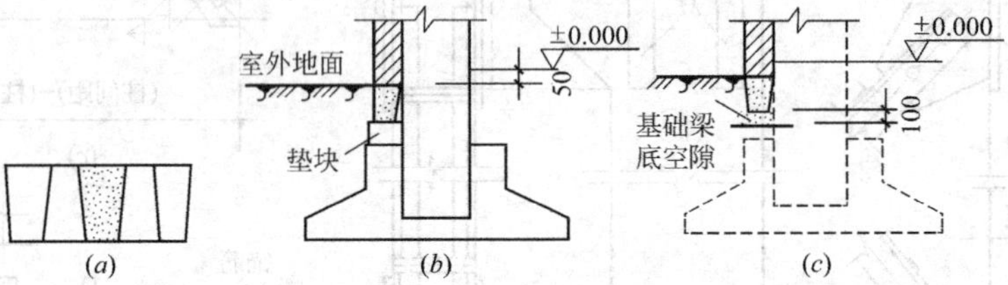

图 4-15　基础梁制作和构造做法

(a)基础梁制作时；(b)基础梁支承处做法；(c)柱间基础梁下空隙防冻处理

现行的标准图已经将截面改为等宽。

4.1.2　排架结构的传力路线

厂房的传力途径如图 4-16 所示。

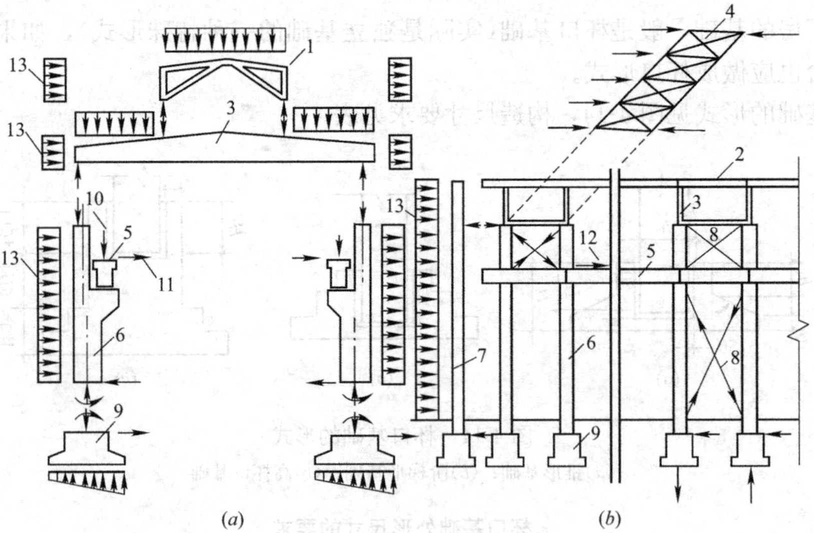

图 4-16　厂房的传力途径示意

(a)横向；(b)纵向

1—天窗架；2—屋面板；3—屋面梁(屋架)；4—屋盖水平支撑；5—吊车梁；

6—柱；7—抗风柱；8—柱间支撑；9—基础；10—吊车竖向荷载；

11—吊车横向水平荷载；12—吊车纵向水平荷载；13—风荷载

竖向荷载、水平荷载的传力路线如图 4-17 所示。

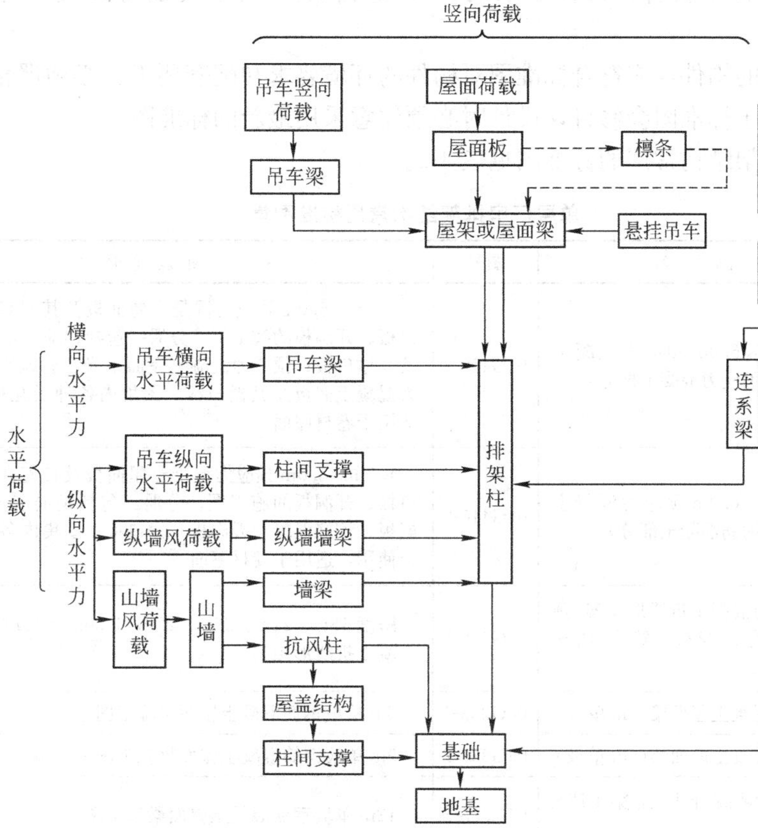

图 4-17　荷载的传力路线

4.2　设计方法及注意事项

单层厂房排架结构主要应用的规范是《建筑结构荷载规范》(GB 50009—2012)、《混凝土结构设计规范》(GB 50010—2010)、《建筑抗震设计规范》(GB 50011—2010)，地基基础设计时尚需遵照《建筑地基基础设计规范》(GB 50007—2011)。此外，地基基础设计中经常采用的还有以下规范：《建筑桩基技术规范》(JGJ 94—2008)、《建筑地基处理技术规范》(JGJ 79—2012)及湿陷性黄土地区采用的《湿陷性黄土地区建筑规范》(GB 50025—2004)、膨胀土地区采用的《膨胀土地区建筑技术规范》(GB 50112—2013)和多年冻土地区采用的《冻土地区建筑地基基础设计规范》(JGJ 118—98)。

由于规范会修订，设计时必须注意采用最新的有效规范。

4.2.1　选定结构构件

单层厂房排架结构的特点就是体系模数化、设计标准化、构件预制化、施工装配化。因此尽管结构构件繁多，但大多数均有标准图(国家建筑标准设计图集)可供选用。在设计中，构件直接选用标准图，不但设计周期短、效率高，而且有利于保证设计质量，保证设计的安全性和经济性。标准图是设计单层厂房排架结构时不可缺少的最重要的技术资料，当部分构件不符合标准图要求的，可以对构件尺寸、配筋等经过验算后做适当调整。

选用标准图的构件，应符合标准图对构件的环境要求和配套要求，必须严格按标准图的要求选用。由于标准图会修订，设计时必须注意采用最新的标准图。

单层厂房排架结构常用的标准图见表 4-2。

单层厂房排架结构常用标准图集 **表 4-2**

序号	图　名	图号	图 集 简 介
1	1.5m×6.0m 预应力混凝土屋面板(预应力混凝土部分)	04G410-1	1.5m×6.0m 预应力混凝土屋面板及其配套的嵌板、檐口板、开洞板的施工图。分册一包括预应力混凝土屋面板及其檐口板；预应力混凝土屋面采光、通风开洞板；预应力混凝土嵌板及其檐口板。图集内各种板互相配合使用，适用于卷材屋面
2	1.5m×6.0m 预应力混凝土屋面板(钢筋混凝土部分)	04G410-2	1.5m×6.0m 预应力混凝土屋面板及其配套的嵌板、檐口板、开洞板的施工图。分册二包括钢筋混凝土屋面板、嵌板、钢筋混凝土天沟板、檐口板。图集内各种板互相配合使用，适用于卷材屋面
3	预应力混凝土折线形屋架(预应力筋为钢绞线、跨度 18～30m)	04G415-1	跨度 18m、21m、24m、27m 和 30m(钢绞线)的预应力混凝土折线形屋架
4	钢筋混凝土屋面梁(6m 单坡)	04G353-1	6m 单坡钢筋混凝土屋面梁施工图
5	钢筋混凝土屋面梁(9m 单坡)	04G353-2	9m 单坡钢筋混凝土屋面梁施工图
6	钢筋混凝土屋面梁（12m 单坡）	04G353-3	12m 单坡钢筋混凝土屋面梁施工图
7	钢筋混凝土屋面梁(9m 双坡)	04G353-4	9m 双坡钢筋混凝土屋面梁施工图
8	钢筋混凝土屋面梁（12m 双坡）	04G353-5	12m 双坡钢筋混凝土屋面梁施工图
9	钢筋混凝土屋面梁（15m 双坡）	04G353-6	15m 双坡钢筋混凝土屋面梁施工图
10	单层工业厂房钢筋混凝土柱	05G335	单层工业厂房钢筋混凝土柱模板及配筋形式构造的施工图，包括边柱和中柱
11	柱间支撑	05G336	十字交叉型柱间支撑的施工图，适用于柱距为 6m、5.4m(端开间或伸缩缝处)，柱顶高度分别为 5.4～13.2m 的钢筋混凝土单层工业厂房，柱宽按 400mm 计
12	钢筋混凝土吊车梁(工作级别 A4、A5)	04G323-2	跨度 6m，A4、A5(中级工作制)，吊车 2 台，1～32t，跨度≤33m，抗震设防烈度≤9 度
13	吊车轨道联结及车挡(适用于混凝土结构)	04G325	配合各种钢筋混凝土或预应力混凝土吊车梁使用
14	钢筋混凝土连系梁	04G321	适用于柱距 6m，砖墙位于柱外侧的单层工业厂房及条件相同的其他房屋建筑
15	钢筋混凝土过梁(烧结普通砖)	03G322-1	适用于烧结普通砖(烧结黏土砖、烧结页岩砖、烧结煤矸石砖、烧结粉煤灰砖)蒸压灰砖、蒸压粉煤灰砖砌体的门窗洞口的过梁

续表

序号	图 名	图号	图集简介
16	钢筋混凝土过梁(烧结多孔砖砌体)	03G322—2	P型烧结多孔砖及M型模数多孔砖砌体门窗洞口过梁
17	钢筋混凝土基础梁	04G320	适用于纵墙柱距6m、山墙柱距6m，4.5m的单层工业厂房及条件相同的其他房屋建筑
18	钢筋混凝土雨篷	03G372	钢筋混凝土雨篷施工图
19	梯形钢屋架	05G511	跨度18m、21m、24m、27m、30m、33m、36m的梯形钢屋架，内容包括屋架平面布置、安装节点及支撑布置图等
20	钢天窗架	05G512	跨度6m、9m、12m的钢天窗架

如果在地震区，设计时尚可参考《建筑物抗震构造详图(钢筋混凝土柱单层厂房)》(04G329-8)。

2008年，出版了《单层工业厂房设计选用(上、下册)》，图集号08G118，该图集汇集并缩编了6m柱距钢筋混凝土柱单层工业厂房配套构件，可供设计参考使用。

(1) 屋面板

屋面板一般按标准图《1.5m×6.0m预应力混凝土屋面板(预应力混凝土部分)》(04G410-1)和《1.5m×6.0m预应力混凝土屋面板(钢筋混凝土部分)》(04G410-2)选用。该图是1.5m×6.0m预应力混凝土屋面板及其配套的嵌板、檐口板、开洞板的施工图。《04G410-1》包括预应力混凝土屋面板及其檐口板；预应力混凝土屋面采光、通风开洞板；预应力混凝土嵌板及其檐口板。《04G410-2》包括钢筋混凝土屋面板、嵌板、钢筋混凝土天沟板、檐口板。适用于卷材屋面，是最常用的屋面板形式。

一般情况下，屋面板选用预应力混凝土屋面板，按《04G410-1》图集选用。板的编号为：Y-WB-2Ⅱ(端部或伸缩缝处编号后加s)，其中，Y-WB表示为预应力混凝土屋面板，2为荷载等级，共1～4个等级，Ⅱ表示预应力筋为冷拉HRB335级钢筋，如为Ⅲ则表示预应力筋为冷拉HRB400级钢筋。板自重标准值均为1.4kN/m^2，灌缝重标准值为0.1kN/m^2，灌缝后尺寸为1.5m×6.0m，实际尺寸为1.49m×5.97m，板高240mm。

檐口板用于屋面为无组织自由落水时最外侧的板，一般选用预应力混凝土檐口板，按《04G410-1》图集选用。板的编号为：Y-KWBT-1Ⅱ(端部或伸缩缝处编号后加sa或sb，a表示用于厂房的一边，b表示用于厂房的另一边。由于在端部或伸缩缝处有悬挑，故两边不是同一块板，在编号后加a、b区别)，其中，Y-KWBT表示为预应力混凝土檐口板，1为荷载等级，共1、2两个等级，Ⅱ表示预应力筋为冷拉HRB335级钢筋，如为Ⅲ则表示预应力筋为冷拉HRB400级钢筋。板自重标准值均为1.6kN/m^3，灌缝重标准值为0.06kN/m^3，灌缝后尺寸为：板宽(1.5+0.4)m，板长6m。

嵌板用于屋面为内天沟排水时靠近天沟板的板，由于屋架按1.5m排板，故内天沟时天沟板内侧需做嵌板。可选用预应力混凝土嵌板，按《04G410-1》图集选用。板的编号为：Y-KWB-1Ⅱ(端部或伸缩缝处编号后加s)，其中，Y-KWB表示为预应力混凝土嵌板，1为荷载等级，共1、2、3三个等级，Ⅱ表示预应力筋为冷拉HRB335级钢筋，如为Ⅲ则表示预应力筋为冷拉HRB400级钢筋。板自重标准值均为1.7kN/m^3，灌缝重标准值为

0.1kN/m^3，灌缝后尺寸为：板宽 0.9m，板长 6m。

天沟板用于内外天沟排水时，选用钢筋混凝土天沟板，按《04G410-2》图集选用。板的编号为：TGB58，(端部或伸缩缝处编号后加 s)，其中，TGB 表示为钢筋混凝土天沟板，58 表示灌缝后板宽为 0.58m，灌缝后板宽共有 0.58、0.62、0.68、0.77、0.86 五种，板标准长度为 6.0m。编号后加 a 或 b 表示为开洞天沟板(用于雨水排水管留洞，在雨水管部位必须选用该板)，a 表示用于厂房的一边，b 表示用于厂房的另一边(由于在端部或伸缩缝处有悬挑，故两边不是同一块板，在编号后加 a、b 区别)。厂房端部或伸缩缝处，一般均设雨水管，还需要悬挑，且在最端头有端壁，故板编号后加sa或sb，s 表示为端部或伸缩缝处，a、b 含义同上。

选用屋面板时，荷载均为外加荷载，不再计入板自重和灌缝重，具体选用见图集要求。

(2) 屋架、屋面梁

混凝土屋架一般选用预应力屋架，按《预应力混凝土折线形屋架》(预应力筋为钢绞线、跨度 18～30m)(04G415-1～5)选用，该屋架是跨度 18m、21m、24m、27m 和 30m(钢绞线)的预应力混凝土折线形屋架，是最常用的屋架型式之一。

该屋架的编号为：YWJ18-1-Xx8，YWJ 表示预应力混凝土屋架，18 表示跨度，该屋架的跨度共分为 18m、21m、24m、27m、30m，1 表示承载能力等级，共分为 1～6 六个等级，X 为檐口形状代号，见图 4-18，x 为天窗类别代号，如对于 18m 跨屋架，无天窗为 a，钢天窗架为 b，钢天窗架带轻质端壁板为 c，钢天窗架带挡风板为 d，钢天窗架带轻质端壁板及挡风板为 e，8 为抗震设防烈度，非抗震设计不注，抗震设防烈度共 6～9 度。

代号	跨度情况	檐口示意图	备注
A	单跨或多跨时的内跨	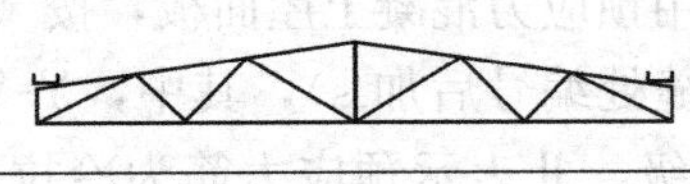	两端内天沟
B	单跨时	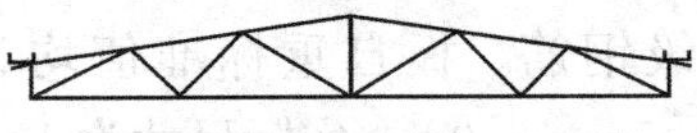	两端外天沟
C	单跨时	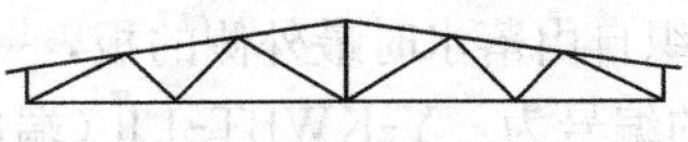	两端自由落水
D	多跨时的边跨	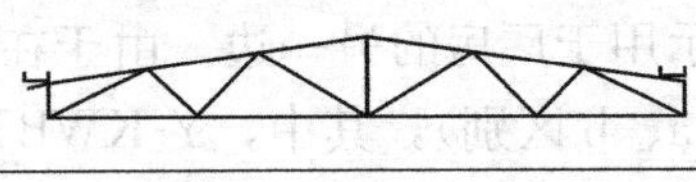	一端外天沟 一端内天沟
E	多跨时的边跨	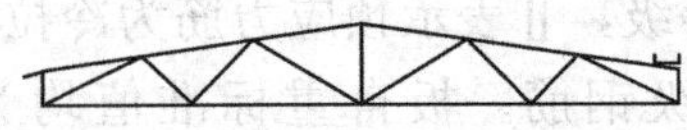	一端自由落水 一端内天沟

图 4-18　檐口形状代号表

该屋架配置的天窗架跨度为 6m、9m 两种，其中 18m、21m 屋架配置 6m 天窗，24m、27m、30m 屋架配置 9m 天窗。

屋架选型确定后，屋架几何尺寸就是唯一的了，此时天沟板的宽度才可以确定。屋架与天沟板板宽的关系具体见表 4-3。

屋架与天沟板型号的关系 **表 4-3**

屋架跨度(m)	内天沟板型号	外天沟板型号
18	TGB-58	TGB-77
21	TGB-62	TGB-77
24	TGB-62	TGB-77
27	TGB-68	TGB-86
30	TGB-68	TGB-86

屋面梁建议按《钢筋混凝土屋面梁》(04G353-1～6)选用，该标准图包括了 6m、9m、12m 单坡屋面梁和 9m、12m、15m 双坡屋面梁，具体选用方法见图集。

如屋架采用钢屋架，建议按《梯形钢屋架》(05G511)选用，该标准图包括了 18m、21m、24m、27m、30m、33m、36m 的钢屋架，具体选用方法见图集。

屋架、屋面梁与柱顶连接节点也按上述图集选定，8 度时宜采用螺栓，9 度时宜采用钢板铰，也可采用螺栓。

(3) 天窗架

天窗架建议按《钢天窗架》(05G512)选用，该图包括了跨度 6m、9m、12m 的钢天窗架，常用的天窗架跨度为 6m 和 9m。6m 跨度天窗架有 1×1.2m、1×1.5m、2×0.9m、2×1.2m 四种窗扇高度，和 15m、18m、21m 跨度屋架配套；12m 跨度天窗架有 2×0.9m、2×1.2m、2×1.5m 三种窗扇高度，和 24m、27m、30m 跨度屋架配套。

天窗架编号为 GCJLX-XX，GCJ 表示钢天窗架，L 为钢天窗架跨度，L 后第一个 X 一般天窗架无，有支撑孔的钢天窗架为 A，端部钢天窗架为 B，“-”后的第一个 X 取值 1～4，按窗扇高度分类，由小到大，最后一个 X 取值 1、2 或 3，按风荷载标准值分类，1 类风荷载标准值为 0.42kN/m^2，2 类风荷载标准值为 0.56kN/m^2，3 类风荷载标准值为 0.72kN/m^2。

该图集还包括了天窗支撑的布置和构造，设计时应按该图选用。

(4) 屋盖支撑

屋盖支撑按屋架或屋面梁标准图集直接选用，代号为：SC-上弦支撑；XC-下弦支撑；CC-垂直支撑；GX-钢系杆。

(5) 吊车梁、吊车轨道联结

一般吊车梁可选用《钢筋混凝土吊车梁(工作级别 A4、A5)》(G323-2)(2004 年合订本，G323-1 的吊车梁工作级别是 A6，重级工作制)，该图的适用范围是跨度 6m，工作级别 A4、A5(中级工作制)，吊车 2 台，额定起重量 1～32t，厂房跨度≤33m，抗震设防烈度≤9 度。

编号为：DL-5Z 或 S 或 B，DL 表示中级工作制吊车梁，5 为承载力等级，共 1～12 个等级，Z 表示中跨，S 表示伸缩缝跨，B 表示边跨。梁高分为 600m、900m、1200mm 三种。

从该图中，还可以选定吊车梁与排架柱连接节点。

吊车轨道联结可按《吊车轨道联结及车挡(适用于混凝土结构)》(04G325)选用，该图配合各种钢筋混凝土或预应力混凝土吊车梁使用，从中可以选定轨道联结型号及钢轨型号。选用时应先按照选定的吊车梁型号，查出该吊车梁翼缘上的螺栓孔间距(该螺栓孔共两排，此处间距应为排距)，然后结合吊车起重量和跨度选定轨道联结型号。

6m柱距排架柱截面尺寸选用表 **表 4-4**

吊车起重量(t)	轨顶标高(m)	柱截面简图	边柱				中柱			
			上柱		下柱		上柱		下柱	
			无吊车走道	有吊车走道	实腹柱及平腹杆双肢柱	斜腹杆双肢柱	无吊车走道	有吊车走道	实腹柱及平腹杆双肢柱	斜腹杆双肢柱
5	6−8.4	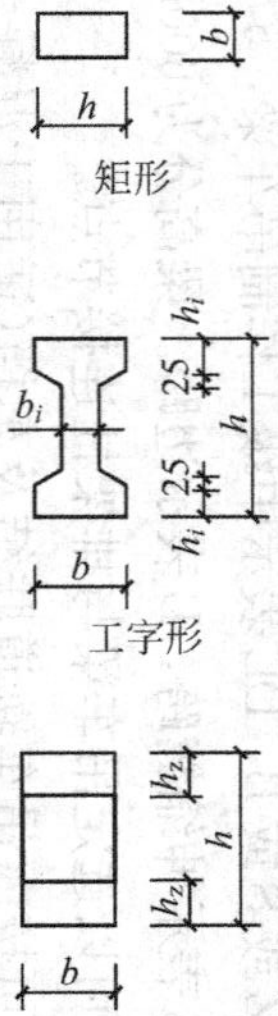	矩 400×400	矩 400×400	($b\times h$) 矩 400×600		矩 400×400		($h\times b$) 矩 400×600	
10	8.4		矩 400×400	矩 400×400	($b\times h\times h_i\times b_i$) 工 400×800×150×100		矩 400×600	矩 400×800	($b\times h\times h_i\times b_i$) 工 400×800×150×100	
	10.2		矩 400×400	矩 400×400	工 400×800×150×100		矩 400×600	矩 400×800	工 400×800×150×100	
	12		矩 500×400	矩 500×400	工 500×1000×150×120		矩 500×600	矩 500×800	工 500×1000×150×120	
15～20	8.4		矩 400×400	矩 400×400	工 400×800×150×100		矩 400×600	矩 400×800	工 400×800×150×100	
	10.2		矩 400×400	矩 400×400	工 400×1000×150×100		矩 400×600	矩 400×800	工 400×1000×150×120	
	12		矩 500×400	矩 500×400	工 500×1000×150×120		矩 500×600	矩 500×800	工 500×1000×150×120	
30	10.2		矩 500×500	矩 500×800	工 500×1200×150×130		矩 500×600	矩 500×800	工 500×1200×150×120	
	12		矩 500×500	矩 500×800	工 500×1200×200×120		矩 500×600	矩 500×800	工 500×1200×200×120	
	14.4		矩 600×600	矩 600×800	工 600×1200×200×120		矩 600×600	矩 600×800	工 600×1400×200×120	
50	10.2		矩 500×600	矩 500×800	工 500×1200×200×120		矩 500×600	矩 500×800	双 500×1600×300	双 500×1600×300
	12		矩 500×600	矩 500×800	工 500×1200×200×120		矩 500×600	矩 500×800	双 500×1600×300	双 500×1600×300
	14.4		矩 600×600	矩 600×800	工 600×1400×200×120		矩 600×600	矩 600×800	双 600×1600×300	双 600×1600×300
75	12		矩 600×700	矩 600×900	($b\times h\times h_z$) 双 600×1600×300	双 600×1600×300	矩 600×700	矩 600×900	($b\times h\times h_z$) 双 600×1800×300	双 600×1800×300
	14.4		矩 600×700	矩 600×900	双 600×1800×300	双 600×1600×300	矩 600×700	矩 600×900	双 600×2000×300	双 600×2000×300
	16.2		矩 700×700	矩 700×900	双 700×1800×300	双 700×1800×300	矩 700×700	矩 700×900	双 700×2000×350	双 700×2000×300
100	12		矩 600×700	矩 600×900	双 600×1800×300	双 600×1600×300	矩 600×700	矩 600×900	双 600×2000×300	双 600×2000×300
	14.4		矩 600×700	矩 600×900	双 600×2000×300	双 600×1800×300	矩 600×700	矩 600×900	双 600×2000×350	双 600×2000×300
	16.2		矩 700×700	矩 700×900	双 700×2000×350	双 700×1800×350	矩 700×700	矩 700×900	双 700×2200×350	双 700×2000×350
125	14.4		矩 600×700	矩 600×900	双 600×2000×350	双 600×1800×350	矩 600×700	矩 600×900	双 600×2000×350	双 600×2000×350
	16.2		矩 700×700	矩 700×900	双 700×2200×350	双 700×2000×350	矩 700×700	矩 700×900	双 700×2200×350	双 700×2000×350
	18		矩 700×700	矩 700×900	双 700×2200×350	双 700×2000×350	矩 700×700	矩 700×900	双 700×2250×350	双 700×2000×350

轨道联结型号分为 DGL-1～26，确定轨道联结型号，即可以知道轨道面至吊车梁顶面的距离。

车挡是设置在吊车运行范围端部的构件，目的是防止吊车超出其运行范围。编号为 CD-A 或 B 及 CD-1～10，前两种仅用于＜5t 的电动单梁吊车及 5～20t 的手动桥式吊车，后 10 种用于其他吊车，按吊车起重量选定。

（6）排架柱

排架柱一般很难直接选用，但在确定截面尺寸时，可参考《单层工业厂房钢筋混凝土柱》（05G335），该图是单层工业厂房钢筋混凝土柱的施工图，包括边柱和中柱。也可参考表 4-4 选用。

（7）柱间支撑

柱间支撑按《柱间支撑》（05G336）选用，该标准图是十字交叉型柱间支撑的施工图，适用于柱距为 6m、5.4m（端开间或伸缩缝处），柱顶高度分别为 5.4～13.2m 的钢筋混凝土单层工业厂房，柱宽按 400mm 计。

上柱支撑的编号如：ZC739-1s，ZC 表示柱间支撑，7 表示抗震设防烈度，共 6～9 四个抗震设防烈度，非抗震为 0，39 表示上柱高度，上柱高度共 2.1m、2.4m、3.3m、3.6m、3.9m、4.2m 六个高度，1 为支撑号，s 表示为端跨或伸缩缝跨。

下柱支撑的编号如：ZC766-12b，ZC 表示柱间支撑，7 表示抗震设防烈度，共 6～9 四个抗震设防烈度，非抗震为 0，66 表示下柱高度，牛腿面标高共 4.2m、4.8m、5.4m、6.0m、6.3m、6.6m、6.9m、7.2m、7.5m、8.1m、8.4m、8.7m、9.0m、9.3m 十四个高度，12 为支撑号，b 为双片支撑宽度代号。

（8）基础梁

基础梁可按《钢筋混凝土基础梁》（04G320）选用。该基础梁是按砌体结构中自承重墙梁中的托梁进行设计的，故选用时必须符合墙梁的要求。

对砖墙墙体的要求见表 4-5。

对砖墙墙体的有关要求 **表 4-5**

砖墙厚度 h(mm)	砖墙高度 H(mm)	砖强度等级	砂浆强度等级
240、370	$l_0 \leqslant H \leqslant 18.0$	≥MU10	≥M5

注：l_0 为基础梁的计算跨度。

当墙开有窗洞时，只允许在基础梁跨正中相同位置开设一列窗洞，墙窗洞尺寸要求见表 4-6。

墙窗洞尺寸要求 **表 4-6**

<table>
<tr><th rowspan="2">砖墙高度
H(m)</th><th rowspan="2">窗洞宽度
b_h(mm)</th><th rowspan="2">窗洞叠加
高度(mm)</th><th colspan="2">窗上口至墙顶距离(mm)</th><th rowspan="2">多层窗两窗之
间的距离(mm)</th></tr>
<tr><th>多层窗</th><th>单层窗</th></tr>
<tr><td>≤18.0</td><td rowspan="3">$3000 \leqslant b_h \leqslant 4200$</td><td>≥10800</td><td rowspan="3">≥600</td><td rowspan="3">—</td><td rowspan="4">≥1200</td></tr>
<tr><td>≤15.0</td><td>≥8600</td></tr>
<tr><td>≤12.0</td><td>≥6000</td></tr>
<tr><td>≤9.0</td><td>$3000 \leqslant b_h \leqslant 4200$</td><td>≥4800</td><td>≥600</td><td>≥1200</td></tr>
</table>

注：1. 上表适用于 6m 柱距，对于 4.5m 柱距的山墙，其窗洞宽度为 $1800 \leqslant b_h \leqslant 2400$，其他尺寸同上表。
2. 窗洞叠加高度系指多层窗各个窗高的总和，每个窗的最大高度不得超过 4800mm。
3. 在窗上口设置钢筋混凝土连系梁时，窗上口至墙顶的距离可不受上表的限制。

当墙开有门洞时，墙门洞尺寸要求见表 4-7。

墙门洞尺寸要求 表 4-7

位置	开门范围(mm)	门宽 b_h(mm)	门高 h_h(mm)	门上口至墙顶距离(mm)
外墙	基础梁正中 3000	$1000 \leqslant b_h \leqslant 3000$	$2400 \leqslant h_h \leqslant 3600$	$\geqslant 1200$
内墙(一)	基础梁正中 3000	$1000 \leqslant b_h \leqslant 3000$		
内墙(二)	距柱边≥700	$1000 \leqslant b_h \leqslant 1500$		

注：1. 当 $l_0/3 \leqslant H < l_0$ 时可参照使用。

2. 内墙(二)当门洞距柱边<700mm 时，选用人应按受弯构件进行复核。

4.2.2 确定平面、剖面关键尺寸

房屋设计涉及的专业众多，但所有专业都围绕着一个核心，即建筑专业。结构专业和建筑专业以及其他专业都不能分开，结构应当按照建筑专业的要求去做。因此，结构专业必须对建筑专业的设计有所了解，这样一方面可以在设计中尽可能主动地满足其他专业，尤其是建筑专业的要求，在有矛盾时，可以有的放矢地去协调、解决；另一方面，也避免建筑专业出现重大失误后导致其他专业重大返工。

对于单层厂房的设计来说，建筑专业的设计一般也由结构专业来完成，因此，厂房平面、剖面关键尺寸的确定，是结构设计人员所必须熟练掌握的。

(1) 厂房平面关键尺寸的确定

厂房平面关键尺寸指厂房纵向定位轴线的间距(即跨度)、横向定位轴线的间距(一般指柱距)和厂房总长，如图 4-19 所示。

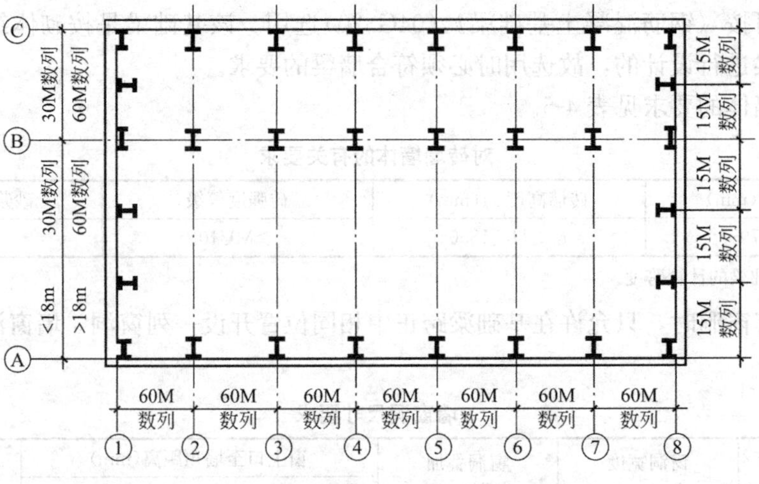

图 4-19 跨度和柱距示意图

① 纵向定位轴线

根据《厂房建筑模数协调标准》(GBJ 6—86)(以下关键尺寸定位均依据该标准，不再重复列出)，厂房的跨度在 18m 和 18m 以下时，应采用扩大模数 30M 数列；在 18m 以上时，应采用扩大模数 60M 数列，但当跨度在 18m 以上工艺布置有明显优越性时，可采用扩大模数 30M 系列，故厂房跨度一般为 6m、9m、12m、15m、18m、21m、24m、27m、

30m 等。

厂房山墙处抗风柱柱距宜采用扩大模数 15M 数列，但在实际设计时，该尺寸受山墙上门洞尺寸和位置的限制，有可能不符合上述要求。但不论什么情况，均应注意抗风柱柱位应尽可能与屋架上弦节点相对齐，以便于山墙上风荷载向屋面的传递。

边柱与纵向定位轴线的联系，如图 4-20 所示。$L=L_k+2e$，$e=h_0+C_b+B$，e 为吊车轨道中心线至纵向定位轴线的距离，一般为 750mm；L_k 为吊车跨度，即吊车轨道中心线间的距离，可由吊车厂家的产品样本查得，大多数情况下：$L_k=L-1.5$；C_b 为侧方间隙，当吊车起重量≤50t 时，$C_b \geqslant 80$mm，当吊车起重量＞50t 时，$C_b \geqslant 100$mm；B 为桥架端头长度，其值随吊车起重量大小而异，从吊车样本上查得。h_0 为轴线至上柱内缘的距离。

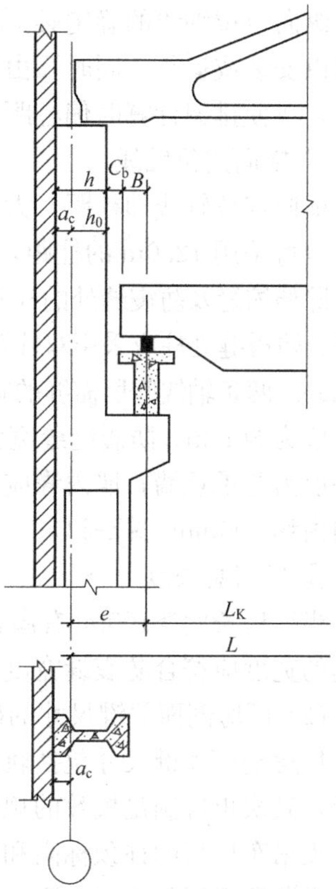

图 4-20　吊车与边柱的关系示意图

h—上柱高度，一般为 400～500mm；h_0—轴线至上柱内缘的距离；C_b—上柱内缘至吊车桥架端部的缝隙宽度，侧方间隙(安全间隙)；B—桥架端头长度，其值随吊车起重量大小而异

边柱与纵向定位轴线的关系分两种情况：A. 对于无吊车或吊车起重量较小的厂房，边柱外边缘、纵墙内缘、纵向定位轴线三者相重合，称为封闭结合，如图 4-21 所示。B. 对于吊车起重量较大的厂房，由于吊车外轮廓尺寸和柱截面尺寸都有所增大，为了保证柱内边缘与吊车外轮廓之间留有必要的安全间隙 C_b，因此边柱外缘和纵向定位轴线间必须加设联系尺寸，称为非封闭结合，如图 4-22 所示，联系尺寸一般采用 50mm 或其整数倍数。

不等高多跨厂房的中柱，纵向定位轴线的确定比较复杂，可按照《厂房建筑模数协调标准》执行。

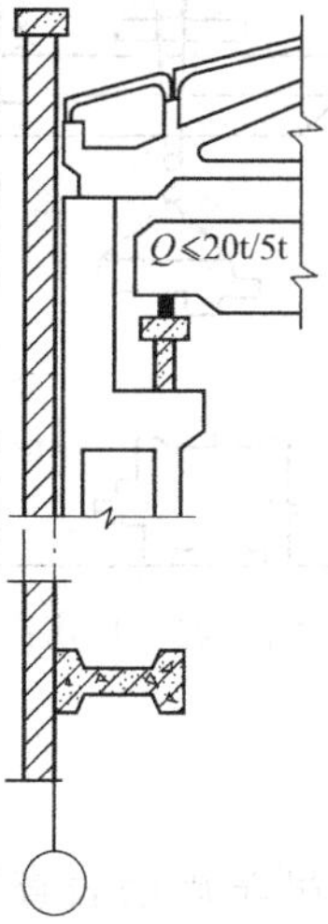

图 4-21　封闭结合

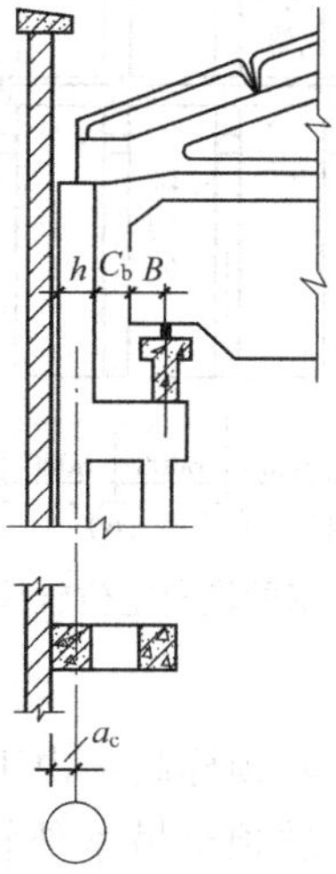

图 4-22　非封闭结合

纵向定位轴线的确定必须准确无误，如果将非封闭轴线确定为封闭轴线，有可能使吊车难以安装或运行。同时，由于排架计算时，轴线尺寸为排架柱的跨度，如果该轴线确定有误，将使排架计算时偏心距的具体数值出现错误。

② 横向定位轴线

横向定位轴线即柱距，大部分厂房的柱距为 6.0m，如由于出入口及其他建筑功能需要，也可采用 12.0m 的柱距，此时柱顶需要采用托架承托屋架或屋面梁。

除伸缩缝及防震缝处的柱和端部的柱以外，柱的中心线与横向定位轴线相重合。横向伸缩缝、防震缝处柱应采用双柱及两条横向定位轴线，柱的中心线均应自定位轴线向两侧各移 600mm。两条轴线间所需缝的宽度应符合现行有关国家标准的规定(不兼防震缝的伸缩缝缝宽一般为 30mm，防震缝缝宽为 50～90mm，大柱网防震缝 100～150mm)。单层厂房的山墙一般为非承重墙，墙内缘应与横向定位轴线相重合，且端部柱的中心线应自横向定位轴线向内移 600mm(图 4-23)。

③ 厂房总长度

当厂房长度>100m(有屋盖厂房)，或>70m(露天跨)时，应设伸缩缝。在地震区，伸缩缝的宽度应符合防震缝宽度的要求。

(2) 厂房剖面关键尺寸的确定

厂房剖面关键尺寸包括轨顶标高和柱顶标高，该高度的确定，首先要满足厂房的生产要求，其次也应满足模数的规定。

无吊车厂房的柱顶标高和有吊车厂房的轨顶标高，取决于采光、通风要求、检修最大生产设备所需要的净空高度、起重运输设备起吊加工零件和成品及操作所需净空尺寸等因素，一般由工艺专业来确定。有吊车厂房的柱顶标高，由吊车轨顶标高、吊车轨顶至小车顶面的尺寸和屋盖承重结构底部与吊车小车顶面之间预留吊车安全行使所必要的空隙(即安全间隙，也称之为轨上间隙)来确定。故厂房柱顶标高(即屋盖承重结构底部标高)H 可用下式确定(图 4-24)：

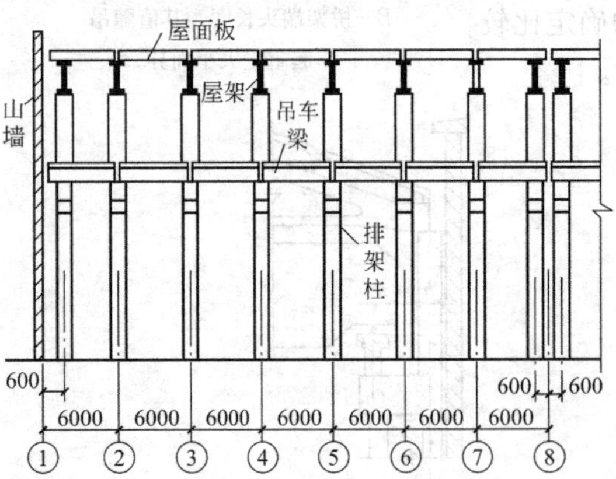

图 4-23　厂房的横向定位轴线

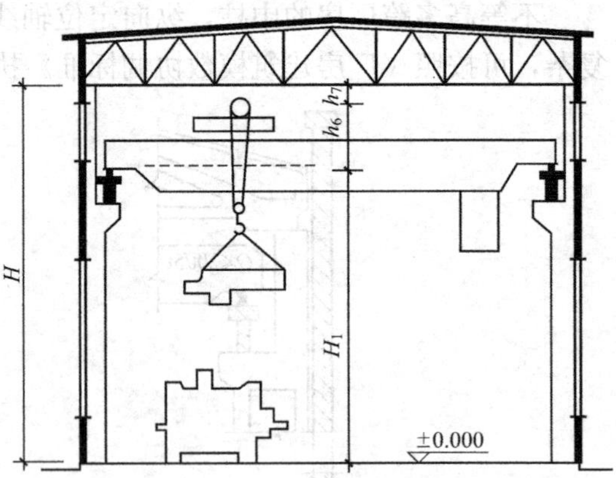

图 4-24　厂房高度的确定

$$H = H_1 + h_6 + h_7$$

式中　H_1——吊车轨顶标高，由工艺专业提供；

h_6——吊车轨顶至吊车外轮廓最高点的距离，由吊车规格表查得，也可参考有关厂家产品说明。

h_7——吊车外轮廓最高点至屋架或屋面梁支承面的距离，按吊车起重量不同，分别取不小于 300mm、400mm、500mm。

根据模数的要求，厂房的柱顶标高和支承吊车梁的牛腿面标高应符合图 4-25 的要求。

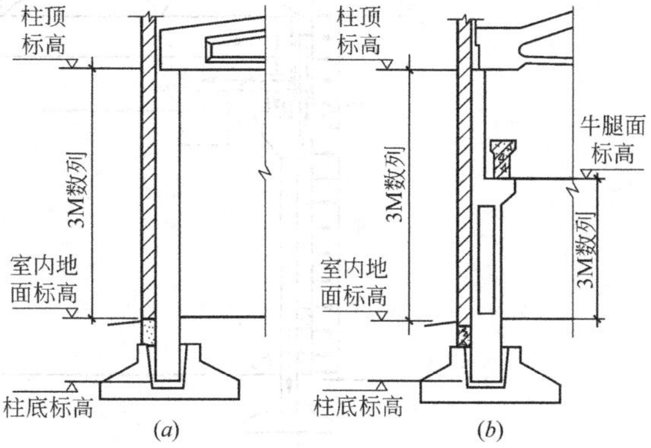

图 4-25　柱顶标高和牛腿面标高

当牛腿面标高在 7.2m 以上时，宜采用 7.8m、8.4m、9.0m 和 9.6m 等数值，预制钢筋混凝土柱自室内地面至柱底的高度宜为模数化尺寸。

为满足上述模数要求，允许吊车轨顶实际高度（即设计的实际高度，为吊车梁顶面高度加轨道及轨道联结高度，轨道及轨道联结高度约为 200mm，由于吊车梁高度符合模数要求，牛腿面标高也符合模数要求，故吊车轨顶实际高度肯定不符合模数要求）与工艺要求的标志高度之间有 200mm 的差值。在设计中，可将工艺要求的轨顶标志高度作为吊车梁顶面标高处的实际高度，这样轨顶实际高度比工艺要求的标志高度约高 200mm 左右，可以保证吊车正常运行，而且能够使牛腿面标高等符合模数要求。

4.2.3 排架计算

(1) 计算简图

排架计算时，可通过任意两相邻排架的中线，截取一部分厂房作为计算单元。

排架结构计算的基本假定是：1）屋架（屋面梁）与柱顶为铰结；2）柱底嵌固于基顶；3）横梁（即屋架或屋面梁）轴向刚度为∞；4）柱轴线为柱的几何中心线，当柱为变截面时，柱轴线为一折线。如图 4-26(*a*)、(*b*)所示。

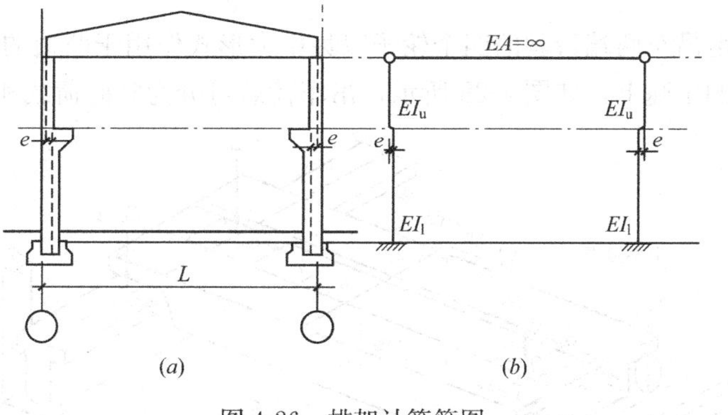

图 4-26　排架计算简图

(*a*)排架结构；(*b*)排架结构计算模型

(2) 荷载计算

作用在排架上的荷载分恒荷载和活荷载两类。恒荷载一般包括屋盖自重 F_1，上柱自重 F_2，下柱自重 F_3，吊车梁和轨道连接自重 F_4，以及有时支承在牛腿上的围护结构等重力 F_5 等。活荷载一般包括屋面活荷载 F_6，吊车荷载 T_{max}、D_{max} 和 D_{min}，均布风荷载 q_1、q_2，以及作用在屋盖支承处的集中风荷载 $\overline{W}$ 等，如图 4-27 所示。

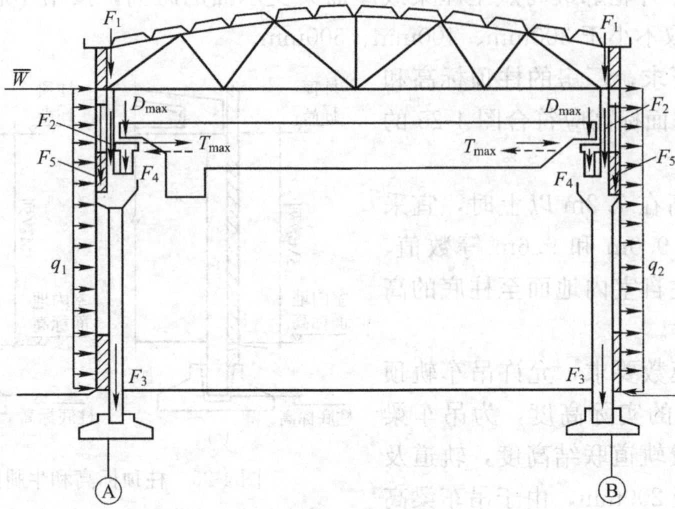

图 4-27　排架荷载示意图

1）恒荷载

恒载包括屋盖、吊车梁和柱的自重，以及支承在柱上的围护墙的重量等，其值可根据构件的设计尺寸和材料的重力密度进行计算；对于标准构件，可从标准图集上查出。各类常用材料自重的标准值可查《建筑结构荷载规范》。

2）屋面活荷载

屋面活荷载包括雪荷载、积灰荷载和不上人屋面均布活荷载（$0.5kN/m^2$）等，其标准值可从《建筑结构荷载规范》中查得。雪荷载与屋面均布活荷载不同时考虑，设计时取两者中的较大值。当有积灰荷载时，应与雪荷载或施工荷载中的较大者同时考虑。

3）吊车荷载

吊车荷载是由吊车两端行驶的四个轮子以集中力形式作用于两边的吊车梁上，再经吊车梁传给排架柱的牛腿上，如图 4-28 所示，吊车荷载可分为竖向荷载和水平荷载。

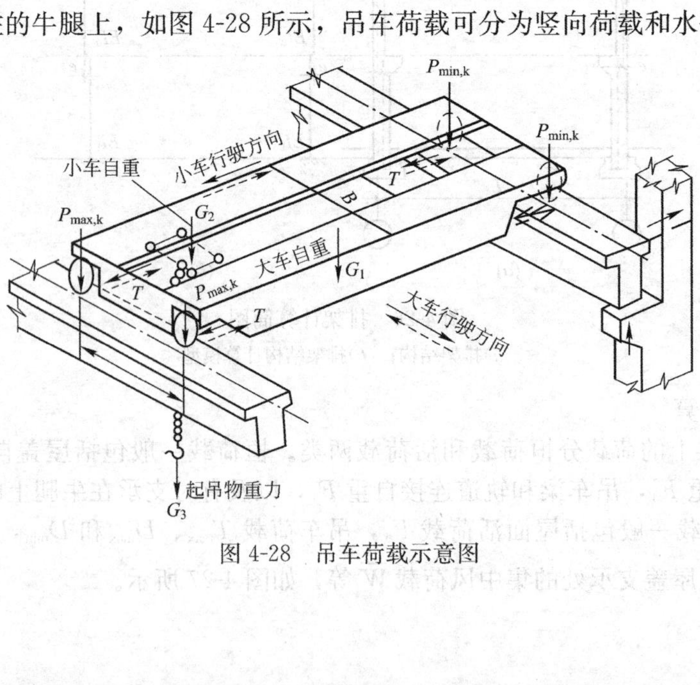

图 4-28　吊车荷载示意图

① 吊车竖向荷载

吊车竖向荷载是指吊车(大车和小车)重量与所吊重量经吊车梁传给柱的竖向压力。

如图 4-29(a)所示，当吊车起重量达到额定最大值，而小车同时驶到大车桥一端的极限位置时，则作用在该柱列吊车梁轨道上的压力达到最大值，称为最大轮压 P_{max}；此时作用在对面柱列轨道上的轮压则为最小轮压 P_{min}。P_{max} 与 P_{min} 的标准值，可根据吊车的规格(吊车类型、起重量、跨度及工作级别)从产品样本中查出。由于各个吊车生产厂的吊车参数不同，附表 4-1 给出的吊车参数(ZQ1-62 标准)仅供参考，实际设计时应以产品样本为准。

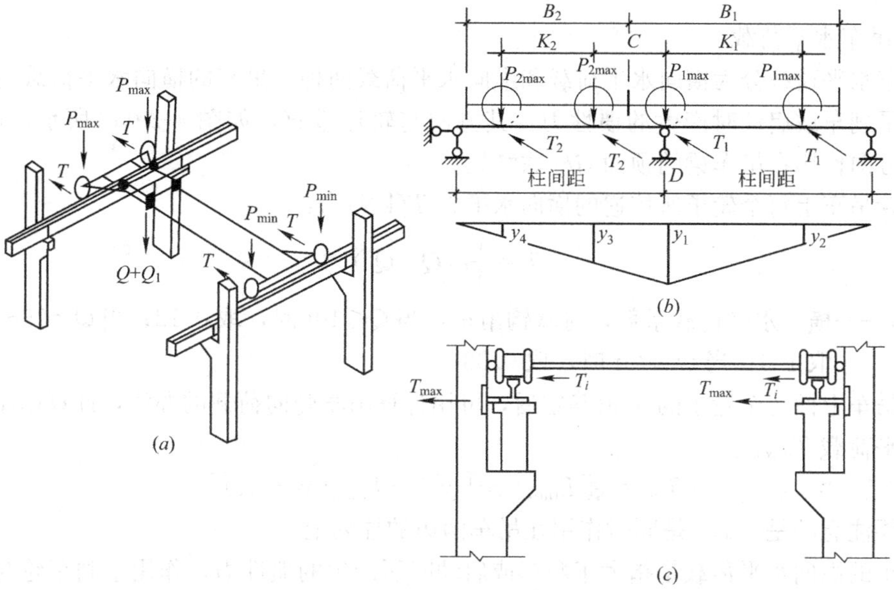

图 4-29　吊车竖向荷载和横向水平荷载

(a)P_{max}、P_{max}、T；(b)吊车荷载及其影响线；(c)吊车横向水平荷载

当 P_{max} 与 P_{min} 确定后，即可根据吊车梁(按简支梁考虑)的支座反力影响线及吊车轮子的最不利位置［图 4-29(b)］，计算两台吊车由吊车梁传给柱子的最大吊车竖向荷载的标准值 D_{max} 与最小吊车竖向荷载标准值 D_{min}。

$$D_{max}=\xi[P_{1max}(y_1+y_2)+P_{2max}(y_3+y_4)]$$

$$D_{min}=\xi[P_{1min}(y_1+y_2)+P_{2min}(y_3+y_4)]$$

式中　P_{1max}、P_{2max}——两台吊车最大轮压的标准值，且 $P_{1max}>P_{2max}$；

P_{1min}、P_{2min}——两台吊车最小轮压的标准值，且 $P_{1min}>P_{2min}$；

y_1、y_2、y_3、y_4——与吊车轮子相对应的支座反力影响线上竖向坐标值，按图 4-29(b)所示的几何关系计算；

ξ——多台吊车的荷载折减系数，见表 4-8。

当车间内有多台吊车共同工作时，考虑到同时达到最不利荷载位置的概率很小，因此，计算排架考虑多台吊车竖向荷载时，对单跨厂房的每个排架，参与组合的吊车台数不宜多于 2 台；对多跨厂房的每个排架，不宜多于 4 台。

在排架分析中，常考虑多台吊车的共同作用。多台吊车同时达到荷载标准值的概率很小，故在设计中进行荷载组合时，应对其标准值乘以相应的折减系数。折减系数见表 4-8。

多台吊车的荷载折减系数 ξ **表 4-8**

参与组合的吊车台数	吊车的工作级别	
	A1～A5	A6～A8
2	0.90	0.95
3	0.85	0.90
4	0.80	0.80

② 吊车水平荷载

吊车水平荷载分为横向水平荷载和纵向水平荷载两种。吊车的横向水平荷载主要是指小车水平刹车或启动时产生的惯性力，其方向与轨道垂直，如图 4-29(*c*)所示，可由正、反两个方向作用在吊车梁的顶面与柱联结处。

四轮吊车上每个轮子所传递的横向水平力 T(kN)为：

$$T=\frac{1}{4}\alpha(Q+Q_1)$$

式中 α——横向水平荷载系数，对软钩吊车，当 $Q\leqslant 10t$ 时，取 0.12；当 $Q=15\sim50t$ 时，取 1.0；当 $Q\geqslant 75t$ 时，取 0.08。

当吊车上面每个轮子的 T 值确定后，可用计算吊车竖向荷载的办法，计算吊车的最大横向水平荷载 T_{max}。

$$T_{max}=\xi[T_{1max}(y_1+y_2)+T_{2max}(y_3+y_4)]$$

需要注意的是，T_{max}是同时作用在吊车两边的柱列上。

吊车的纵向水平荷载是指大车刹车或启动时所产生的惯性力，作用于刹车轮与轨道的接触点上，方向与轨道方向一致，由厂房的纵向排架承担，仅在验算纵向排架柱少于 7 根时使用，一般很少应用，此处不做介绍。

4) 风荷载

作用在排架上的风荷载，是由计算单元这部分墙身和屋面传来的，其作用方向垂直于建筑物的表面，如图 4-27 所示，分压力和吸力两种。作用于柱顶以下的风荷载可近似按水平均布荷载计算，其风压高度变化系数可按柱顶标高取值。作用于柱顶以上的风荷载，通过屋架以水平集中力 $\overline{W}$ 形式作用于柱顶，这时风压高度变化系数可按下述情况确定：有矩形天窗时，按天窗檐口取值；无矩形天窗时，按厂房檐口标高取值。

$$w_k=\mu_s\mu_z w_0$$

式中 w_0——基本风压(kN/m²)，可从《建筑结构荷载设计规范》中查得，w_0 应大于或等于 0.30kN/m²。

μ_s——风载体型系数，从《建筑结构荷载设计规范》中查出。

μ_z——风压高度变化系数，从《建筑结构荷载设计规范》中查出。

(3) 排架计算

排架可分为两种类型：等高排架和不等高排架。等高排架可采用下面介绍的简便方法计算，不等高排架可按结构力学中的力法进行计算。

排架计算时把计算过程分为两个步骤：如图 4-30 所示，第一步先在排架计算简图的柱顶附加不动铰支座以阻止水平侧移，求出其支座反力 R［图 4-30(b)］；第二步是撤除附加不动铰支座，并加反向作用的 R 于排架柱顶［图 4-30(c)］，以恢复到原受力状态。叠加上述两步骤中的内力，即为排架的实际内力。

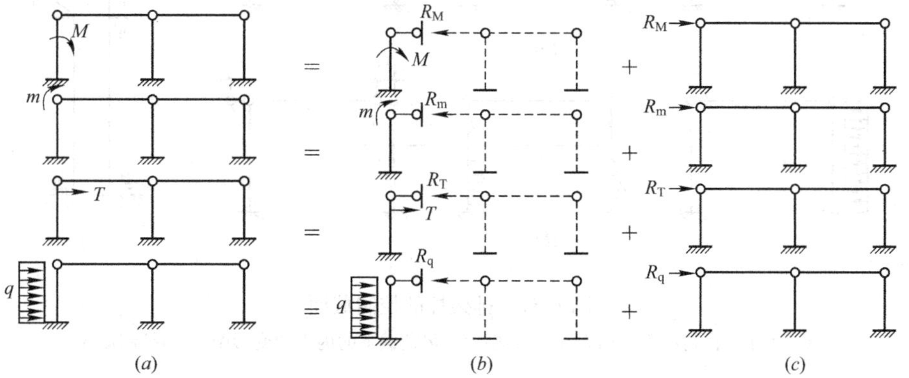

图 4-30　各种荷载作用时排架计算示意图

(a)任意荷载作用下的排架；(b)在柱顶附加不动铰支座；(c)支座反力 R 作用于柱顶

第一步计算时，各种荷载作用下的不动铰支座支反力 R 可从附表 4-2 中查得。

第二步加反向作用的 R 于排架柱顶进行计算时，采用剪力分配法，每个柱分配的剪力 V_i 为：

$$V_i=\left(\frac{1}{\delta_i}\Big/\sum\frac{1}{\delta_i}\right)\cdot F=\eta_i\cdot F$$

式中　η_i——i 柱的剪力分配系数，等于该柱本身的抗剪刚度与所有柱总的抗剪刚度之比。

δ_i 是计算的柱顶作用单位水平力时柱顶的侧移，即柔度，用下式计算：

$$\delta=\frac{H^3}{3EI_t}\left[1+\lambda^3\left(\frac{1}{n}-1\right)\right]=\frac{H^3}{C_0EI_t}$$

式中 C_0 可由附表 4.2 求得。

(4) 内力组合

完成单项荷载作用下排架的内力分析后，分别求出了排架柱在恒荷载及各种活荷载作用下所产生的内力(M、N、V)，然后需要计算在恒荷载及部分活荷载(不一定是全部的活荷载)的作用下产生的控制截面最危险的内力，即排架内力组合。

1) 控制截面

为便于施工，阶形柱的各段均采用相同的截面配筋，并根据各段柱产生最危险内力的截面(称为“控制截面”)进行计算。

上柱：最大弯矩及轴力通常产生于上柱的底截面Ⅰ—Ⅰ(图 4-31)，此即上柱的控制截面。

下柱：在吊车竖向荷载作用下，牛腿顶面处Ⅱ—Ⅱ截面的弯矩最大；在风荷载或吊车横向水平荷载作用下，柱底截面Ⅲ—Ⅲ的弯矩最大，故取此两截面为下柱的控制截面(在吊车竖向荷载作用下，下柱最不利截面是Ⅱ′—Ⅱ′，但该截面处有牛腿，其截面较大，为

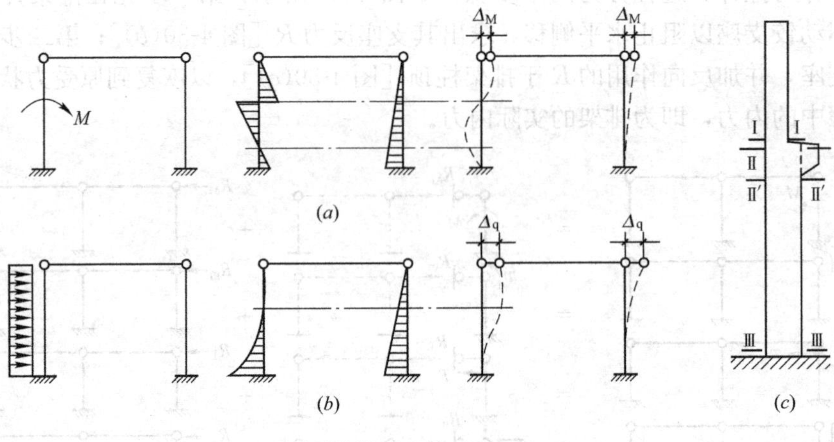

图 4-31　排架柱的控制截面

(a)吊车竖向荷载下的内力和变形图；(b)风荷载下的内力和变形图；(c)控制截面

计算方便，取Ⅱ—Ⅱ为下柱控制截面，弯矩仍偏于安全取牛腿面的弯矩）。

2）荷载组合

对不考虑抗震设防的单层厂房，按承载能力极限状态进行内力分析时，常用的几种荷载效应组合分为：

① 1.2×恒载标准值计算的荷载效应＋0.9×1.4(活载＋风荷载＋吊车荷载)标准值计算的荷载效应；

② 1.2×恒载标准值计算的荷载效应＋0.9×1.4(风荷载＋吊车荷载)标准值计算的荷载效应；

③ 1.2×恒载标准值计算的荷载效应＋0.9×1.4(活载＋风荷载)标准值计算的荷载效应；

④ 1.2×恒载标准值计算的荷载效应＋0.9×1.4(活载＋吊车荷载)标准值计算的荷载效应；

⑤ 1.2×恒载标准值计算的荷载效应＋1.4 吊车荷载标准值计算的荷载效应；

⑥ 1.2×恒载标准值计算的荷载效应＋1.4 风荷载标准值计算的荷载效应；

⑦ 1.2×重力荷载代表值计算的荷载效应＋1.3 水平地震作用的荷载效应。

其中⑦综合的荷载效应要按照式 $S \leqslant R/\gamma_{RE}$ 进行承载能力计算。

3）内力组合

单层排架柱是偏心受压构件，其截面内力有 M，N，V，因有异号弯矩，且为便于施工，柱截面常用对称配筋。

对称配筋构件，当 N 一定时，无论大、小偏压，M 越大，则钢筋用量也越大。当 M 一定时，对小偏压构件，N 越大，则钢筋用量也越大；对大偏压构件，N 越大，则钢筋用量反而减小。因此，一般应进行下列四种内力组合：

① $+M_{max}$ 与相应的 N、V；

② $-M_{max}$ 与相应的 N、V；

③ N_{max} 与相应的 $\pm M_{max}$、V；

④ N_{min} 与相应的 $\pm M_{max}$、V。

组合时以某一种内力为目标进行组合，例如组合最大正弯矩时，其目的是为了求出某截面可能产生的最大弯矩值，所以，凡使该截面产生正弯矩的活荷载项，只要实际上是可能发生的，都要参与组合，然后将所选项的 N 和 V 值分别相加。

内力组合时，需要注意的以下几点：

① 恒载无论何种组合都存在。

② 在吊车竖向荷载中，有 D_{max} 分别作用在一跨厂房两个柱上的两种情况，每次只能选择其中一种参加组合。对单跨厂房应在 D_{max} 与 D_{min} 中取一个，对多跨厂房，因一般按不多于四台吊车考虑，故只能在不同跨各取一项。

③ 吊车横向水平荷载 T 同时作用于其左、右两边的柱上，其方向可左、可右，不论单跨还是多跨厂房，因为只考虑两台吊车，故组合时只能选择向左或向右。

④ 在选择吊车横向水平荷载时，该跨必然作用有吊车的相应竖向荷载；但选择吊车竖向荷载时，不一定存在着该吊车相应的横向水平荷载(但为了取得最不利组合，一般情况下选择吊车竖向荷载时，该跨一般也作用着吊车相应的横向水平荷载)。

⑤ 左、右向风不可能同时发生，只能选择其中一种参加内力组合。

⑥ 在组合 N_{max} 或 N_{min} 时，应使相应的 $\pm M$ 也尽可能大些，这样更为不利。故凡使 $N=0$，但 $M\neq0$ 的荷载项，只要有可能，应参与组合。

⑦ 在组合 $\pm M_{max}$ 时，有时 $\pm M$ 虽不为最大，但其相应的 N 却比 $\pm M_{max}$ 时的 N 大得多(小偏压时)或小得多(大偏压时)，则有可能更为不利．故在上述四种组合中，不一定包括了所有可能的最不利组合。但多数情况下，上述四种组合能够满足设计要求。

4.2.4 排架柱和其他构件的设计

(1) 排架柱

在设计中，排架柱一般均采用对称配筋，为偏心受压构件，按混凝土偏心受压构件进行设计，详见混凝土结构设计原理的教材。

(2) 基础设计

单层厂房的基础多数采用柱下杯口基础，杯口基础实际就是一种外形尺寸有特殊要求的独立基础，其尺寸要求见本章节相关内容，具体设计详见本书独立基础的章节。

(3) 围护墙和圈梁、过梁

单层厂房的围护墙可选用黏土空心砌块、加气混凝土砌块等砌筑，地震区推荐采用大型轻质墙板。厂房的砌体围护墙宜采用外贴式并与柱可靠拉结。

窗洞、门洞上部应设置钢筋混凝土过梁，该过梁宜尽可能结合圈梁布置，由圈梁兼过梁。

圈梁兼过梁时，截面高度应符合过梁、圈梁两者尺寸的较大值，配筋可按两者的配筋量叠加。

(4) 抗风柱

抗风柱也叫山墙柱。单层厂房的山墙一般需设置抗风柱将山墙分成几个区格，使墙面受到的风载一部分(靠近纵向柱列的区格)直接传至纵向柱列，另一部分则经抗风柱下端直接传至基础和经上端通过屋盖系统传至纵向柱列。

抗风柱一般采用钢筋混凝土抗风柱，柱外侧再贴砌山墙。抗风柱一般与基础刚接，与屋架上弦铰接，可按钢筋混凝土受弯构件进行设计。

抗风柱的柱顶标高应低于屋架上弦中心线 50mm，上下柱交接处的标高应低于屋架下弦下边缘 200mm，上柱截面高度不得小于 300mm，下柱截面高度不得小于 $H_x/25$，H_x 为下柱高度。柱截面宽度大多取400mm。

4.3 计算书和施工图要求

4.3.1 计算书

计算书应包括以下几部分内容：

① 荷载计算。包括屋面荷载、风荷载、吊车荷载、墙体荷载等。

② 构件选型。包括屋面板、屋架、天窗架、屋盖支撑、排架柱、柱间支撑、吊车梁、吊车轨道联结、基础梁、过梁等，应列出选用的图集号、选型依据和选型结果。

③ 部分手算构件的内容。

需要注意的是，计算书应尽可能详细，引用的数据要有出处，翔实无误。引用的书籍要注明作者、书名、出版社、出版年份和引用的页次，引用的论文要注明作者、论文名称、发表的刊物名称、卷期和引用的页次，引用的规范要注明规范名称(常用的规范可采用简写)、包含年份的规范号和引用的页次，引用的标准图要注明标准图名称(常用的标准图可采用简写)、图集号和引用的页次。总的要求是，在计算人不在场解释的情况下，第三者可以完全看明白计算书中的全部内容。

计算书应书写工整(打印稿也可)，加封面、目录，按页次装订。

4.3.2 主要图纸

结构设计图纸主要包括以下几部分：

① 结构设计总说明(构件连接节点可一并在总说明中指定)。

② 基础、基础梁平面图和详图。

③ 屋面板(包括天窗部分)布置图，天窗部分宜单独绘制。

④ 屋架布置图、屋盖上弦支撑布置图、屋盖下弦支撑、垂直支撑布置图。

⑤ 柱(包括抗风柱)、柱间支撑布置图，柱详图。

⑥ 其他详图(如工作平台、设备基础等)。

课程设计时由于时间有限，只要求绘制排架柱模板图和配筋图。

图纸可手绘或采用CAD软件计算机绘制，图幅一般为3号，字体应采用长仿宋体，图线、比例、符号、定位轴线、构件名称、图样画法、尺寸标注、剖面详图及符号、钢筋、预埋件等应符合《房屋建筑制图统一标准》(GB/T 50001—2010)和《建筑结构制图标准》(GB/T 50105—2010)的要求，做到图面清晰、简明，符合设计、施工、存档的要求，适应工程建设的需要。

桥式起重机基本参数(按ZQ1-62标准)　**附表4-1**

<table>
<tr><th rowspan="2">起重量 Q(t)</th><th rowspan="2">跨度 L_k(m)</th><th colspan="4">尺　寸</th><th colspan="4">吊车工作级别A4～A5</th></tr>
<tr><th>宽度 B(mm)</th><th>轮距 K(mm)</th><th>轨顶以上高度 H(mm)</th><th>轨道中心至端部距离 B_1(mm)</th><th>最大轮压 P_{max}(kN)</th><th>最小轮压 P_{min}(t)</th><th>起重机总质量 m_1(t)</th><th>小车总质量 m_2(t)</th></tr>
<tr><td rowspan="3">5</td><td>16.5</td><td>4650</td><td>3500</td><td rowspan="3">1870</td><td rowspan="3">230</td><td>76</td><td>3.1</td><td>16.4</td><td rowspan="3">2.0(单闸)
2.1(双闸)</td></tr>
<tr><td>19.5</td><td rowspan="2">5150</td><td rowspan="2">4000</td><td>85</td><td>3.5</td><td>19.0</td></tr>
<tr><td>22.5</td><td>90</td><td>4.2</td><td>21.4</td></tr>
</table>

续表

起重量 Q(t)	跨度 L_k(m)	尺寸 宽度 B(mm)	 轮距 K(mm)	 轨顶以上高度 H(mm)	 轨道中心至端部距离 B_1(mm)	吊车工作级别 A4～A5 最大轮压 P_{max}(kN)	 最小轮压 P_{min}(t)	 起重机总质量 m_1(t)	 小车总质量 m_2(t)
5	25.5	6400	5250	1870	230	10	4.7	24.4	2.0(单闸) 2.1(双闸)
	28.5					105	6.3	28.5	
10	16.5	5550	4400	2140	230	115	2.5	18.0	3.8(单闸) 3.9(双闸)
	19.5	5550	4400			120	3.2	20.3	
	22.5					125	4.7	22.4	
	25.5	6400	5250	2190		135	5.0	27.0	
	28.5					140	6.6	31.5	
15	16.5	5650	4400	2050	230	165	3.4	24.1	5.3(单闸) 5.5(双闸)
	19.5	5550		2140	260	170	4.8	25.5	
	22.5					185	5.8	31.6	
	25.5	6400	5250			195	6.0	38.0	
	28.5					210	6.8	40.0	
15/3	16.5	5650	4400	2050	230	165	3.5	25.0	6.9(单闸) 7.4(双闸)
	19.5	5550		2150	260	175	4.3	28.5	
	22.5					185	5.0	32.1	
	25.5	6400	5250			195	6.0	36.0	
	28.5					210	6.8	40.5	

单阶变截面柱在各种荷载作用下的柱顶反力系数表　　附表 4-2

序号	荷载情况	R_b	c_0，c_1～c_8	附注
0	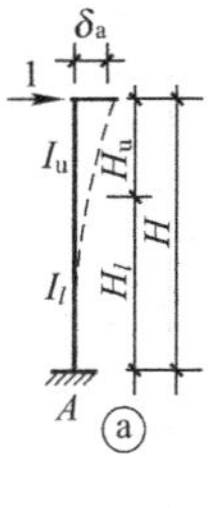		$\delta=H^3/c_0EI_l$ $c_0=3/\left[1+\lambda^3\left(\frac{1}{n}-1\right)\right]$	$n=I_u/I_l$，$\lambda=H_u/H$， $1-\lambda=H_l/H$， $Z=1+\lambda^3\left(\frac{1}{n}-1\right)$
1	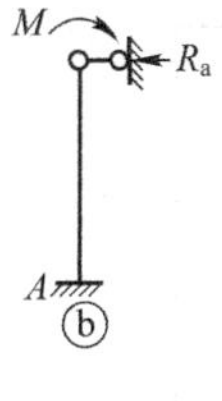	$\frac{M}{H}c_1$	$c_1=\frac{3}{2}\cdot\frac{1-\lambda^2\left(1-\frac{1}{n}\right)}{Z}$	

续表

序号	荷载情况	R_b	c_0，$c_1 \sim c_8$	附注
2	 ⓒ	$\frac{M}{H}c_2$	$c_2=\frac{3}{2}\cdot\frac{1-\lambda^2}{Z}$	
3	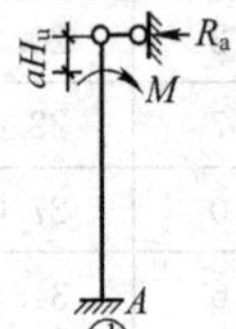 ⓓ	$\frac{M}{H}c_3$	$c_3=\frac{3}{2}\cdot\frac{1+\lambda^2\left(\frac{1-\alpha^2}{n}-1\right)}{Z}$	
4	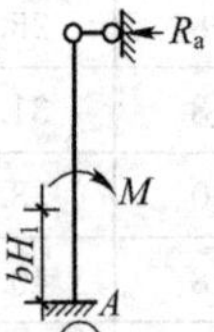 ⓔ	$\frac{M}{H}c_4$	$c_4=\frac{3}{2}\cdot\frac{2b(1-\lambda)-b^2(1-\lambda)^2}{Z}$	
5	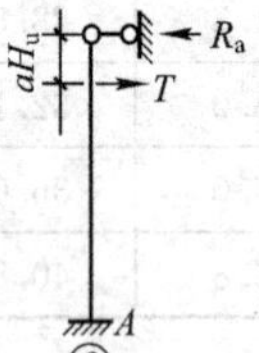 ⓕ	Tc_5	$c_5=\frac{2-3a\lambda+\lambda^3\left[\frac{(2+a)(1-\alpha)^2}{n}-(2-3a)\right]}{2Z}$	$n=I_u/I_l$，$\lambda=H_u/H$，$1-\lambda=H_l/H$，$Z=1+\lambda^3\left(\frac{1}{n}-1\right)$
6	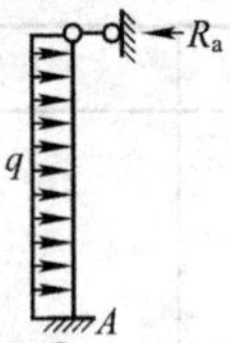 ⓖ	qHc_6	$c_6=\frac{3\left[1+\lambda^4\left(\frac{1}{n}-1\right)\right]}{8Z}$	
7	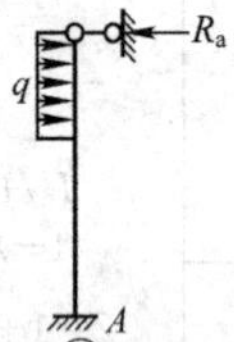 ⓗ	qHc_7	$c_7=\frac{8\lambda-6\lambda^2+\lambda^4\left(\frac{3}{n}-2\right)}{8Z}$	
8	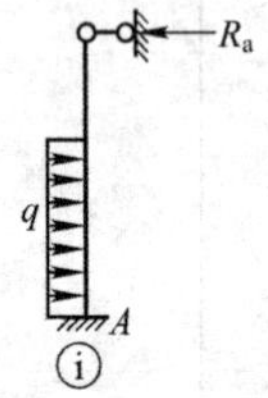 ⓘ	qHc_8	$c_8=\frac{(1-\lambda)^3(3+\lambda)}{8Z}$	

4.4 单层单跨厂房排架结构设计实例

4.4.1 设计内容和条件

某金工装配车间，该车间为单跨厂房，柱距为6m，厂房纵向长度为60m，跨度18m。15/3t中级工作制吊车一台，柱顶标高14m，牛腿面标高9.5m，见图4-32。

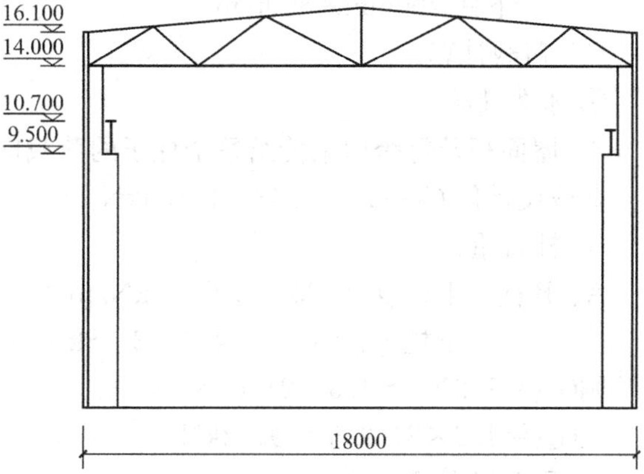

图4-32 工业厂房剖面示意图

(1) 排架柱设计内容

① 选定柱截面尺寸。

② 荷载计算包括竖向荷载，风荷载，地震作用，吊车荷载。

③ 排架内力计算。

④ 排架内力组合及截面配筋计算，牛腿设计及配筋计算。

⑤ 写出计算书一份，画出边、中柱配筋图一张。

(2) 设计条件

① 屋面活荷载 $q=0.5kN/m^2$，不考虑积灰荷载，雪荷载 $q=0.35kN/m^2$。

② 基本风压 $w_0=0.45kN/m^2$。

③ 屋面板及屋架每跨传给每个柱的永久荷载 $G_{1k}=143kN$。

④ 围护结构：370mm厚普通砖墙；钢框玻璃窗：3.6m×4.8m、1.8m×3.6m。外墙荷载直接传给基础梁。计算竖向荷载排架内力时不考虑，计算地震作用时考虑。

⑤ 考虑地震作用，抗震设防烈度为8度，Ⅱ类场地，第二组。

⑥ 混凝土采用C30，主筋采用HRB335级钢筋，箍筋采用HPB300级钢筋。

⑦ 吊车：$Q=15/3t$桥式吊车，软钩，中级工作制。

吊车梁：先张法预应力混凝土吊车梁，自重44.2kN/个；

吊车轨道联结：轨道和轨道联结件

桥跨：$L_k=16.5m$；

桥宽：$B=5160mm$；

轮距：$K=4100mm$；

小车重：$g=66.1kN$；

最大轮压：$P_{max}=148kN$；

最小轮压：$P_{min}=33kN$；

横向水平制动力：$T_k=5.4kN$。

集中于吊车顶面的质点重力荷载 $G_{cr}=67.28kN$。

⑧ 标高

柱顶：$H=14m$，檐口：$H=16.1m$，屋顶：$H=17.6m$。

4.4.2 荷载及内力计算

(1) 柱截面尺寸的确定

Q在15～20t之间，中级工作制，10m＜H_k≤12m。由于是单跨结构，结构形式对称，因此A、B柱截面尺寸相同。

A柱：上柱400mm×400mm　　B柱：上柱400mm×400mm

　　下柱400mm×800mm　　　　下柱400mm×800mm

(2) 荷载计算

① 永久荷载

A. 屋面板及每跨屋架传给每个柱子的荷载标准值为$G_{1k}=143$kN

荷载设计值$G_1=1.2\times143=171.6$kN。

B. 柱自重：

A、B柱　上柱$g_{2k}=25\times0.4^2=4$kN/m

　　　　下柱$g_{3k}=25\times0.4\times0.8=8$kN/m

则$G_{2A}=1.2\times4\times4.5=21.6$kN

$G_{3A}=1.2\times8\times9.5=91.2$kN

C. 吊车梁自重：

$$G_{4A}=1.2\times44.2=53.04\text{kN}$$

永久荷载作用位置如图4-33所示(将上柱自重折至柱顶)。

② 可变荷载

屋面活荷载$q=0.5$kN/m²，不考虑积灰荷载。雪荷载$q=0.35$kN/m²。不同时考虑可变荷载与雪荷载，则取其中大值，作用于每跨屋面下的柱

可变荷载为：

$$Q_1=1.4\times0.5\times6\times9=37.8\text{kN}$$

可变荷载作用位置如图4-34所示。

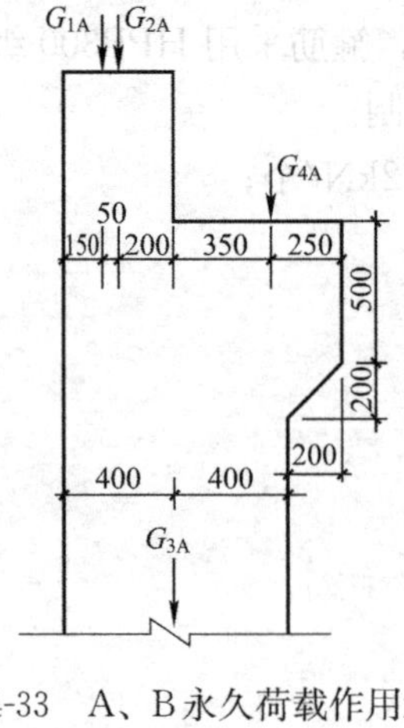

图4-33　A、B永久荷载作用示意

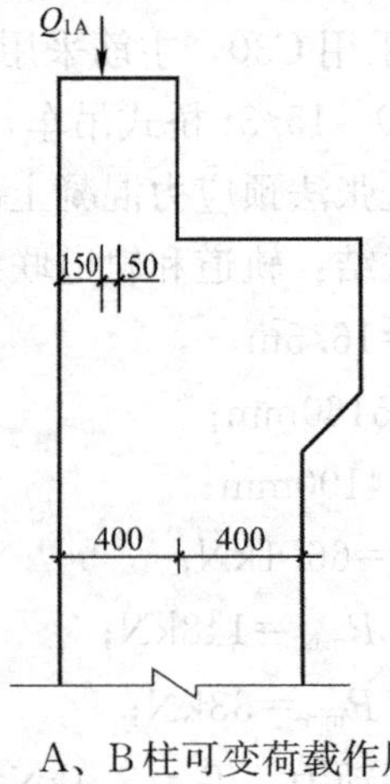

图4-34　A、B柱可变荷载作用示意

③ 吊车荷载

已知：$L_k=16.5$m，$B=5160$mm，$K=4100$mm，$P_{max}=148$kN，$P_{min}=33$kN，$T_k=5.4$kN。

ξ—多台吊车荷载折减系数，$\xi=1$。

则：$D_{kmax}=\xi P_{max}\cdot\sum y_i=148\times(1+1.9/6)=194.87kN$

$D_{kmin}=\xi P_{min}\cdot\sum y_i=33\times(1+1.9/6)=43.45kN$

$T_{kmax}=5.4\times(1+1.9/6)=7.11kN$

④ 风荷载

由已知条件可知：基本风压为 $w_0=0.45kN/m^2$，风压高度系数按 C 类地面取(C 类指有密集建筑群的城市市区)：

$$w_k=\beta_0\mu_s\mu_z w_0 \quad 其中\ \beta_0=1.0$$

由《建筑结构荷载规范》，C 类地面。查 10m 处 $\mu_z=0.74$，15m 处 $\mu_z=0.74$，20m 处 $\mu_z=0.84$。中间值可按插值法求。

因此，可得

柱顶：$H=14m$，$\mu_z=0.74$

檐口：$H=16.1m$，$\mu_z=0.76$

屋顶：$H=17.6m$，$\mu_z=0.78$

风荷载体型系数如图 4-35 所示：

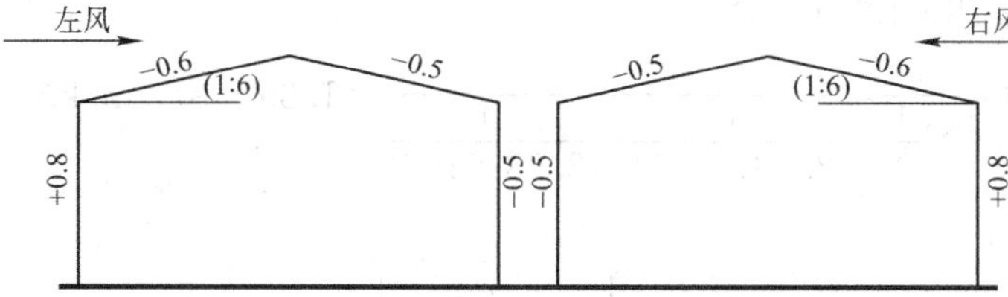

图 4-35　风荷载体型系数

风荷载标准值为：

$$w_{1k}=\mu_{s1}\mu_z w_0=0.8\times0.74\times0.45=0.2664kN/m^2$$

$$w_{2k}=\mu_{s2}\mu_z w_0=0.5\times0.74\times0.45=0.1665kN/m^2$$

作用在排架上的风荷载为：

$$q_1=w_{1B}=1.4\times0.2664\times6=2.24kN/m$$

$$q_2=w_{2B}=1.4\times0.1665\times6=1.40kN/m$$

作用在柱顶的集中荷载 F_w

即将柱顶以上风荷载算作集中力作用柱顶，μ_z 按房屋檐口标高 $Z=16.1m$ 处计，$\mu_z=0.76$，

$$F_w=1.4\times[2.1\times(0.8+0.5)+1.50\times(-0.6+0.5)]\times0.76\times0.45\times6=7.41kN$$

风荷载作用示意图如图 4-36 所示：

⑤ 地震作用计算

重力荷载代表值$\overline{G}$：取构件标准值和可变荷载组合值之和。

构件：柱子：$G_{1k}=(4\times4.5+8\times9.5)\times2=188kN$

吊车梁：$G_{4k}=44.2kN$(每跨每柱下)

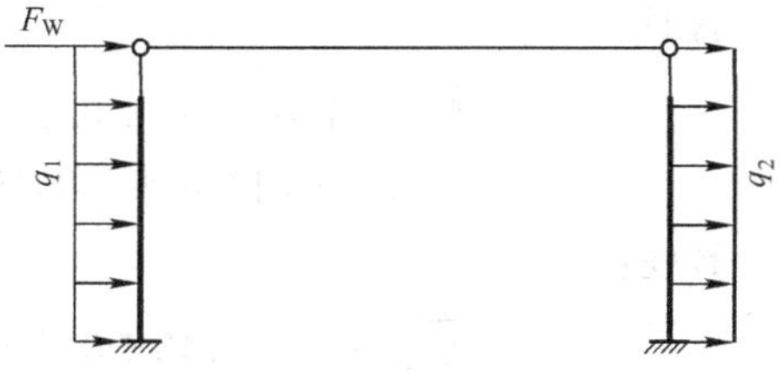

图 4-36　风荷载作用示意图

屋架：$G_{3k}=143\text{kN}$（每跨每柱下）

外墙：$G_{2k}=[16.1\times6-3.6\times(1.8+4.8)]\times0.37\times19=512.07\text{kN}$（单面墙）

可变荷载：$Q_k=0.5\times6\times18=54\text{kN}$

A. 计算周期 T

$$\overline{G}_i=1.0G_f+0.5G_{sn}+0.5G_b+0.25G_c+0.25G_{wl}$$

$$\overline{G}=1.0\times143\times2+0.5\times(0.5\times6\times18)+0.5\times(44.2\times2)+0.25\times188+0.25\times(512.07\times2)=660.24\text{kN}$$

刚度：

A、B柱 $I_u=\frac{1}{12}bh^3=\frac{1}{12}\times0.4\times0.4^3=21.33\times10^{-4}\text{m}^4$

$$I_l=\frac{1}{12}bh^3=\frac{1}{12}\times0.4\times0.8^3=170.67\times10^{-4}\text{m}^4$$

计算公式：
$$\delta=\frac{1}{3EI_l}\left[H_l^3+\left(\frac{I_l}{I_u}-1\right)H_u^3\right]$$

则 $\delta_A=\delta_B=\frac{1}{3\times0.85\times2.8\times10^7\times170.67\times10^{-4}}\left[14^3+\left(\frac{170.67}{21.33}-1\right)\times4.5^3\right]$

$=2.78\times10^{-3}\text{m/kN}$

$$\delta=\frac{1}{\sum\frac{1}{\delta_i}}=\frac{1}{\frac{1}{2.78\times10^{-3}}+\frac{1}{2.78\times10^{-3}}}=1.39\times10^{-3}\text{m/kN}$$

剪力分配系数：

$$\eta_A=\eta_B=\frac{1}{2.78\times10^{-3}}\Big/\frac{1}{1.39\times10^{-3}}=0.5$$

则 $T_0=2\pi\sqrt{m\delta}=2\pi\sqrt{\frac{\overline{G}\delta}{g}}=2\pi\sqrt{\frac{660.24\times1.39\times10^{-3}}{9.8}}=1.922\text{s}$

排架的基本自振周期应考虑纵墙及屋架与柱连接的固结作用，按规定进行调整：

$T=0.8\times1.922=1.538\text{s}$

B. α_1的计算

由Ⅱ类场地，第二组。查表得特征周期 $T_g=0.4\text{s}$

由此可得，$T_g<T\leqslant5T_g$

地震影响系数按 $\alpha_1=\left(\frac{T_g}{T}\right)^{\gamma}\times\alpha_{max}$ 计算得，其中 $\alpha_{max}=0.16$

$$\alpha_1=\left(\frac{0.4}{1.538}\right)^{0.9}\times0.16=0.048$$

C. 底部地震剪力 F_{Ek}的计算

A柱：

$$\overline{G}_{iA}=1.0\times143+0.5\times(0.5\times6\times9)+0.75\times44.2+0.5\times(4\times4.5+8\times9.5)+0.5\times512.07=492.69\text{kN}$$

B柱：

$$\overline{G}_{iB}=1.0\times143+0.5\times(0.5\times6\times9)+0.75\times44.2+0.5\times(4\times4.5+8\times9.5)+0.5\times512.07=492.69\text{kN}$$

则 $\overline{G}=492.69\times2=985.38\text{kN}$

$$F_{Ek}=\eta\alpha_1\overline{G}$$

考虑空间作用 $\eta=0.8$

$$F_{Ek}=0.8\times0.048\times985.38=37.86\text{kN}$$

由公式 $F_i=\dfrac{\overline{G}_iH_i}{\sum\overline{G}_iH_i}$得

A、B 柱 $F_{EkA}=F_{EkB}=0.5\times37.86=18.93\text{kN}$

(3) 内力计算

① 永久荷载作用

永久荷载包括屋架自重、上柱自重、下柱自重、吊车梁自重等。

永久荷载作用示意如图 4-37 所示。

在永久荷载作用下排架的内力图如图 4-38、图 4-39 所示。

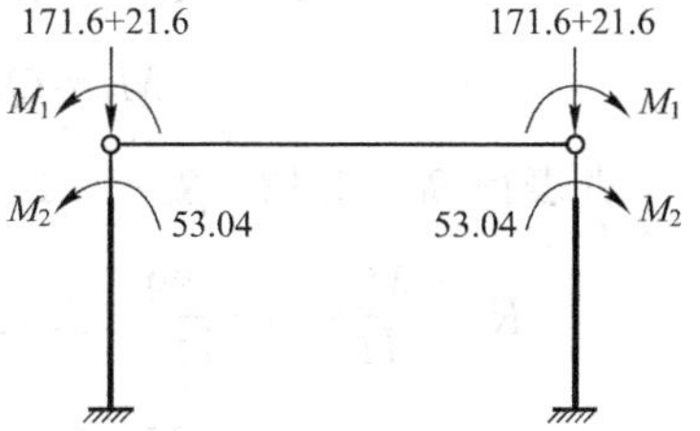

图 4-37　永久荷载作用示意图

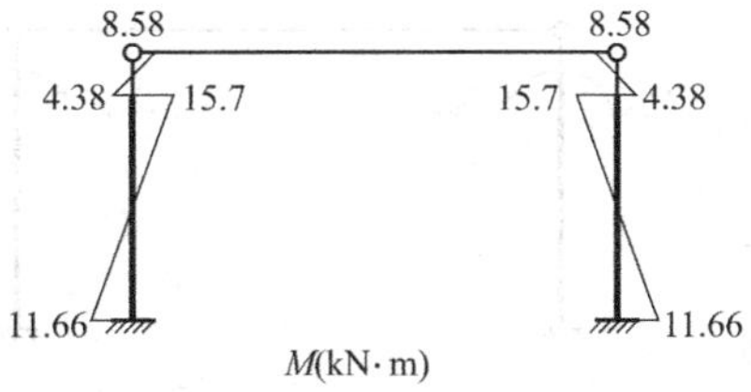

图 4-38　永久荷载作用下排架弯矩图

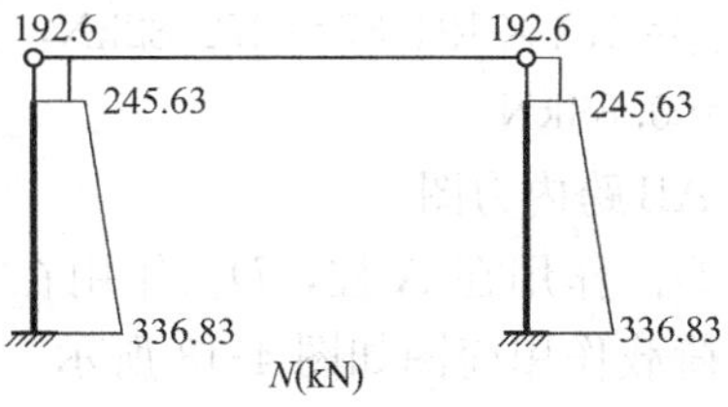

图 4-39　永久荷载作用下排架轴力图

$$M_1=G_{1A}\cdot(0.4/2-0.15)=171.6\times0.05=8.58\text{kN}\cdot\text{m}$$

$$\begin{aligned}M_2&=-G_{4A}\cdot(0.75-0.4)+(G_{1A}+G_{2A})\times0.2\\&=-53.04\times0.35+(171.6+21.6)\times0.2\\&=20.08\text{kN}\cdot\text{m}\end{aligned}$$

A、B 柱：$n=\dfrac{I_u}{I_l}=\dfrac{21.33}{170.67}=0.125$，$\lambda=\dfrac{H_u}{H}=\dfrac{4.5}{14}=0.321$

查表得 $\beta_1=2.12$，$\beta_3=1.1$

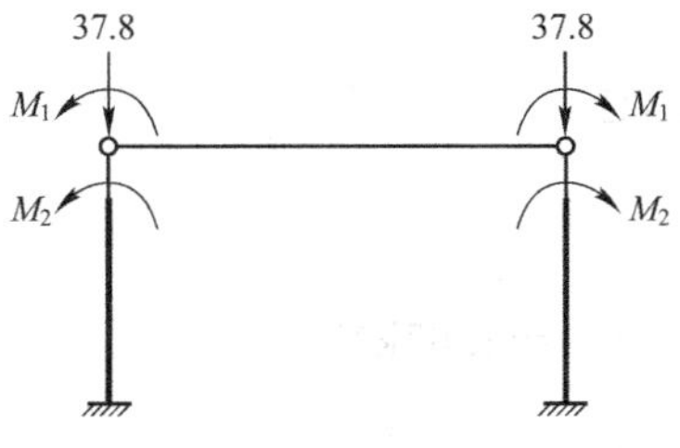

图 4-40　可变荷载作用简图

$$R_1=\frac{M_1}{H}\beta_1=\frac{8.58}{14}\times2.12=1.3\text{kN}$$

$$R_2=\frac{M_2}{H}\beta_3=\frac{20.08}{14}\times1.1=1.58\text{kN}$$

$$V=R_1+R_2=1.3+1.58=2.88\text{kN}(\leftarrow)$$

② 可变荷载作用

可变荷载作用简化作用于柱顶如图 4-40 所示。可变荷载作用下排架内力图如图 4-41、图 4-42 所示。

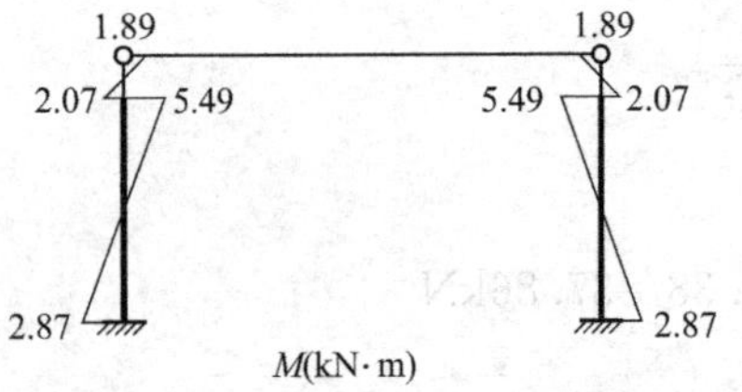

图 4-41　可变荷载作用下弯矩图

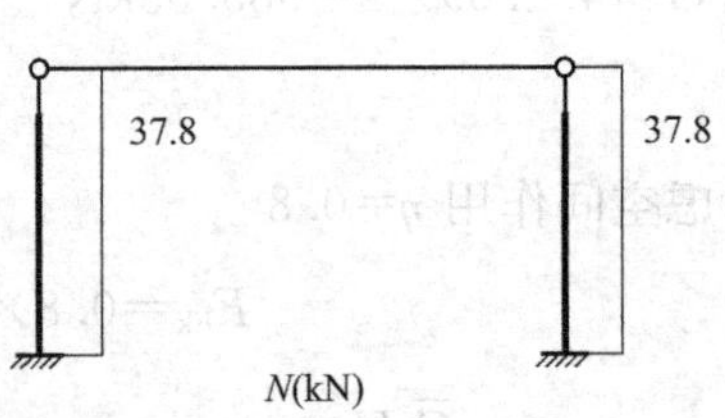

图 4-42　可变荷载作用下轴力图

$$M_1=Q_1\cdot(0.4/2-0.15)=37.8\times0.05=1.89\text{kN}\cdot\text{m}$$

$$M_2=Q_1\cdot0.2=37.8\times0.2=7.56\text{kN}\cdot\text{m}$$

查表得 $\beta_1=2.12$，$\beta_3=1.1$

$$R_1=\frac{M_1}{H}\beta_1=\frac{1.89}{14}\times2.12=0.286\text{kN},\quad R_2=\frac{M_2}{H}\beta_3=\frac{7.56}{14}\times1.1=0.594\text{kN}$$

$$V=R_1+R_2=0.286+0.594=0.88\text{kN}(\leftarrow)$$

③ 吊车竖向荷载

$D_{max}=1.4\times194.87=272.82\text{kN}$，$D_{min}=1.4\times43.45=60.83\text{kN}$

在 AB 跨内力图

当 D_{max} 作用在 A 柱，D_{min} 作用在 B 柱时，吊车竖向荷载作用简图如图 4-43 所示。在吊车竖向荷载作用下内力图如图 4-44、图 4-45 所示。

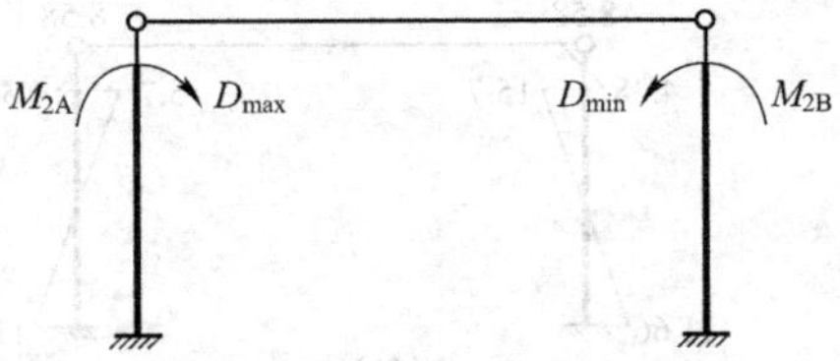

图 4-43　吊车竖向荷载作用简图

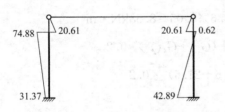

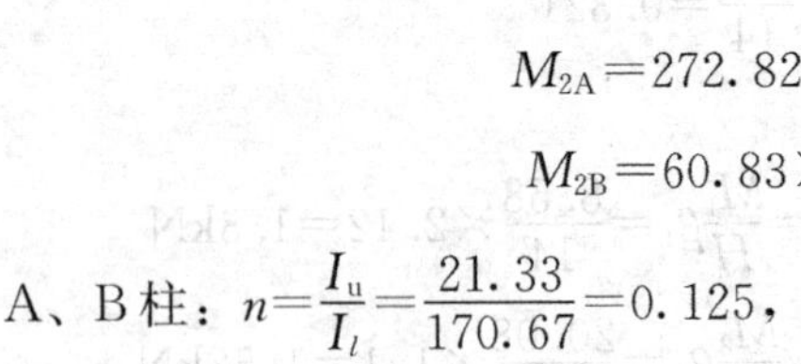

图 4-44　吊车竖向荷载下排架弯矩图

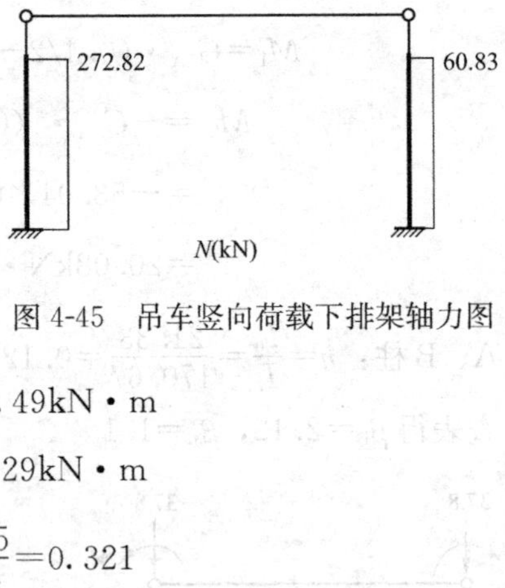

图 4-45　吊车竖向荷载下排架轴力图

$$M_{2A}=272.82\times0.35=95.49\text{kN}\cdot\text{m}$$

$$M_{2B}=60.83\times0.35=21.29\text{kN}\cdot\text{m}$$

A、B 柱：$n=\frac{I_u}{I_l}=\frac{21.33}{170.67}=0.125$，$\lambda=\frac{H_u}{H}=\frac{4.5}{14}=0.321$

查表得　$\beta_3=1.1$

$$R_{2A}=\frac{95.49}{14}\times1.1=7.5\text{kN},\quad R_{2B}=\frac{21.29}{14}\times1.1=1.67\text{kN}$$

$$R=R_{2A}+R_{2B}=-7.5+1.67=-5.83\text{kN}(\leftarrow)$$

各柱上的剪力分配值

$$V'_A = -V'_B = \mu R = 0.5 \times 5.83 = 2.92\text{kN}(\rightarrow)$$

最后各柱顶总剪力为

$$V_A = V'_A - R_{2A} = 2.92 - 7.5 = -4.58\text{kN}(\rightarrow)$$

$$V_B = V'_B + R_{2B} = 2.92 + 1.67 = 4.58\text{kN}(\leftarrow)$$

当 D_{min} 作用在 A 柱，D_{max} 作用在 B 柱时，吊车竖向荷载作用简图如图 4-46 所示。在吊车竖向荷载作用下内力图如图 4-47、图 4-48 所示。

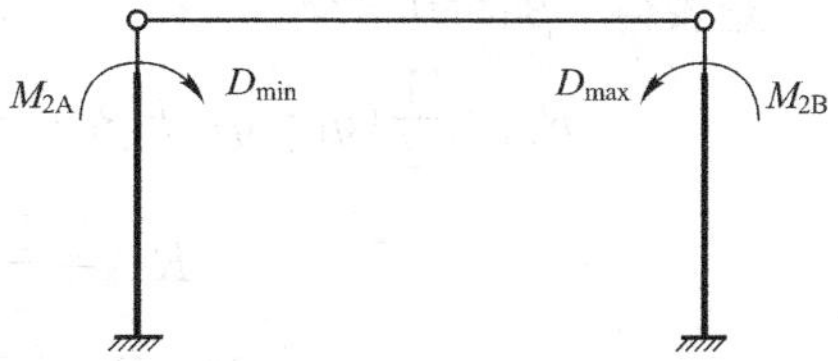

图 4-46　吊车竖向荷载下简图

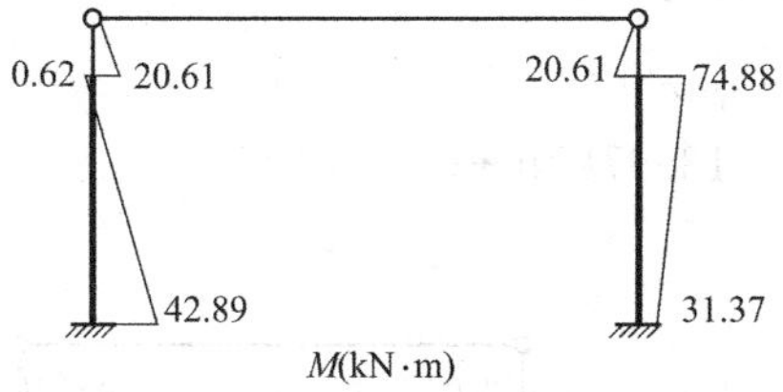

图 4-47　吊车竖向荷载下弯矩图

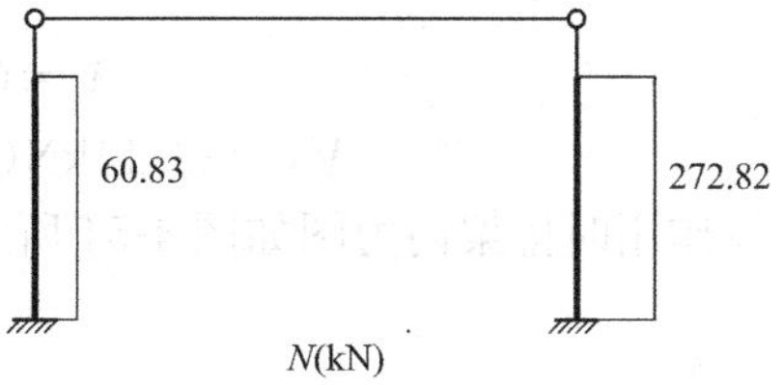

图 4-48　吊车竖向荷载下轴力图

④ 水平刹车力作用

水平刹车力：$T_{kmax} = 1.4 \times 7.11 = 9.95\text{kN}$ 作用于牛腿顶面 800mm 处。

当刹车力向右时，作用简图如图 4-49 所示。

刹车力向右时排架的内力图如图 4-50 所示。

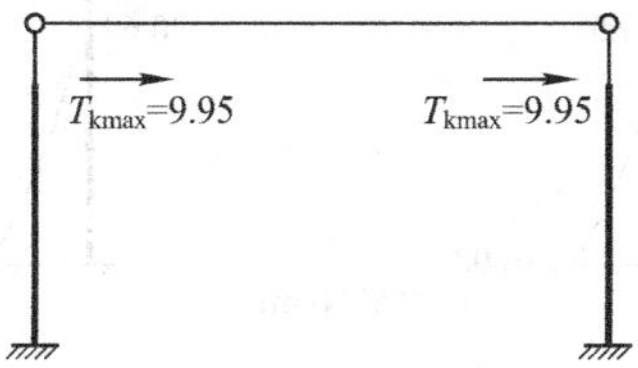

图 4-49　水平刹车力作用(向右)简图

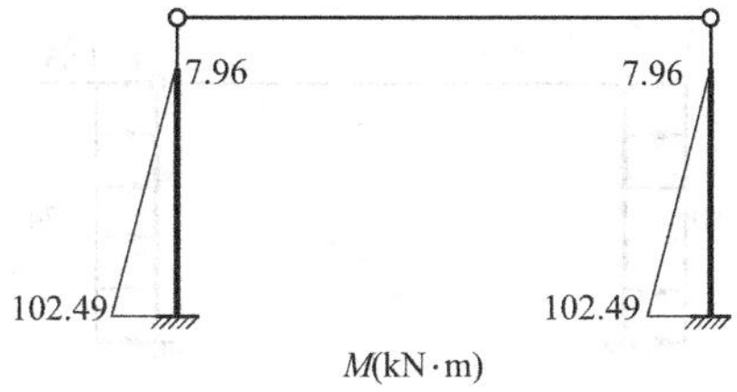

图 4-50　水平刹车力作用(向右)弯矩图

由于 F_h 值同向作用在 A、B 柱上，因此排架的横梁内力为零，剪力 $V = 7.56\text{kN}$。

同理可得，当刹车力向左时排架的简图(图 4-51)和弯矩图(图 4-52)。

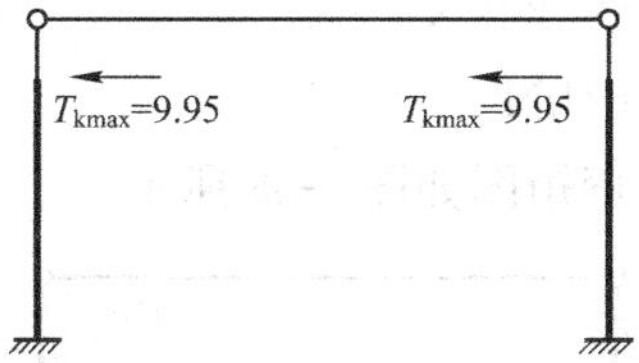

图 4-51　水平刹车力作用(向左)简图

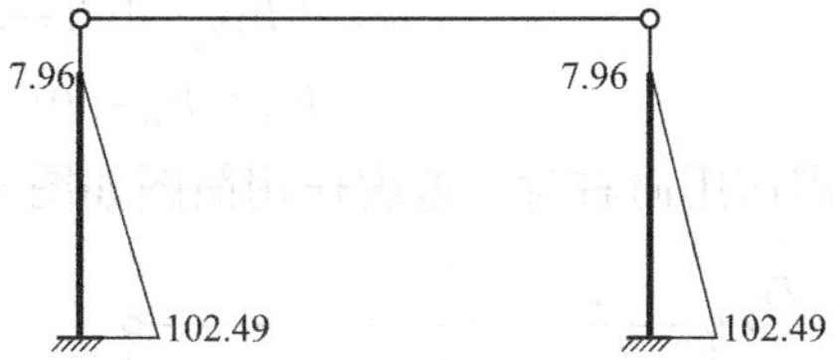

图 4-52　水平刹车力作用(向左)弯矩图

⑤ 风荷载作用

将柱顶以上风荷载算作集中力作用柱顶，柱上的风荷载看作是水平均布荷载。

当左风作用时作用简图如图 4-53 所示。

A、B 柱：$n=\frac{I_u}{I_l}=\frac{21.33}{170.67}=0.125\quad \lambda=\frac{H_u}{H}=\frac{4.5}{14}=0.321$

查表得　$\beta_{11}=0.327$

$$R_{A1}=\frac{1}{2}(q_1-q_2)H\beta_{11}=\frac{1}{2}\times(2.24-1.40)\times14\times0.327=1.92\text{kN}$$

$$R_{A2}=\frac{1}{2}F_w=\frac{1}{2}\times7.41=3.71\text{kN}$$

$$R=R_{A1}+R_{A2}=1.92+3.71=5.63\text{kN}$$

$$M=(F_w-R)x+\frac{1}{2}q_1x^2$$

$$V=(F_w-R)+q_1x$$

$$V_A=33.14\text{kN}(\leftarrow)\quad V_B=13.97\text{kN}(\leftarrow)$$

左风作用时排架内力图如图 4-54 所示。

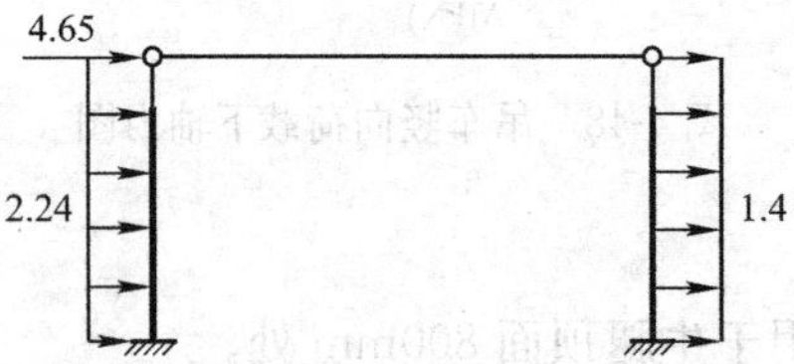

图 4-53　风荷载作用(左风)简图

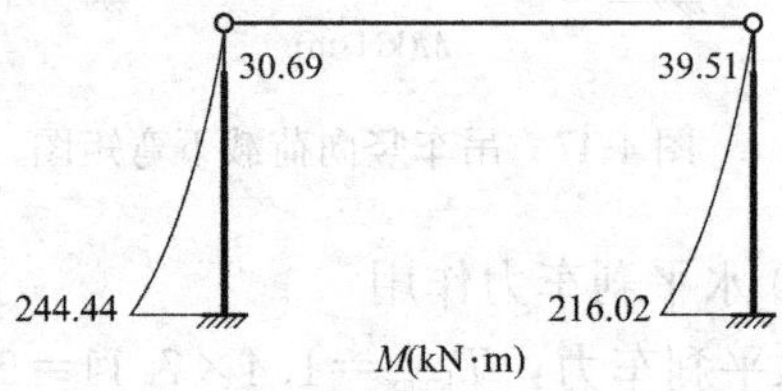

图 4-54　风荷载作用(左风)弯矩图

当右风作用时作用简图如图 4-55 所示，右风作用时排架内力图如图 4-56 所示。

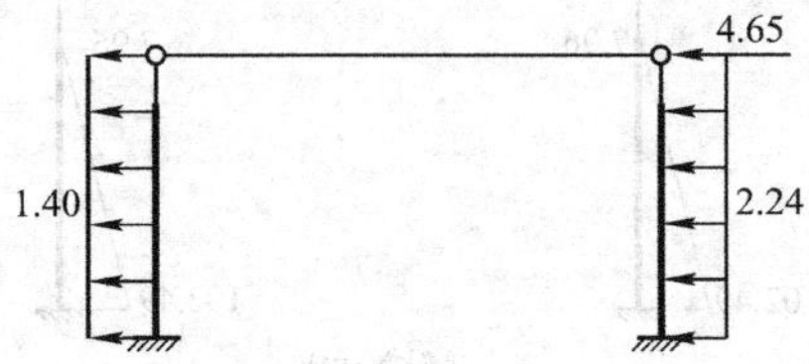

图 4-55　风荷载作用(右风)简图

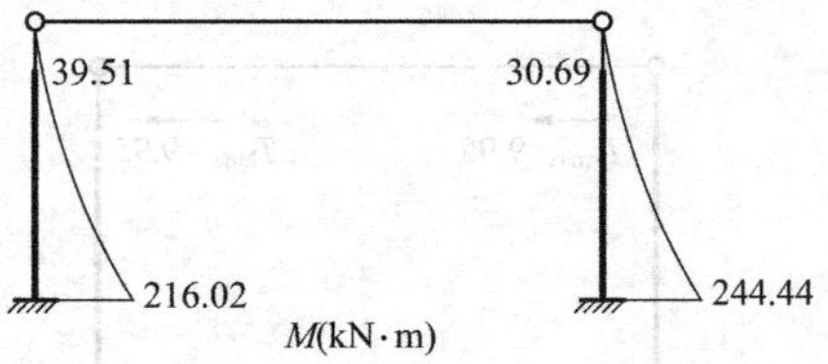

图 4-56　风荷载作用(右风)弯矩图

⑥ 地震作用计算

A. 横向水平地震作用效应计算

屋盖处的横向水平地震作用：

$$F_E=F_{EK}\times1.3=37.86\times1.3=49.22\text{kN}$$

$$F_A=F_B=49.22\times0.5=24.61\text{kN}$$

地震作用向右时，地震作用简图如图 4-57 所示，其弯矩图如图 4-58 所示。

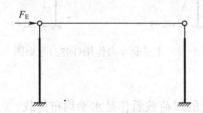

图 4-57　地震作用(向右)简图

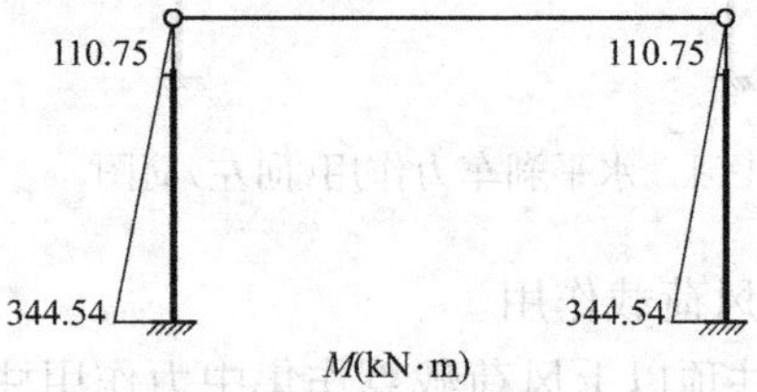

图 4-58　地震作用(向右)弯矩图

地震作用向左时，地震作用简图如图 4-59 所示，其弯矩图如图 4-60 所示。

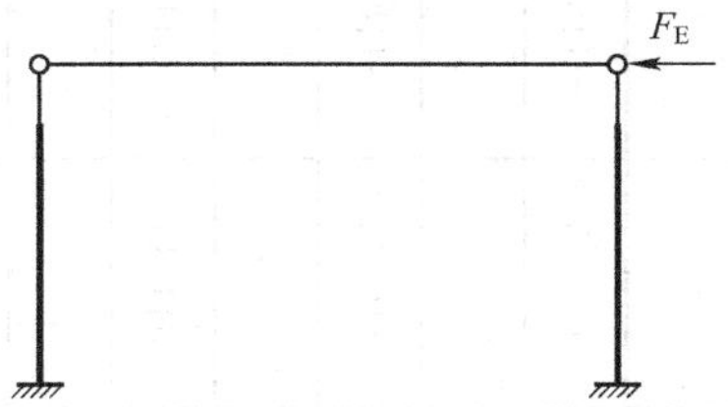

图 4-59　地震作用(向左)简图

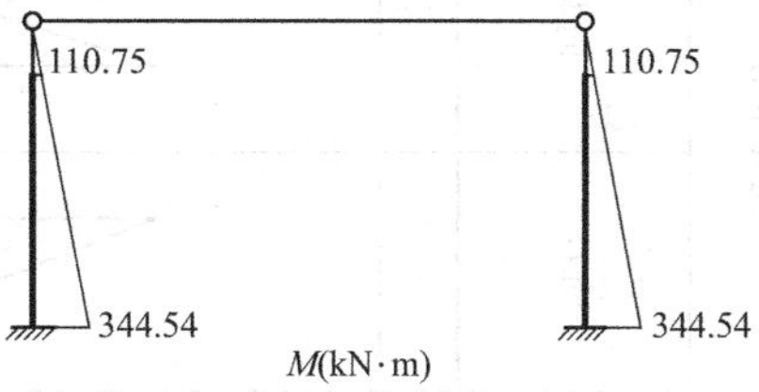

图 4-60　地震作用(向左)弯矩图

吊车桥架引起的横向水平地震作用计算：

已经知道吊车梁顶高为 $h_{cr}=9.5+0.8=10.3$m，$G_{cr}=67.28$kN，因此可求得吊车桥架引起的横向水平地震作用为

$$F_{cr}=\alpha_1 G_{cr}\frac{h_{cr}}{H}=0.048\times 67.28\times\frac{10.3}{14}=2.38\text{kN}$$

AB 跨吊车梁顶面 F_{cr}作用于 A 柱和 B 柱可参照图 4-49 和图 4-51(只需将图中 T_{max}换为 F_{cr}即可)

$$F_{cr}/T_{max}=2.43/9.95=0.244$$

将吊车水平荷载作用下排架内力乘以系数 0.244，得到排架在 F_{cr}作用下的内力。

B. 与横向水平地震作用组合的荷载效应计算

50%屋面雪荷载与屋面活荷载的比值为 0.5×0.35/0.5=0.35，50%屋面雪荷载作用时所产生的排架内力可利用叠加原理计算。即用排架在活荷载下的排架内力乘以 0.35 得到。其他重力荷载作用下，排架的内力计算方法与结构自重重力荷载作用下排架内力计算相同，计算过程略。

(4) A 柱在各种荷载作用下内力汇总表以及荷载组合分别见表 4-9～表 4-11。

4.4.3　柱的截面设计

(1) 选取控制截面的最不利内力

大偏心受压和小偏心受压界限破坏时的轴压力 N_b 为：

A 柱：

上柱：$N_b=\alpha_1 f_c b\xi_b h_0=1\times 14.3\times 400\times 0.55\times 360=1132.56$kN

下柱：$N_b=\alpha_1 f_c b\xi_b h_0=1\times 14.3\times 400\times 0.55\times 760=2390.96$kN

经比较，A 柱的所有 $N<N_b$，所以 A 柱组合后的内力值均为大偏心受压。对大偏心受压，对称配筋的柱，在"$|M|$ 相差不多时，N 越小越不利；N 相差不大时，$|M|$ 越大越不利"。由此可确定各柱的最不利内力为：

A 柱：

Ⅰ—Ⅰ：$\begin{cases}M=105.92\text{kN}\cdot\text{m}\\N=226.62\text{kN}\end{cases}$　　$\begin{cases}M=-120.5\text{kN}\cdot\text{m}\\N=192.6\text{kN}\end{cases}$

Ⅲ—Ⅲ：$\begin{cases}M=444.74\text{kN}\cdot\text{m}\\N=616.39\text{kN}\\V=30.65\text{kN}\end{cases}$　　$\begin{cases}M=-429.33\text{kN}\cdot\text{m}\\N=391.58\text{kN}\\V=-32.35\text{kN}\end{cases}$

A柱在各种荷载作用下内力汇总表 **表 4-9**

柱号及正向内力		荷载种类	恒荷载	可变荷载	吊车竖向作用		吊车水平荷载		风荷载		地震作用	
					D_{max}在 A	D_{max}在 B	向右	向左	左来风	右来风	向右	向左
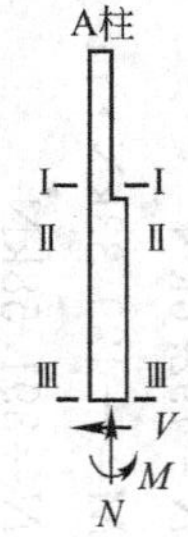		编号	1	2	3	4	5	6	7	8	9	10
		内力图		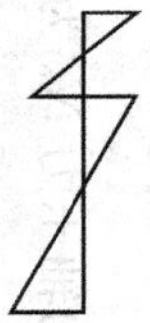	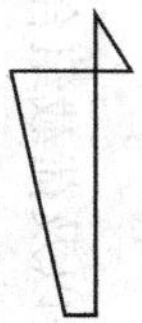				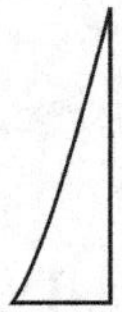		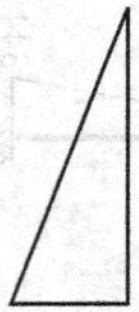	
控制截面	Ⅰ—Ⅰ	M(kN·m)	4.38	2.07	−20.06	−20.06	7.96	−7.96	30.69	−39.51	110.75	−110.75
		N(kN)	192.6	37.8								
	Ⅱ—Ⅱ	M(kN·m)	−15.7	−5.49	74.88	0.62	7.96	−7.96	30.69	−39.51	110.75	−110.75
		N(kN)	245.63	37.8	272.82	60.83						
	Ⅲ—Ⅲ	M(kN·m)	11.6	2.87	31.37	−42.89	102.49	−102.49	244.44	−216.02	344.44	−344.44
		N(kN)	336.83	37.8	272.82	60.83						
		V(kN)	2.88	0.88	−4.58	−4.58	9.95	−9.95	33.14	13.97	24.61	−24.61

注：表中 M、N、V 数值均为设计值，重力荷载分项系数取 1.2，水平地震作用分项系数取 1.3。

只考虑风荷载时 A 柱的内力组合 **表 4-10**

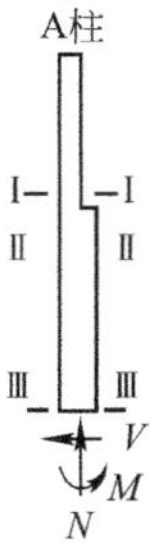

截面		内力	$+M_{max}$及相应的 N、V		$-M_{max}$及相应的 N、V		N_{max}及相应的 M、V		N_{min}及相应的 M、V	
			组合项	数值	组合项	数值	组合项	数值	组合项	数值
A柱	Ⅰ—Ⅰ	M (kN·m)	1+0.9×(2+7)	33.86	1+0.9×(3+6+8)	−56.4	1+0.9×(2+7)	33.86	1+0.9×(3+6+8)	−56.4
		N (kN)		226.62		192.6		226.62		192.6
	Ⅱ—Ⅱ	M (kN·m)	1+0.9×(3+5+7)	86.48	1+0.9×(2+8)	−56.2	1+0.9×(2+3+5+7)	81.54	1+0.9×(2+8)	−56.2
		N (kN)		491.17		279.65		525.19		279.65
	Ⅲ—Ⅲ	M (kN·m)	1+0.9×(2+3+5+7)	354.65	1+0.9×(4+6+8)	−313.66	1+0.9×(2+3+5+7)	354.65	1+0.9×(4+6+8)	−313.66
		N (kN)		616.39		391.58		616.39		391.58
		V (kN)		38.33		2.38		38.33		2.38

只考虑地震作用时 A 柱的内力组合 **表 4-11**

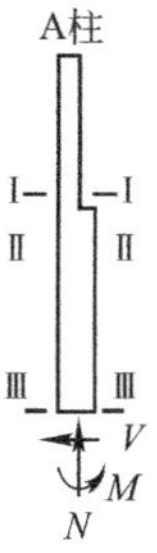

截面		内力	$+M_{max}$及相应的 N、V		$-M_{max}$及相应的 N、V		N_{max}及相应的 M、V		N_{min}及相应的 M、V	
			组合项	数值	组合项	数值	组合项	数值	组合项	数值
A柱	Ⅰ—Ⅰ	M (kN·m)	1+0.9×(2+9)	105.92	1+0.9×(3+6+10)	−120.51	1+0.9×(2+9)	105.92	1+0.9×(3+6+10)	−120.51
		N (kN)		226.62		192.6		226.62		192.6
	Ⅱ—Ⅱ	M (kN·m)	1+0.9×(3+5+9)	158.53	1+0.9×(2+10)	−120.32	1+0.9×(2+3+5+9)	153.59	1+0.9×(2+10)	−120.32
		N (kN)		491.17		279.65		525.19		279.65
	Ⅲ—Ⅲ	M (kN·m)	1+0.9×(2+3+5+9)	444.74	1+0.9×(4+6+10)	−429.33	1+0.9×(2+3+5+9)	444.74	1+0.9×(4+6+10)	−429.33
		N (kN)		616.39		391.58		616.39		391.58
		V (kN)		30.65		−32.35		30.65		−32.35

(2) 配筋计算

A 柱：

上柱配筋计算，经比较，A 柱所有的 $N<N_b$，均为大偏心。

$$M_0=105.92\text{kN}\cdot\text{m},\quad N_0=226.62\text{kN}$$

$$e_0=\frac{M_0}{N_0}=467.39\text{mm}$$

上柱计算长度查表得， $l_0=2H_u=2\times4.5=9\text{m}$

取 $A_s = A'_s$，$a_s = a'_s = 40\text{mm}$

由 $l_0/h = 9/0.4 = 22.5$，需考虑偏心增大系数 η。

e_a 取 $\frac{h}{30}$ 与 20mm 中的较大值(mm)则

$$e_a = 20\text{mm}$$

$$e_{i1} = e_{01} + e_a = 487.39\text{mm}$$

$$\zeta = \frac{0.5 f_c A}{N} = \frac{0.5 \times 14.3 \times 400 \times 400}{226.62 \times 10^3} = 5.05 > 1，\quad 取 \zeta = 1$$

$$\eta_s = 1 + \frac{(l_0/h)^2}{1300 e_i / h_0} \zeta = 1 + \frac{(9000/400)^2}{1300 \times 487.39/360} \times 1 = 1.288$$

$$M = \eta_s M_0 = 1.288 \times 105.92 = 136.42\text{kN} \cdot \text{m}$$

$$e_0 = \frac{M}{N} = 601.98\text{mm}$$

$$e_i = e_0 + e_a = 621.98\text{mm}$$

$$e' = e_i - \frac{h}{2} + a_s = 621.98 - \frac{400}{2} + 40 = 461.98\text{mm}$$

按大偏心受压构件计算。

$$A_s = A'_s = \frac{Ne'}{f_y (h_0 - a'_s)} = \frac{226.62 \times 10^3 \times 461.98}{300 \times (360 - 40)} = 1091\text{mm}^2$$

选 4Φ20，$A_s = 1256\text{mm}^2$

各截面纵向配筋计算见表 4-12。

因此，得

A、B 柱：上柱 4Φ20

下柱 4Φ25

(3) 箍筋的配置

因柱底的剪力较小

$$V_{max} = 32.35\text{kN}$$

若取剪跨比 $\lambda = 3$

$$\frac{1.75}{\lambda + 1} f_t b h_0 = \frac{1.75}{3 + 1} \times 1.43 \times 400 \times 760 = 190.19\text{kN}$$

则远远大于柱底的剪力值(还没有考虑轴向压力对斜截面受剪的有利影响)，所以排架柱的箍筋按构造配置为Φ10@200，柱箍筋加密区取为Φ10@100，加密区范围按抗震规范要求取值。

截面纵向配筋计算 **表 4-12**

	Ⅰ—Ⅰ	Ⅲ—Ⅲ
M_0(kN·m)	105.92	444.74
N(kN)	226.62	616.39
$e_{01} = \frac{M_0}{N}$(mm)	467.39	721.52
e_a 取 $\frac{h}{30}$ 与 20mm 中较大值	20	20

续表

	Ⅰ—Ⅰ	Ⅲ—Ⅲ
$e_{i1}=e_0+e_a$(mm)	487.39	741.52
$\zeta=\dfrac{0.5f_cA}{N}$	5.05	3.71
$l_0=2.0H_u$(上柱) $l_0=1.0H_l$(下柱)	9	9.5
$\dfrac{l_0}{h}$	22.5>15	11.9<15
ζ(与1.0比较)	5.05>1取1	3.71>1取1
$\eta_s=1+\dfrac{1}{1300+e_{i1}/h}\left(\dfrac{l_0}{h}\right)^2\zeta$	1.288	1.11
$M=\eta_sM_0$(kN·m)	136.42	493.66
$e_0=\dfrac{M}{N}$(mm)	601.98	800.89
$e_i=e_0+e_a$(mm)	621.98	820.89
$e'=e_i-\dfrac{h}{2}+a_s$(mm)	461.98	660.89
$A_s=A_s'=\dfrac{Ne'}{f_y(h_0-a_s)}$($mm^2$)	1091	1886
实配钢筋(mm×mm)	4Φ20	4Φ25
	1256	1964
$\rho_{侧}=\dfrac{A_s}{bh}$(%)	0.79>0.2	0.61>0.2
$\rho_{全部}=\dfrac{A_s+A_s'}{bh}$(%)	1.57>0.6	1.23>0.6

(4) 牛腿设计

① 牛腿几何尺寸的确定

牛腿截面宽度与柱宽度相等为400mm，若取吊车梁外侧至牛腿外边缘的距离 $C_1=80$mm，吊车梁端部宽为340mm，吊车梁轴线到柱外侧的距离为750mm，则牛腿顶面的长度为 $750-400+\dfrac{340}{2}+80=600$mm，牛腿外缘高度 $h_f=500$mm，牛腿的截面高度为700mm，牛腿的几何尺寸及配筋示意如图4-61所示。

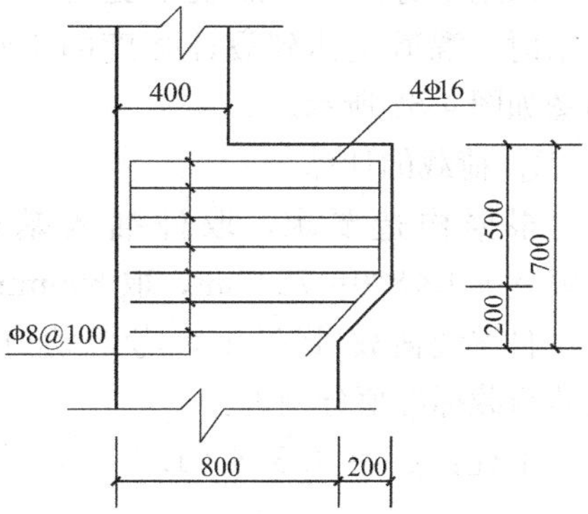

图4-61 牛腿的几何尺寸及配筋示意图

② 牛腿高度验算

作用于牛腿顶部按荷载标准组合计算的竖向力值：

$$F_v=D_{max}+G_{A4}=272.82+53.04=325.86\text{kN}$$

$$F_{vk}=D_{max,k}+G_{A4k}=194.87+44.2=239.07\text{kN}$$

牛腿顶部按荷载标准组合计算的水平拉力值：

$$F_{hk}=0.9T_k=0.9\times5.4=4.86\text{kN}$$

$$F_h=0.9\times9.95=8.96\text{kN}$$

牛腿截面有效高度　　　$h_0=h-a_s=700-40=660\text{mm}$

竖向力 F_{vk}作用点位于下柱截面内，$a=0$

$$\beta\left(1-0.5\frac{F_{hk}}{F_{vk}}\right)\frac{f_{tk}bh_0}{0.5+\dfrac{a}{h_0}}=0.65\times\frac{2.01\times400\times660}{0.5+\dfrac{0}{660}}\left(1-0.5\times\frac{4.86}{239.07}\right)$$

$$=682.82\text{kN}>F_{vk}=239.07\text{kN}$$

满足要求。

③ 牛腿的配筋

由于吊车垂直荷载作用于下柱截面内，即 $a=750-800=-50\text{mm}<0$。

故该牛腿可按构造要求配筋，纵向钢筋取 4Φ16，箍筋取Φ8@100。

④ 牛腿局部受压验算

$0.75Af_c=0.75\times400\times340\times14.3=1458.6\text{kN}>F_{vk}$，满足要求。

⑤ 牛腿纵向受拉钢筋的计算

因为 $a<0.3h_0$，取 $a=0.3h_0=0.3\times660=198\text{mm}$

$$A_s=\frac{F_v\cdot a}{0.85f_yh_0}+1.2\frac{F_h}{f_y}=\frac{325.86\times198\times10^3}{0.85\times300\times660}+1.2\times\frac{8.96\times10^3}{300}=419.20\text{mm}$$

选取 4Φ16，804mm

$$\rho_{min}=0.45\frac{f_t}{f_y}=0.45\times\frac{1.43}{300}=0.2\%$$

$$0.2\%<\frac{A_s}{bh}=\frac{804}{400\times700}=0.287\%<0.6\%$$

(5) 柱吊装验算

采用翻身吊，吊点设牛腿与下柱交接处，起吊时，混凝土达到设计强度的 100%，计算简图如图 4-62 所示。

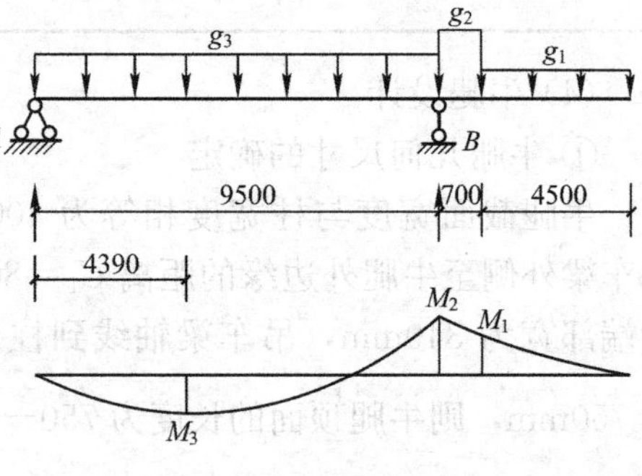

图 4-62　柱吊装验算计算简图

① 荷载的计算

根据构造要求，取柱插入基础的深度 $0.9h=0.9\times800=720\text{mm}$，取 800mm。

自重线荷载(kN/m)，考虑动力系数 1.5，各段荷载标准值分别为：

上柱：$g_1=1.5\times(1.6\times10^{-1})\times25=6\text{kN/m}$

牛腿：$g_2=1.5\times(0.24\times1)\times25=9\text{kN/m}$

下柱：$g_3=1.5\times(6.4\times10^{-1})\times25=24\text{kN/m}$

② 内力分析

$$M_1=\frac{1}{2}g_1L_1^2=\frac{1}{2}\times6\times4.5^2=60.75\text{kN}\cdot\text{m}$$

$$M_2=\frac{1}{2}g_1(L_1+L_2)^2+(g_2-g_1)L_2^2/2$$
$$=\frac{1}{2}\times6\times(4.5+0.7)^2+\frac{1}{2}\times(9-6)\times0.7^2$$
$$=81.86\text{kN}\cdot\text{m}$$

由 $R_AL_3+M_2-\frac{1}{2}g_3L_3^2=0$ 得

$$R_A=\frac{1}{2}g_3L_3^2-M_2/L_3=\frac{1}{2}\times24\times9.5-\frac{81.86}{9.5}=105.38\text{kN}$$

所以 $M_3=R_Ax-\frac{1}{2}g_3x^2$，令 $R_A-g_3x=0$，得下柱最大弯矩发生在

$$x_0=\frac{R_A}{g_3}=\frac{105.38}{24}=4.39\text{m 处}$$

用 $M_3=105.38\times4.39-\frac{1}{2}\times24\times4.39^2=231.35\text{kN}\cdot\text{m}$

③ 上柱吊装验算

上柱配筋 $A_s=A_s'=1256\text{mm}^2$，受弯承载力验算：

$$M_u=f_y'A_s'(h_0-a_s')=300\times1256\times(360-40)\times10^{-6}=120.58\text{kN}\cdot\text{m}$$
$$>\gamma_0M_1\gamma_G=0.9\times60.75\times1.2=65.61\text{kN}\cdot\text{m}\text{ 满足要求。}$$

裂缝宽度验算：

从弯矩图上可以看出，只需对上柱 M_2 处的裂缝宽度进行验算即可。

$$\sigma_{sk}=\frac{M_k}{0.87h_0A_s}=\frac{81.86\times10^6}{0.87\times360\times1256}=208.09\text{N/mm}^2$$

$$\rho_{te}=\frac{A_s}{0.5bh}=\frac{1256}{0.5\times400\times400}=0.016$$

$$\psi=1.1-0.65f_{tk}/\rho_{te}\cdot\sigma_{sk}=1.1-0.65\times2.01/(0.016\times208.09)=0.71$$

$$w_{max}=\alpha_{cr}\psi\frac{\sigma_{sk}}{E_s}\left(1.9c+0.08\frac{d_{eq}}{\rho_{te}}\right)$$
$$=1.9\times0.71\times\frac{208.09}{2.0\times10^5}\times\left(1.9\times30+0.08\times\frac{22}{0.016}\right)$$
$$=0.220\text{mm}<w_{lin}=0.3\text{mm 满足要求。}$$

④ 下柱吊装验算

$A_s=A_s'=1964\text{mm}^2$，受弯承载力验算

$$M_u=300\times1964\times(760-40)=424.22\text{kN}\cdot\text{m}$$
$$>\gamma_0M_3\gamma_G=0.9\times231.35\times1.2=249.86\text{kN}\cdot\text{m}$$

（裂缝宽度不需验算）

（6）柱的配筋图

柱的配筋如图 4-63 所示。

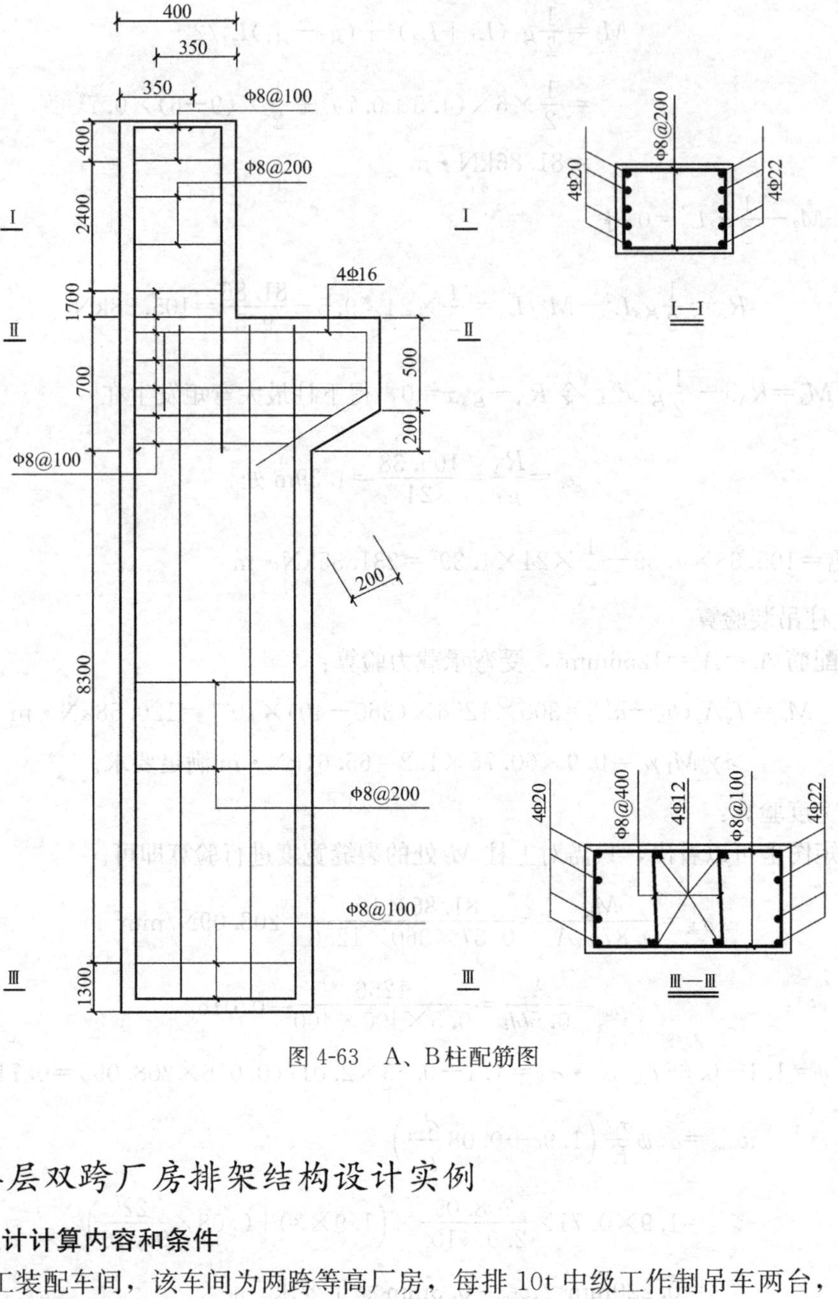

图 4-63　A、B柱配筋图

4.5　单层双跨厂房排架结构设计实例

4.5.1　设计计算内容和条件

某金工装配车间，该车间为两跨等高厂房，每排 10t 中级工作制吊车两台，柱顶标高 13m，牛腿面标高 9.2m。

排架柱设计内容如下：

① 选定柱截面尺寸。

② 荷载计算，包括竖向荷载、风荷载、地震作用、吊车荷载。

③ 排架内力计算。

④ 排架内力组合及截面配筋计算，牛腿设计及配筋计算。

⑤ 写出计算书一份，画出边、中柱配筋图一张。

设计条件：

① 屋面活荷载 q=0.5kN/m^2，不考虑积灰荷载，雪荷载 q=0.35kN/m^2。

② 基本风压 w_0=0.45kN/m^2。

③ 屋面板及屋架每跨传给每个柱的永久荷载 G_{1k}=143kN。

④ 围护结构：370mm 厚普通砖墙；钢框玻璃窗：3.6m×4.8m、1.8m×3.6m。外墙荷载直接传给基础梁。计算竖向荷载排架内力时不考虑，计算地震作用时考虑。

⑤ 考虑地震作用，抗震设防烈度为 8 度，Ⅱ类场地，第二组。

⑥ 混凝土采用 C30，主筋采用 HRB335 级钢筋，箍筋采用 HPB300 级钢筋。

⑦ 吊车 L_k=16.5m，B=5600mm，K=4400mm，P_{max}=104.7kN，P_{min}=36.45kN，集中于吊车顶面的质点重力荷载 G_{cr}=67.28kN。单台吊车水平荷载 T_k=3.21kN。

⑧ 标高

柱顶：H=13m，上柱高 3.8m，下柱高 9.2m

檐口：H=14.36m

屋顶：H=15.56m

4.5.2 荷载及内力计算

（1）柱截面尺寸的确定

边柱：上柱 400mm×400mm
　　　下柱 400mm×800mm

中柱：上柱 400mm×600mm
　　　下柱 400mm×800mm

（2）荷载计算

1）计算竖向荷载

① 永久荷载

A. 屋面板及每跨屋架传给每个柱子的荷载标准值为 G_{1k}=143kN，

荷载设计值 G_1=1.2×143=171.6kN

B. 柱自重：

边柱：上柱 g_{2k}=25×0.4^2=4kN/m

下柱 g_{3k}=25×0.4×0.8=8kN/m

则 G_{2A}=1.2×4×3.8=18.24kN

G_{3A}=1.2×8×9.2=88.32kN

中柱：上柱 g_{2k}=25×0.4×0.6=6kN/m

下柱 g_{3k}=25×0.4×0.8=8kN/m

则 G_{2B}=1.2×6×3.8=27.36kN

G_{3B}=1.2×8×9.2=88.32kN

C. 吊车梁自重：

$$G_4=1.2\times(0.8\times0.8-0.6\times0.58)\times25\times6=52.56\text{kN}$$

永久荷载作用位置详图如图 4-64 所示(将上柱自重折至柱顶)。

② 可变荷载

屋面活荷载 q=0.5kN/m^2，不考虑积灰荷载。雪荷载 q=0.35kN/m^2。不同时考虑可变荷载与雪荷载，则取其中大值，作用于每跨屋面下的柱

可变荷载为：

$$Q_1=1.4\times0.5\times6\times9=37.8\text{kN}$$

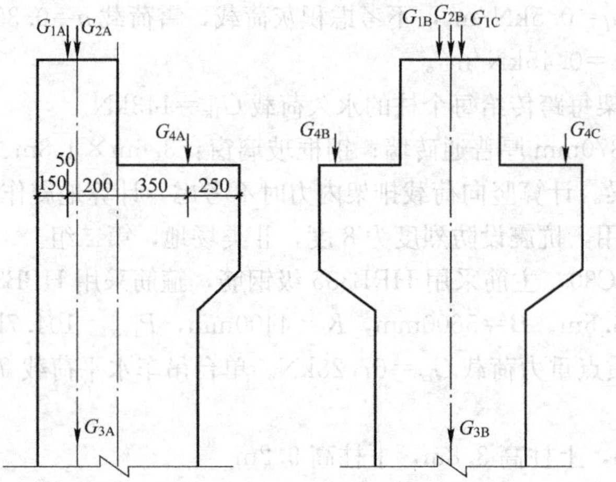

图 4-64　边柱及中柱永久荷载作用示意

可变荷载作用位置如图 4-65 所示。

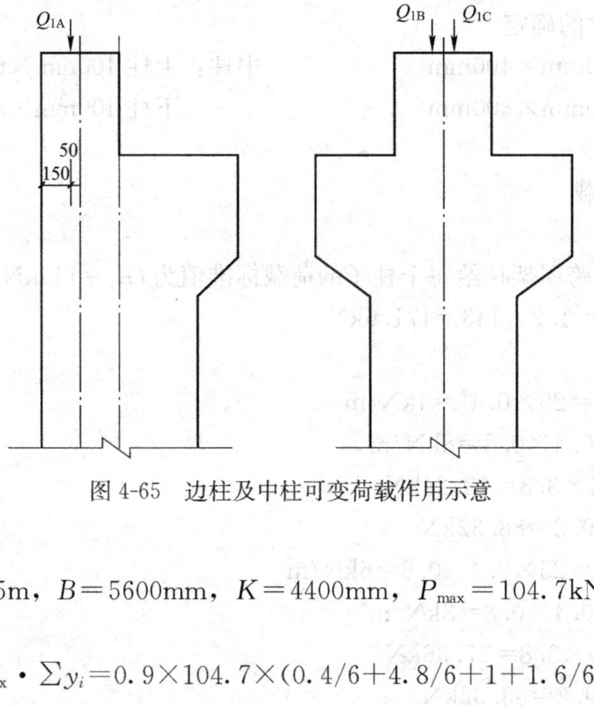

图 4-65　边柱及中柱可变荷载作用示意

2）吊车荷载

已知：$L_k=16.5\text{m}$，$B=5600\text{mm}$，$K=4400\text{mm}$，$P_{max}=104.7\text{kN}$，$P_{min}=36.45\text{kN}$，$T_k=3.21\text{kN}$。

则：$D_{kmax}=\xi P_{max}\cdot\sum y_i=0.9\times104.7\times(0.4/6+4.8/6+1+1.6/6)=201.02\text{kN}$

$D_{kmin}=\xi P_{min}\cdot\sum y_i=0.9\times36.45\times(0.4/6+4.8/6+1+1.6/6)=69.98\text{kN}$

$$T_{kmax}=3.21\times(0.4/6+4.8/6+1+1.6/6)=7.48\text{kN}$$

3）风荷载

由已知条件可知：基本风压为 $w_0=0.45\text{kN/m}^2$，风压高度系数按 C 类地面取（C 类指有密集建筑群的城市市区）：

$w_k=\beta_0\mu_s\mu_z w_0$，其中 $\beta_0=1.0$。

由《建筑结构荷载规范》，C 类地面。查 10m 处 $\mu_z=0.74$，15m 处 $\mu_z=0.74$，20m 处 $\mu_z=0.84$，中间值可按插值法求。

因此，可得

柱顶：$H=13\text{m}$，$\mu_z=0.74$

檐口：$H=14.36\text{m}$，$\mu_z=0.74$

屋顶：$H=15.56\text{m}$，$\mu_z=0.75$

风荷载体型系数如图 4-66 所示。

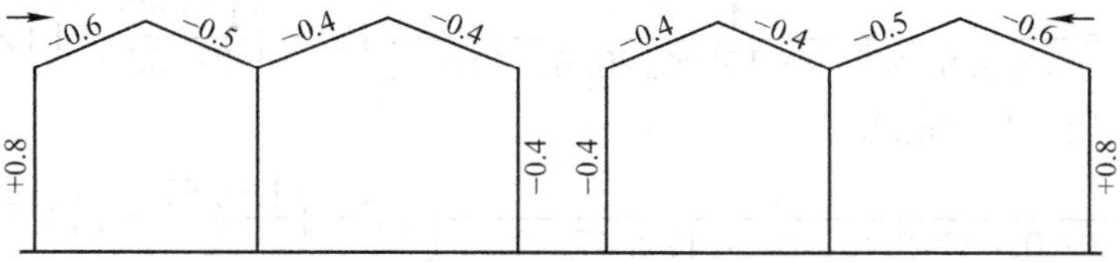

图 4-66　风荷载体型系数

风荷载标准值为：

$$w_{1k}=\mu_{s1}\mu_z w_0=0.8\times0.74\times0.45=0.2664\text{kN/m}^2$$

$$w_{2k}=\mu_{s2}\mu_z w_0=0.4\times0.74\times0.45=0.1332\text{kN/m}^2$$

作用在排架上的风荷载为：

$$q_1=W_{1B}=1.4\times0.2664\times6=2.24\text{kN/m}$$

$$q_2=W_{2B}=1.4\times0.1332\times6=1.15\text{kN/m}$$

作用在柱顶的集中荷载 F_w，即将柱顶以上风荷载算作集中力作用于柱顶，μ_z 按房屋檐口标高 $Z=14.36$ 处计，$\mu_z=0.74$

$$F_w=1.4\times[1.36\times(0.8+0.4)+1.20(-0.6+0.5-0.4+0.4)]\times0.74\times0.45\times6=4.23\text{kN}$$

风荷载作用示意图如图 4-67 所示。

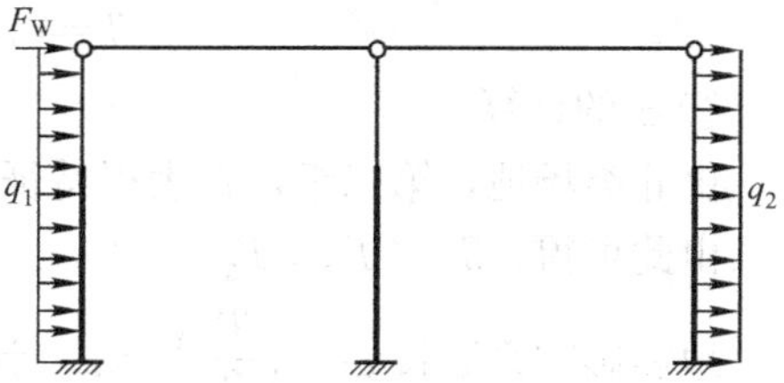

图 4-67　风荷载作用示意图

4）地震作用计算

重力荷载代表值的计算 $\overline{G}$：取构件标准值和可变荷载组合值之和。

构件：柱子：$G_{1k}=(4\times3.8+8\times9.2)\times2+6\times3.8+8\times9.2=274\text{kN}$

吊车梁：$G_{4k}=43.8\text{kN}$(每跨每柱下)

屋架：$G_{3k}=143\text{kN}$(每跨每柱下)

外墙：$G_{2k}=[14.36\times6-3.6(1.8+4.8)]\times0.37\times19=438.67\text{kN}$(单面墙)

可变荷载：$Q_k=0.5\times6\times18\times2=108\text{kN}$

① 计算周期 T

$$\overline{G}_i=1.0G_f+0.5G_{sn}+0.5G_b+0.25G_c+0.25G_{wl}$$

$$\overline{G}=1.0\times143\times4+0.5(0.5\times6\times36)+0.5(43.8\times4)$$
$$+0.25\times274+0.25(438.67\times2)=1001.44\text{kN}$$

刚度：边柱 $I_u=\dfrac{1}{12}bh^3=\dfrac{1}{12}\times0.4\times0.4^3=21.33\times10^{-4}\text{m}^4$

$$I_l=\frac{1}{12}bh^3=\frac{1}{12}\times0.4\times0.8^3=170.67\times10^{-4}\text{m}^4$$

中柱 $I_u=\frac{1}{12}bh^3=\frac{1}{12}\times0.4\times0.6^3=72\times10^{-4}\text{m}^4$

$$I_l=\frac{1}{12}bh^3=\frac{1}{12}\times0.4\times0.8^3=170.67\times10^{-4}\text{m}^4$$

计算公式：$\delta=\frac{1}{3EI_l}\left[H_l^3+\left(\frac{I_l}{I_u}-1\right)H_u^3\right]$

则
$$\delta_A=\delta_C=\frac{1}{3\times0.85\times2.8\times10^7\times170.67\times10^{-4}}\left[13^3+\left(\frac{170.67}{21.33}-1\right)\times3.8^3\right]$$
$$=2.12\times10^{-3}\text{m/kN}$$

$$\delta_B=\frac{1}{3\times0.85\times2.8\times10^7\times170.67\times10^{-4}}\left[13^3+\left(\frac{170.67}{72}-1\right)\times3.8^3\right]$$
$$=1.86\times10^{-3}\text{m/kN}$$

$$\delta=\frac{1}{\sum\frac{1}{\delta_i}}=\frac{1}{\frac{1}{2.12}+\frac{1}{1.86}+\frac{1}{2.12}}=6.75\times10^{-4}\text{m/kN}$$

剪力分配系数：

$$\eta_A=\eta_C=\frac{1}{2.12\times10^{-3}}/\frac{1}{6.75\times10^{-4}}=0.32$$

$$\eta_B=\frac{1}{1.86\times10^{-3}}/\frac{1}{6.75\times10^{-4}}=0.36$$

则 $T_0=2\pi\sqrt{m\delta}=2\pi\sqrt{\frac{\overline{G}\delta}{g}}=2\pi\sqrt{\frac{1001.44\times6.75\times10^{-4}}{9.8}}=1.649\text{s}$

排架的基本自振周期应考虑纵墙及屋架与柱连接的固结作用，按规定进行调整：

$$T=0.8\times1.649=1.319\text{s}$$

② α_1的计算

由Ⅱ类场地，第二组，查表得特征周期 $T_g=0.4\text{s}$

由此可得，$T_g<T\leqslant5T_g$

地震影响系数按 $\alpha_1=\left(\frac{T_g}{T}\right)^\gamma\times\alpha_{max}$计算得，其中 $\alpha_{max}=0.16$

$$\alpha_1=\left(\frac{0.4}{1.319}\right)^{0.9}\times0.16=0.055$$

③ 底部地震剪力 F_{EK}的计算

边柱：

$$\overline{G}_{iA}=1.0\times143+0.5\times(0.5\times6\times9)+0.75\times43.8+0.5\times(4\times3.8+8\times9.2)+0.5\times438.67=453.09\text{kN}$$

中柱：

$$\overline{G}_{iB}=1.0\times143\times2+0.5\times(0.5\times6\times9)\times2+0.75\times(43.8\times2)+0.5\times(6\times3.8+8\times9.2)=426.90\text{kN}$$

则 $\overline{G}=453.09\times2+426.9=1333.08\text{kN}$

$$F_{Ek}=\eta\alpha_1\overline{G}$$

考虑空间作用 $\eta=0.8$

$$F_{Ek}=0.8\times 0.055\times 1333.08=58.66\text{kN}$$

由公式 $F_i=\dfrac{\overline{G}_i H_i}{\sum \overline{G}_i H_i}$ 得

边柱 $F_{EkA}=F_{EkC}=\dfrac{453.09}{1333.08}\times 58.66=19.94\text{kN}$

中柱 $F_{EkB}=\dfrac{426.9}{1333.08}\times 58.66=18.79\text{kN}$

(3) 内力计算

1) 永久荷载作用

排架受力图见图 4-68，内力图如图 4-69、图 4-70 所示，永久荷载包括屋架、上柱、下柱、吊车梁等荷载。

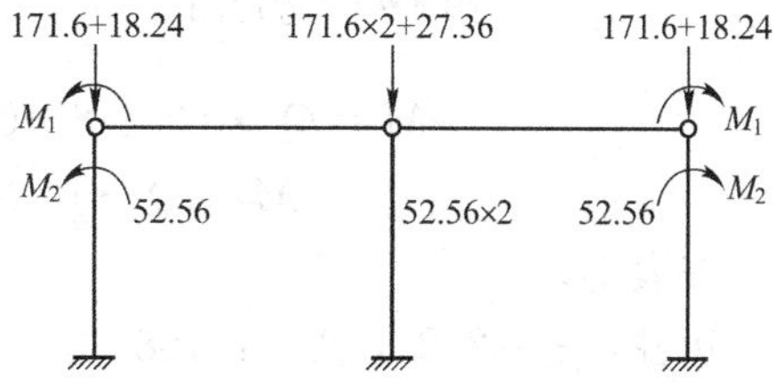

图 4-68 排架受力图

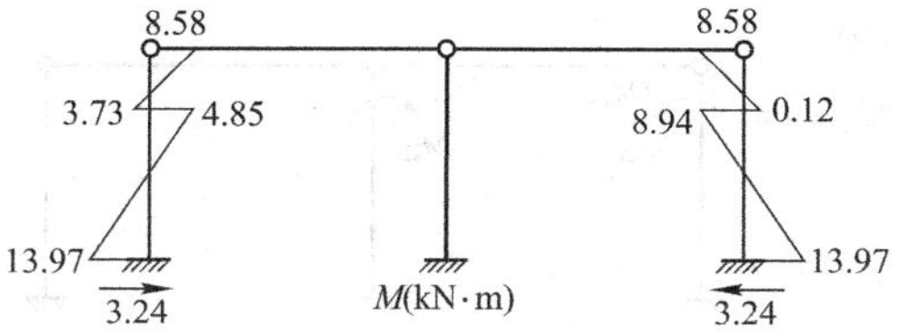

图 4-69 排架弯矩图

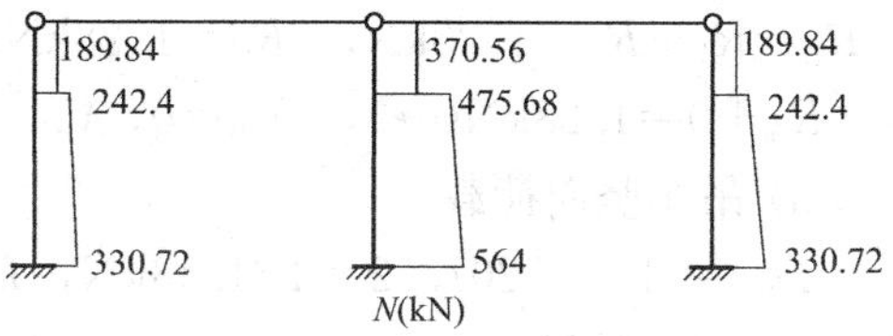

图 4-70 排架轴力图

$$M_1=G_1\cdot(0.4/2-0.15)=171.6\times 0.05=8.58\text{kN}\cdot\text{m}$$

$$\begin{aligned}M_2&=-G_4\cdot(0.75-0.4)+(G_1+G_{2A})\times 0.2\\&=-52.56\times 0.35+(171.6+18.24)\times 0.2\\&=19.57\text{kN}\cdot\text{m}\end{aligned}$$

边柱：$n=\dfrac{I_u}{I_l}=\dfrac{21.33}{170.67}=0.125$　$\lambda=\dfrac{H_u}{H}=\dfrac{3.8}{13}=0.292$

查表得 $\beta_1=2.24$，$\beta_3=1.168$

$$R_1=\frac{M_1}{H}\beta_1=\frac{8.58}{13}\times 2.24=1.48\text{kN}$$

$$R_2=\frac{M_2}{H}\beta_3=\frac{19.57}{13}\times 1.168=1.76\text{kN}$$

$$R_A=R_1+R_2=3.24\text{kN},\quad R_C=3.24\text{kN},\quad R_B=0$$

$$V_A=R_A+0=3.24\text{kN}(\rightarrow),\ V_B=0,\ V_C=3.24\text{kN}(\leftarrow)$$

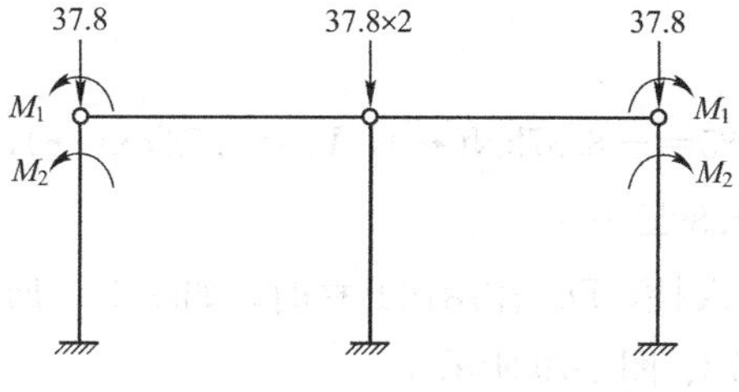

图 4-71 可变荷载作用简图

中柱：$n=\dfrac{I_u}{I_l}=\dfrac{72}{170.67}=0.422$，$\lambda=\dfrac{H_u}{H}=\dfrac{3.8}{13}=0.292$

查表得 $\beta_1=1.63$，$\beta_3=1.30$

2) 可变荷载作用

可变荷载作用简化作用于柱顶，如图 4-71 所示，内力图如图 4-72、图 4-73 所示。

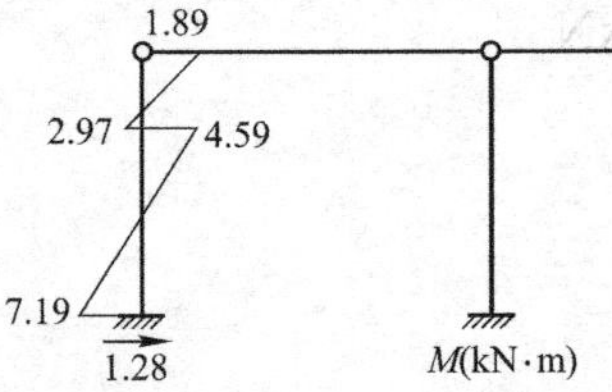

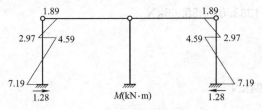

图 4-72　弯矩图

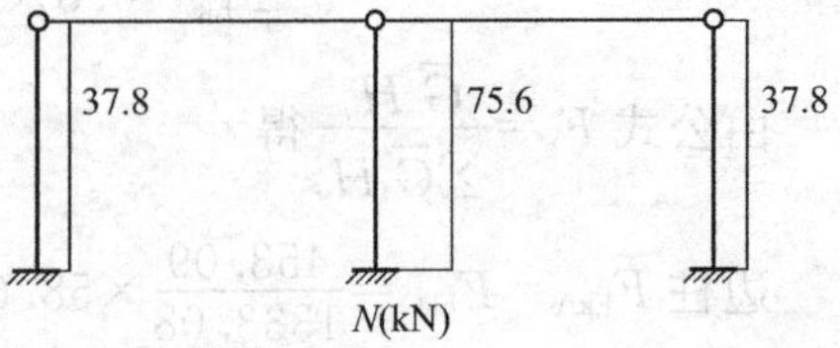

图 4-73　轴力图

$$M_1 = Q_1 \cdot (0.4/2 - 0.15) = 37.8 \times 0.05 = 1.89\text{kN} \cdot \text{m}$$

$$M_2 = Q_1 \cdot 0.2 = 37.8 \times 0.2 = 7.56\text{kN} \cdot \text{m}$$

查表得，

边柱：$\beta_1 = 2.24$，$\beta_3 = 1.168$

$$R_1 = \frac{M_1}{H}\beta_1 = \frac{1.89}{13} \times 2.24 = 0.33\text{kN}, \quad R_2 = \frac{M_2}{H}\beta_3 = \frac{7.56}{13} \times 1.63 = 0.95\text{kN}$$

$$R_A = R_1 + R_2 = 1.28\text{kN}, \quad R_C = 1.28\text{kN}, \quad R_B = 0$$

$$V_A = R_A + 0 = 1.28\text{kN}(\rightarrow), \quad V_B = 0, V_C = 1.28\text{kN}(\leftarrow)$$

3）吊车竖向荷载

$D_{max} = 1.4 \times 201.02 = 281.43\text{kN}$，$D_{min} = 1.4 \times 69.98 = 97.97\text{kN}$

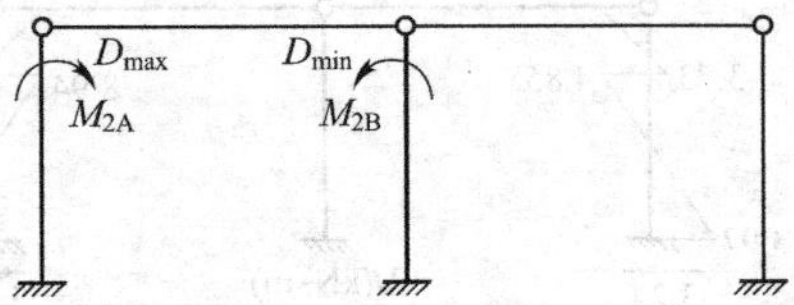

图 4-74　荷载作用简图

在 AB 跨内力，当 D_{max} 作用在 A 柱，D_{min} 作用在 B 柱时，如图 4-74 所示，内力图如图 4-75、图 4-76 所示。

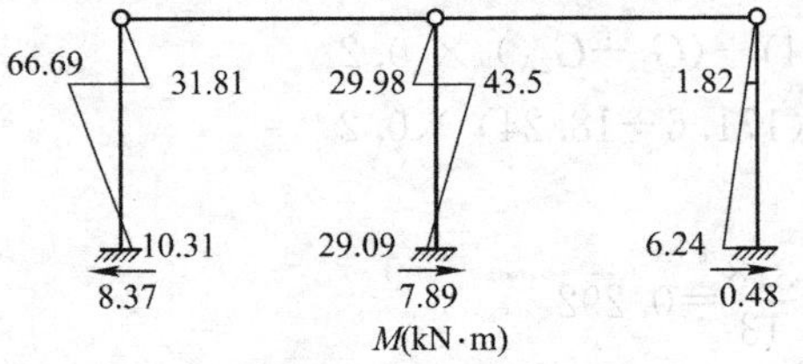

图 4-75　弯矩图

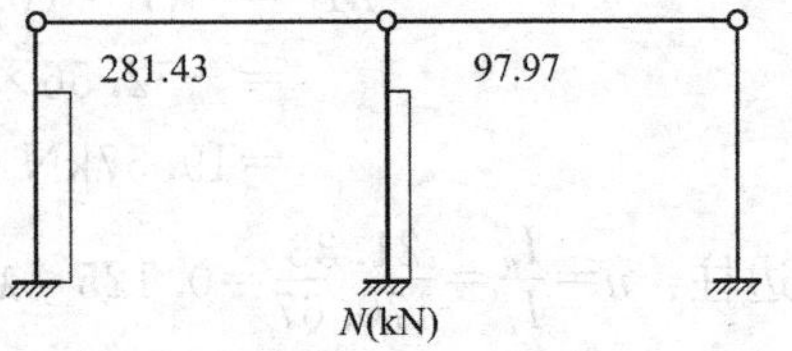

图 4-76　轴力图

$$M_{2A} = 281.43 \times 0.35 = 98.50\text{kN} \cdot \text{m}$$

$$M_{2B} = 97.97 \times 0.75 = 73.48\text{kN} \cdot \text{m}$$

查表得，边柱：$\beta_3 = 1.168$，中柱：$\beta_3 = 1.30$

$$R_{2A} = \frac{98.50}{13} \times 1.168 = 8.85\text{kN} \quad R_{2B} = \frac{73.48}{13} \times 1.3 = 7.35\text{kN}$$

各柱上的剪力分配值

A、C 柱：$(8.85 - 7.35) \times 0.32 = 0.48\text{kN}$

B 柱：$(8.85 - 7.35) \times 0.36 = 0.54\text{kN}$

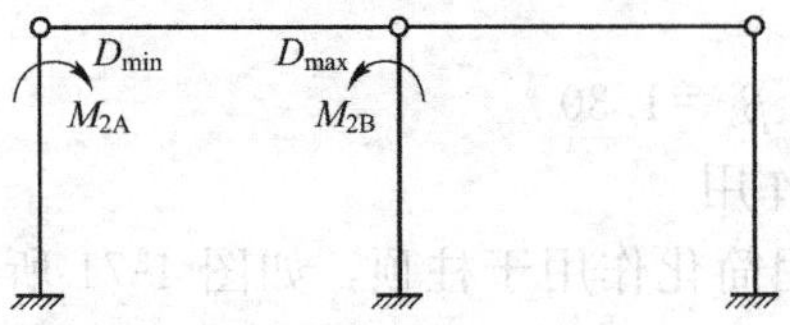

图 4-77　荷载作用简图

$V_A = 0.48 - 8.85 = -8.37\text{kN}(\leftarrow)$，$V_C = 0.53\text{kN}(\rightarrow)$，

$V_B = 0.54 + 7.35 = 7.89\text{kN}(\rightarrow)$

当 D_{min} 作用在 A 柱，D_{max} 作用在 B 柱时，如图 4-77 所示，内力图如图 4-78、图 4-79 所示。

$$M_{2A} = 97.97 \times 0.35 = 34.30\text{kN} \cdot \text{m}$$

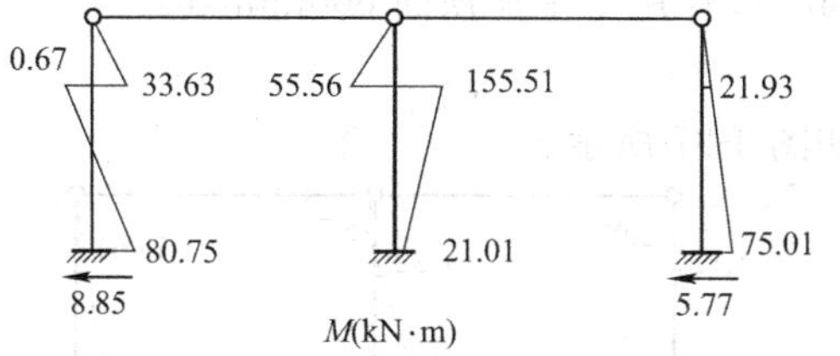

图 4-78 弯矩图

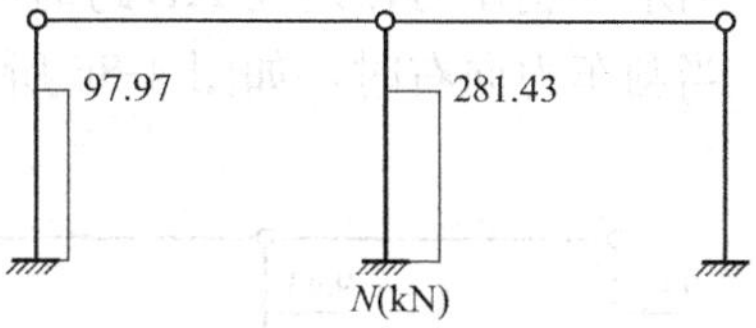

图 4-79 轴力图

$$M_{2B}=281.43\times0.75=211.07\text{kN}\cdot\text{m}$$

$$R_{2A}=\frac{34.30}{13}\times1.168=3.08\text{kN}\quad R_{2B}=\frac{211.07}{13}\times1.3=21.11\text{kN}$$

各柱上的剪力分配值

A、C 柱：(3.08−21.11)×0.32=−5.77kN

B 柱：(3.08−21.11)×0.36=−6.49kN

$V_A=3.08+5.77=8.85\text{kN}(\leftarrow)$，$V_C=5.77\text{kN}(\leftarrow)$，$V_B=21.11-6.49=14.62\text{kN}(\rightarrow)$

在 BC 跨作用有吊车荷载时，当 D_{max} 作用在 B 柱，D_{min} 作用在 C 柱时，如图 4-80 所示，内力图如图 4-81、图 4-82 所示。

当 D_{min} 作用在 B 柱，D_{max} 作用在 C 柱时，如图 4-83 所示，内力图如图 4-84、图 4-85 所示。

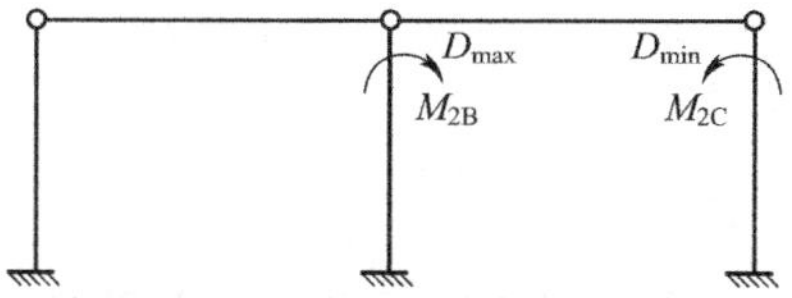

图 4-80 荷载作用简图

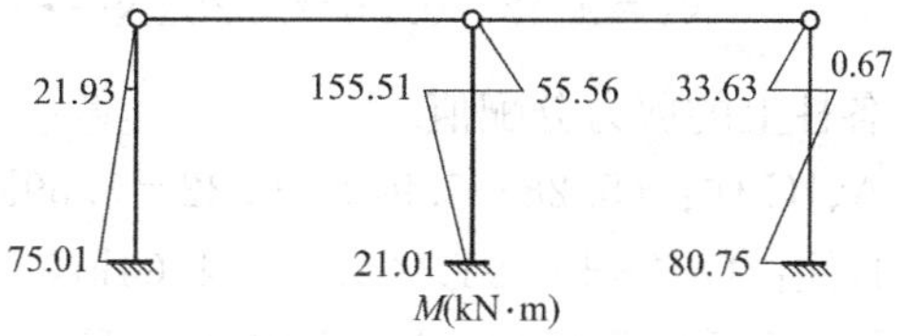

图 4-81 弯矩图

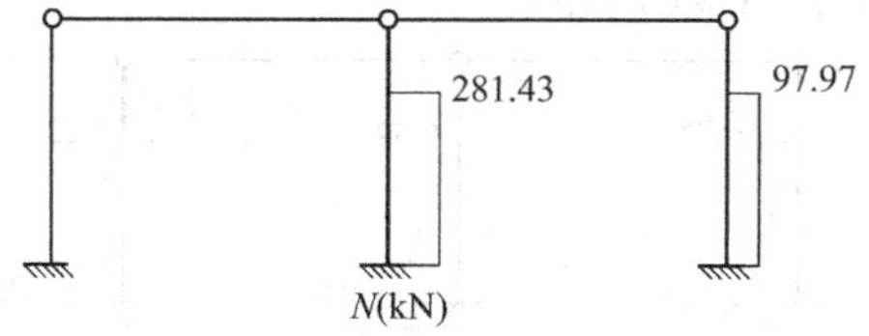

图 4-82 轴力图

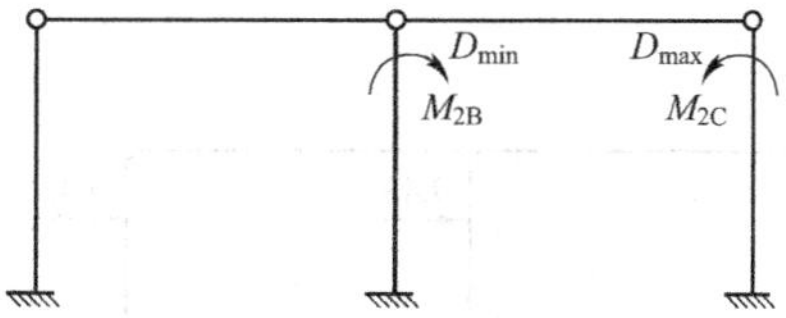

图 4-83 荷载作用简图

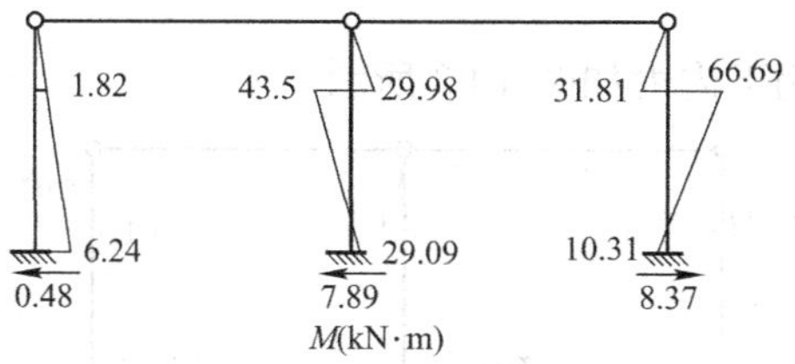

图 4-84 弯矩图

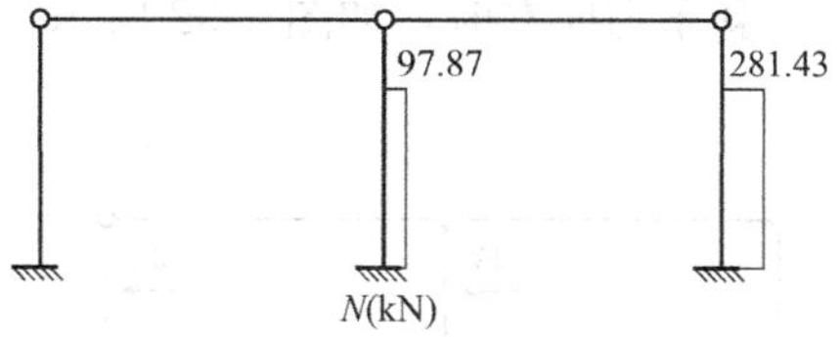

图 4-85 轴力图

4）水平刹车力作用

水平刹车力：T_{max}＝0.9×1.4×7.48＝9.43kN 作用于牛腿顶面 800mm 处。

当水平刹车力作用在 AB 跨时：

当刹车力向右时，如图 4-86 所示，内力如图 4-87 所示。

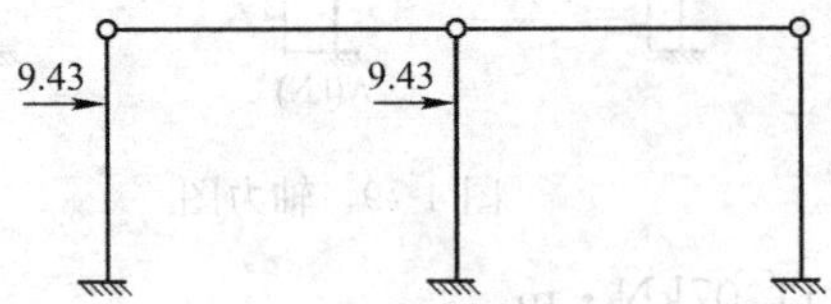

图 4-86 荷载作用简图

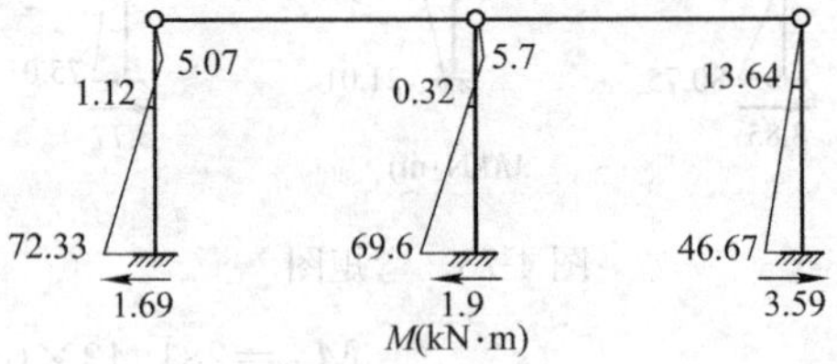

图 4-87 弯矩图

当刹车力向左时，如图 4-88 所示，内力图如图 4-89 所示。

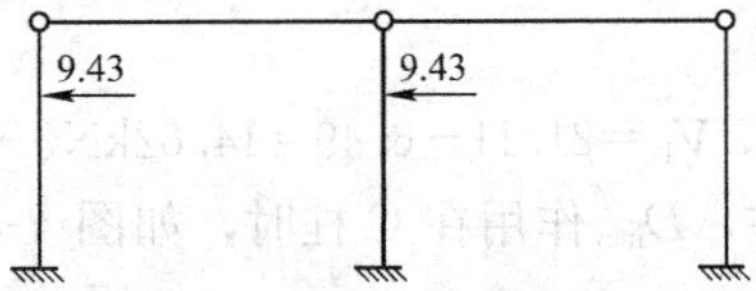

图 4-88 荷载作用简图

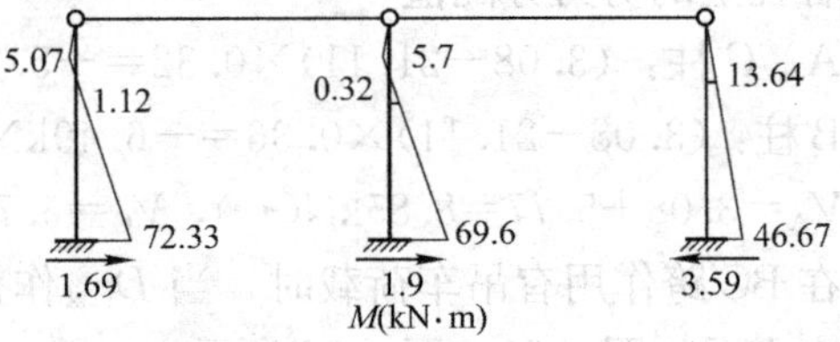

图 4-89 弯矩图

查表得，边柱：β_5＝0.56，中柱：β_5＝0.63

$$R_A = 9.43\times0.56 = 5.28\text{kN}(\rightarrow),\quad R_B = 9.43\times0.63 = 5.94\text{kN}(\rightarrow)$$

各柱上的剪力分配值

A、C 柱：(5.28＋5.94)×0.32＝3.59kN

B 柱：(5.28＋0.94)×0.36＝4.04kN

V_A＝3.59－5.28＝－1.69kN(→)，V_C＝3.59kN(→)，V_B＝4.04－5.94＝－1.9kN(→)

当水平刹车力作用在 BC 跨时：

当刹车力向左时，如图 4-90 所示，内力图如图 4-91 所示。

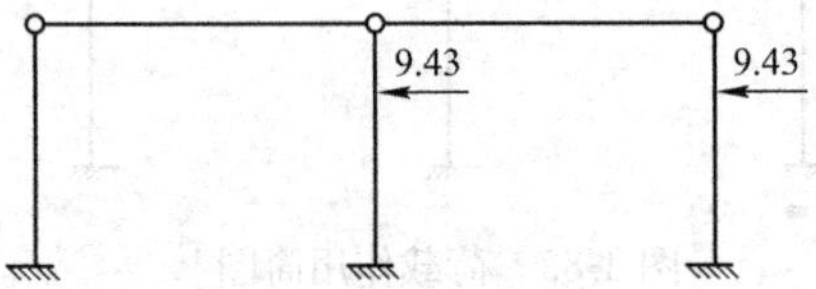

图 4-90 荷载作用简图

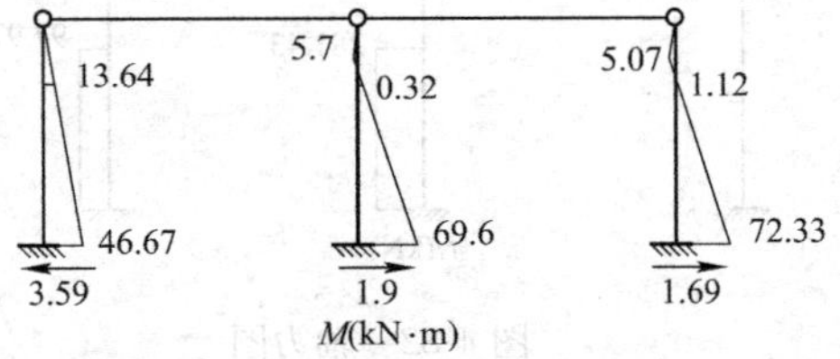

图 4-91 弯矩图

当刹车力向右时，如图 4-92 所示，荷载作用下内力如图 4-93 所示。

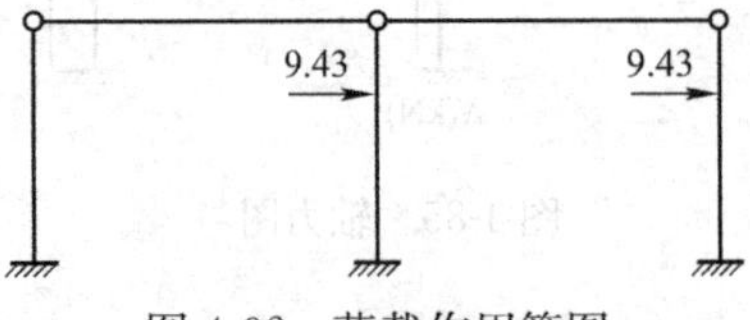

图 4-92 荷载作用简图

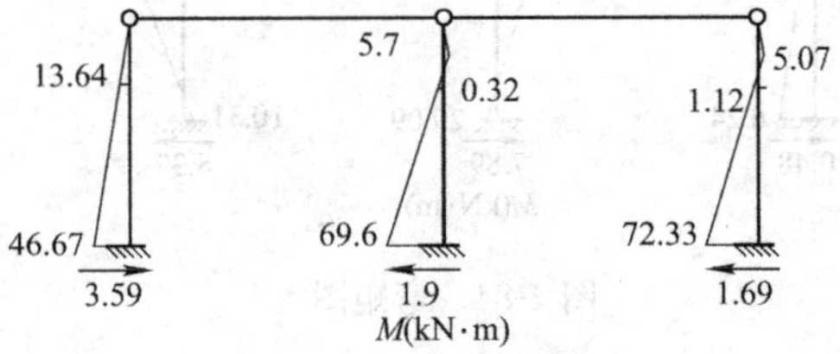

图 4-93 弯矩图

5）风荷载作用

当左风作用时，简图如图 4-94 所示。

查表得，边柱 $\beta_{11}=0.336$；中柱 $\beta_{11}=0.367$

$$R_{A1}=q_1H\beta_{11}=2.24\times13\times0.336=9.78\text{kN}$$

$$R_{A2}=q_2H\beta_{11}=1.15\times13\times0.336=5.02\text{kN}$$

各柱上的剪力分配值为：

A、C 柱：(9.78+5.02)×0.32=4.74kN

B 柱：(9.78+5.02)×0.36=5.33kN

$V_A=4.74-9.78=-5.04\text{kN}(\rightarrow)$，$V_B=5.33\text{kN}(\rightarrow)$，$V_C=4.74-5.02=-0.28\text{kN}(\rightarrow)$

内力图如图 4-95 所示。

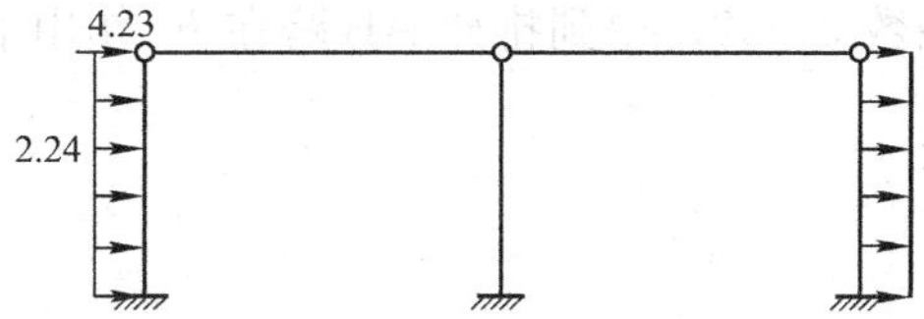

图 4-94 荷载作用简图

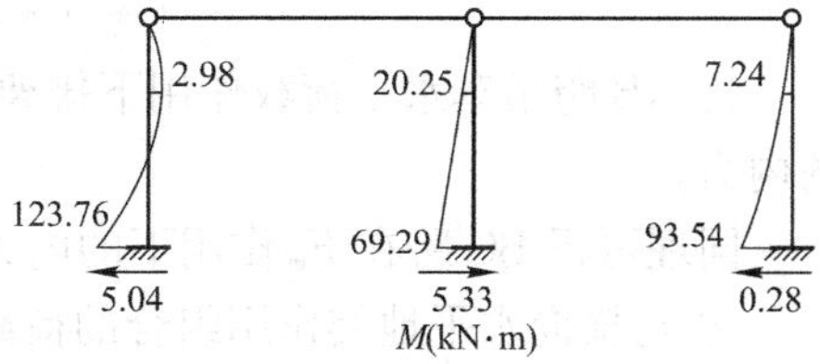

图 4-95 弯矩图

右风作用时，简图如图 4-96 所示，内力图如图 4-97 所示。

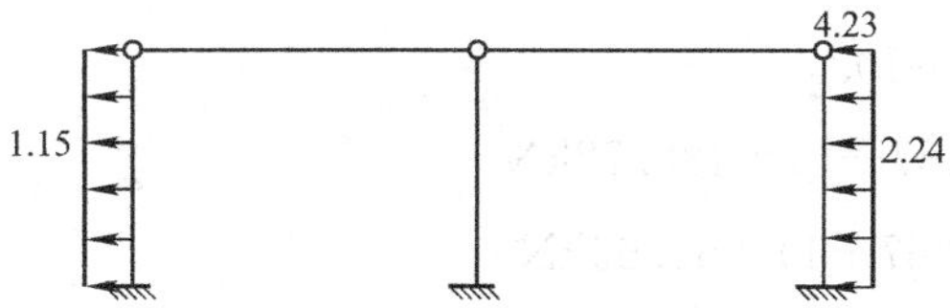

图 4-96 荷载作用简图

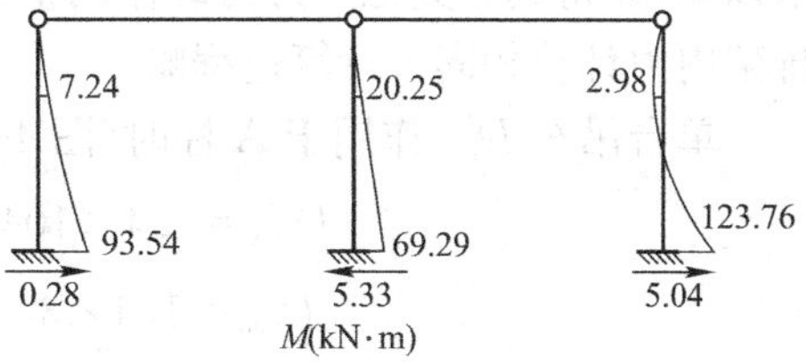

图 4-97 弯矩图

6）地震作用计算

① 横向水平地震作用效应计算

屋盖处的横向水平地震作用：

$$F_A=19.94\times1.3=25.92\text{kN},\quad F_B=18.79\times1.3=24.43\text{kN}$$

地震作用向右时，地震作用简图如图 4-98 所示，其弯矩图如图 4-99 所示。

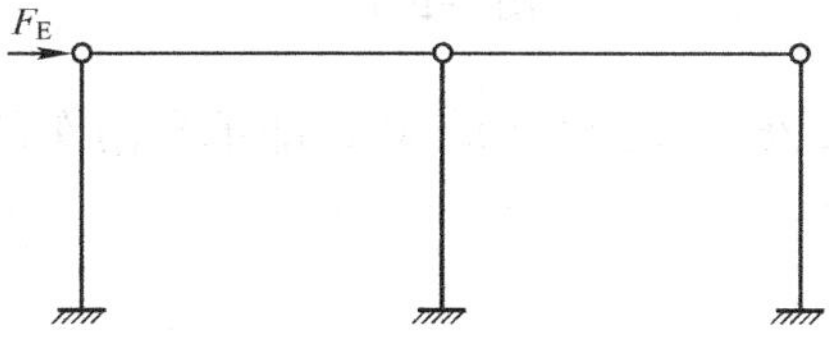

图 4-98 地震作用简图

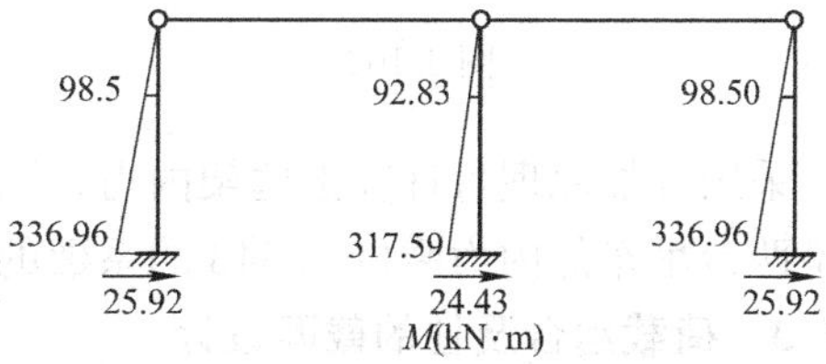

图 4-99 弯矩图

地震作用向左时，地震作用简图如图 4-100 所示，其弯矩图如图 4-101 所示。

吊车桥架引起的横向水平地震作用计算：

已经知道吊车梁顶高为 $h_{cr}=9.2+0.8=10\text{m}$，$G_{cr}=67.28\text{kN}$，因此可求得吊车桥架引起的横向水平地震作用为

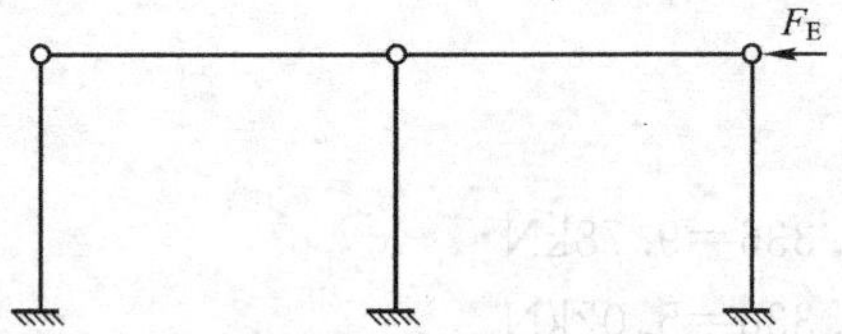

图 4-100　地震作用简图

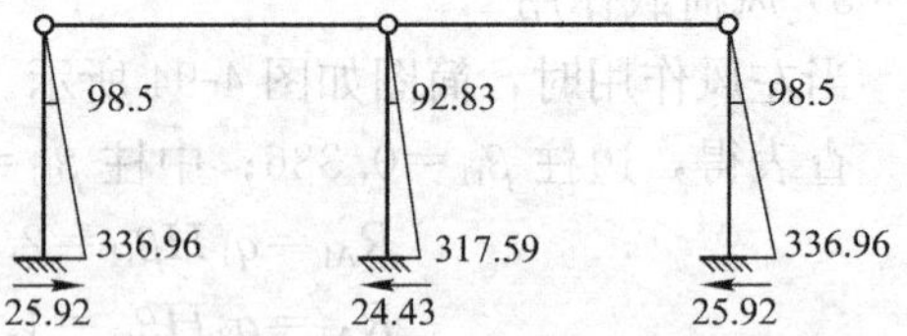

图 4-101　弯矩图

$$F_{cr}=\alpha_1 G_{cr}\frac{h_{cr}}{H}=0.055\times67.28\times\frac{10}{13}=2.85\text{kN}$$

AB 跨吊车梁顶面 F_{cr} 作用于 A 柱和 B 柱

$$F_{cr}/T_{max}=2.85/9.43=0.302$$

将 AB 跨吊车水平荷载作用下排架内力乘以系数 0.302，得到排架 AB 跨在 F_{cr} 作用下的内力。

同理可得 BC 跨在 F_{cr} 作用下的内力。

② 与横向水平地震作用组合的荷载效应计算

50%屋面雪荷载与屋面活荷载的比值为 0.5×0.35/0.5=0.35，50%屋面雪荷载作用于 AB、BC 跨时所产生的排架内力可利用叠加原理计算，即用排架在活荷载下的排架内力乘以 0.35 得到。其他重力荷载作用下，排架的内力计算方法与结构自重重力荷载作用下排架内力计算相同，计算过程略。

单台吊车 D'_{max} 作用于 A 柱时(图 4-102、图 4-103)

$$D'_{max}=1.4\times104.7\times(0.267+1)=185.72\text{kN}$$

$$D'_{min}=1.4\times36.45\times(0.267+1)=64.66\text{kN}$$

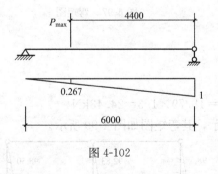

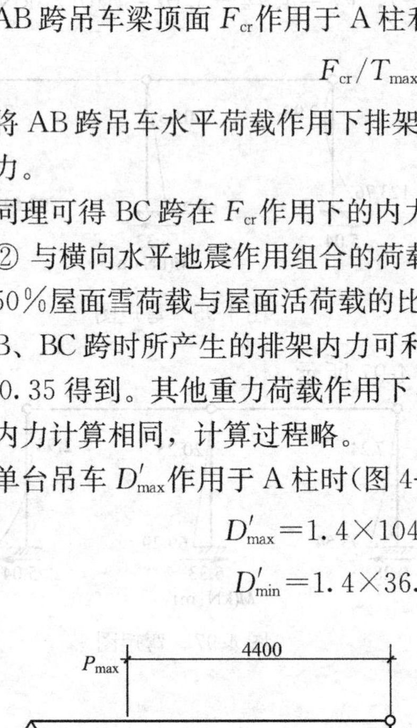

图 4-102

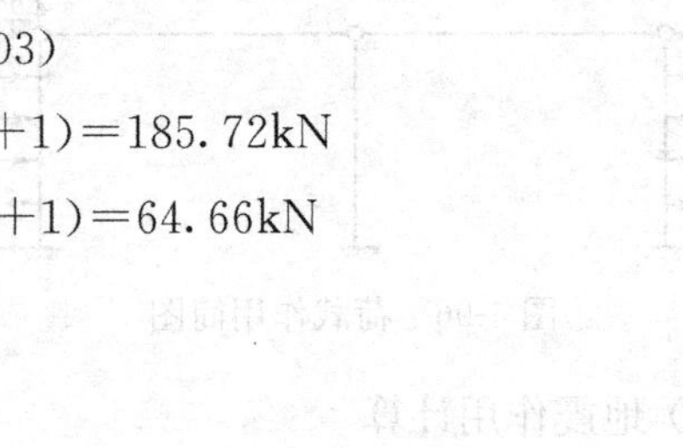

图 4-103

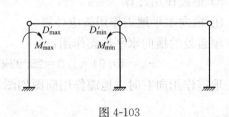

采用叠加原理可计算出框架内力，$D'_{max}/D_{max}=1.267/2.333=0.543$，即单台吊车的内力是两台吊车的内力乘以 0.543 的系数的值，计算略。

4.5.3　荷载组合及柱的截面设计

(1) 荷载组合

各种荷载作用下的内力见表 4-13，只考虑风荷载时 A 柱的内力组合见表 4-14，只考虑风荷载时 B 柱的内力组合见表 4-15，考虑地震作用下时 A 柱的内力见表 4-16，考虑地震时 A 柱的内力组合见表 4-17，考虑地震作用时 B 柱的内力见表 4-18，考虑地震作用时 B 柱的内力组合见表 4-19。

A、B柱各种荷载作用下的内力　　表 4-13

柱号及正向内力		荷载种类	恒荷载	可变荷载	吊车竖向作用				吊车水平荷载				风荷载	
					AB跨二台		BC跨二台		AB跨二台		BC跨二台		左风	右风
					D_{max} 在A	D_{max} 在B	D_{max} 在B	D_{max} 在C	向左	向右	向左	向右		
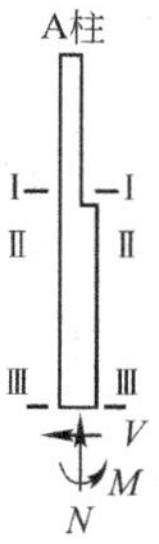		编号	1	2	3	4	5	6	7	8	9	10	11	12
		内力图	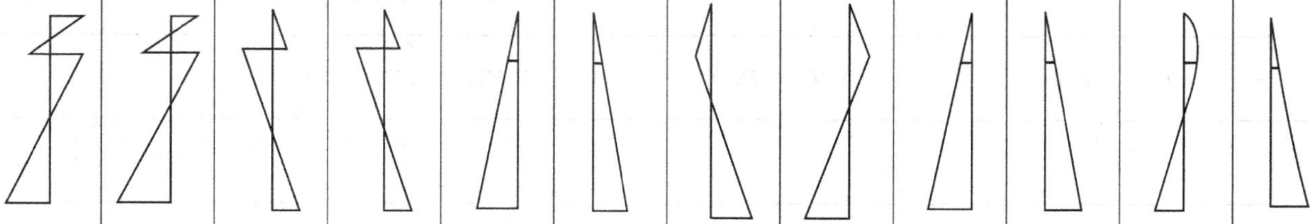											
控制截面	Ⅰ—Ⅰ	M (kN·m)	3.73	2.97	−31.81	−33.62	21.93	−1.82	−1.12	1.12	−13.64	13.64	−2.98	−7.24
		N (kN)	189.84	37.8										
	Ⅱ—Ⅱ	M (kN·m)	−4.85	−4.59	66.69	0.67	21.93	−1.82	−1.12	1.12	−13.64	13.64	−2.98	−7.24
		N (kN)	242.40	37.8	218.43	97.97								
	Ⅲ—Ⅲ	M (kN·m)	13.97	7.19	−10.31	−80.75	75.01	−6.24	−72.33	72.33	−46.47	46.47	123.76	−93.54
		N (kN)	330.72	37.8	281.43	97.97								
	Ⅲ—Ⅲ	V (kN)	3.24	1.28	−8.37	−8.85	5.77	−0.48	−1.69	1.69	−3.59	3.59	−5.04	−0.28

续表

柱号及正向内力		荷载种类	恒荷载	可变荷载	吊车竖向作用				吊车水平荷载				风荷载	
					AB 跨二台		BC 跨二台		AB 跨二台		BC 跨二台		左风	右风
					D_{max} 在 A	D_{max} 在 B	D_{max} 在 B	D_{max} 在 C	向左	向右	向左	向右		
B柱 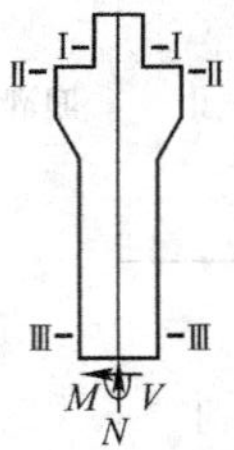		编号	1	2	3	4	5	6	7	8	9	10	11	12
		内力图			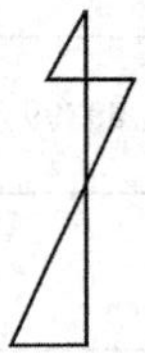	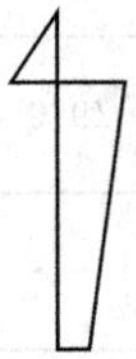	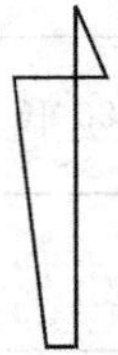							
控制截面	Ⅰ—Ⅰ	M (kN·m)			29.98	55.56	−55.56	−29.98	−0.32	0.32	0.32	−0.32	20.25	−20.25
		N (kN)	370.56	75.6										
	Ⅱ—Ⅱ	M (kN·m)			−43.50	−155.51	155.51	43.5	−0.32	0.32	0.32	−0.32	20.25	−20.25
		N (kN)	475.68	75.6	97.97	281.43	281.43	97.97						
	Ⅲ—Ⅲ	M (kN·m)			29.09	−21.01	21.01	−29.09	−69.6	69.6	69.6	−69.6	69.29	−69.29
		N (kN)	564	75.6	97.97	281.43	281.43	97.97						
	Ⅲ—Ⅲ	N (kN)			7.89	14.62	−14.62	−7.89	−1.9	1.9	1.9	−1.9	5.33	−5.33

只考虑风荷载时 A 柱的内力组合

表 4-14

截面		内力	$+M_{max}$ 及相应的 N、V		$-M_{max}$ 及相应的 N、V		N_{max} 及相应的 M、V		N_{min} 及相应的 M、V	
			组合项	数值	组合项	数值	组合项	数值	组合项	数值
A柱 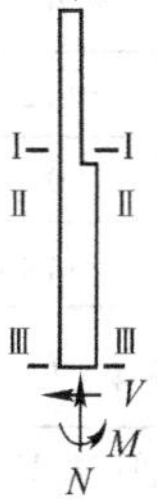	Ⅰ—Ⅰ	M (kN·m)	1+0.9×(2+5+10×11)	35.73	1+0.9×[(4+6)×0.8+9+12]	−40.58	1+0.9×[(4+6)×0.8+0.9+12]	−40.58	1+0.9×[(4+6)×0.8+9+12]	−40.58
		N (kN)		223.86		189.84		189.84		189.84
	Ⅱ—Ⅱ	M (kN·m)	1+0.9×[0.8×(3+5)+10+11]	68.55	1+0.9×(2+6+9+12)	−29.41	1+0.9×[2+(3+5)×0.8+10+11]	64.42	1+0.9×(5+10+11)	24.48
		N (kN)		445.03		276.42		479.05		242.4
	Ⅲ—Ⅲ	M (kN·m)	1+0.9×(2+5+10+11)	241.34	1+0.9×[0.8×(4+6)+7+12]	−197.95	1+0.9×(2+3+8+11)	187.64	1+0.9×(5+10+11)	234.87
		N (kN)		364.74		401.26		618.03		330.72
		V (kN)		8.28		−4.75		−6.16		7.13

只考虑风荷载时 B 柱的内力组合

表 4-15

截面		内力	$+M_{max}$ 及相应的 N、V		$-M_{max}$ 及相应的 N、V		N_{max} 及相应的 M、V		N_{min} 及相应的 M、V	
			组合项	数值	组合项	数值	组合项	数值	组合项	数值
B柱 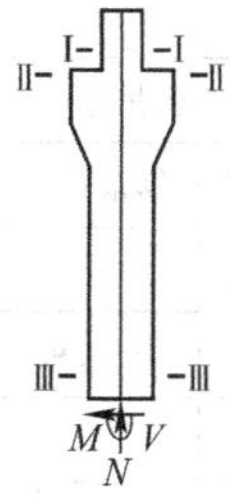	Ⅰ—Ⅰ	M (kN·m)	1+0.9×(2+4+8+11)	68.52	1+0.9×(2+5+10+12)	−68.52	1+0.9×[2+1.0×(4+8)+11]	68.52	1+0.9×(5+10+12)	−68.52
		N (kN)		438.6		438.6		438.6		370.56
	Ⅱ—Ⅱ	M (kN·m)	1+0.9×(2+5+9+11)	158.47	1+0.9×(2+4+7+12)	−158.47	1+0.9×[2+0.8×(4+5)+8+11]	18.51	1+11	20.25
		N (kN)		797.01		797.01		948.98		475.68
	Ⅲ—Ⅲ	M (kN·m)	1+0.9×[2+0.8×(3+5)+8+11]	161.07	1+0.9×[2+0.8×(4+6)+7+12]	−161.07	1+0.9×[2+0.8×(4+5)+8+11]	125	1+11	69.29
		N (kN)		905.21		905.21		1037.3		564
		V (kN)		1.66		−1.66		6.51		5.33

考虑地震作用时 A 柱的内力

表 4-16

A柱截面	各种效应下的内力	水平地震作用效应			重力荷载效应					
		屋盖	AB 跨吊车	BC 跨吊车	结构自重	0.5 雪荷载	AB 跨一台吊车		BC 跨一台吊车	
							D'_{max} 在 A	D'_{max} 在 B	D'_{max} 在 B	D'_{max} 在 C
		1	2	3	4	5	6	7	8	9
Ⅰ—Ⅰ	M(kN·m)	±114.95	±1.12	±13.64	3.73	1.04	−21.81	−33.63	21.93	−1.82
	N(kN)	0	0	0	189.84	13.23	0	0	0	0

续表

A柱截面	各种效应下的内力	水平地震作用效应			重力荷载效应					
		屋盖	AB跨吊车	BC跨吊车	结构自重	0.5雪荷载	AB跨一台吊车		BC跨一台吊车	
							D'_{max}在A	D'_{max}在B	D'_{max}在B	D'_{max}在C
		1	2	3	4	5	6	7	8	9
Ⅱ—Ⅱ	M(kN·m)	±114.95	±1.12	±13.64	−4.85	−1.61	66.69	0.67	21.93	−1.82
	N(kN)	0	0	0	242.4	13.23	281.43	97.97	0	0
Ⅲ—Ⅲ	M(kN·m)	±393.25	±72.33	±46.61	13.97	2.52	−10.31	−89.75	75.01	−6.24
	N(kN)	0	0	0	330.72	13.23	281.43	97.97	0	0
	V(kN)	30.25	±1.69	±3.59	3.24	0.45	−8.37	−8.85	5.77	−0.48

考虑地震作用时A柱的内力组合 **表4-17**

A柱截面	组合内力	$+M_{max}$及相应的N、V		$-M_{max}$及相应的N、V		N_{max}及相应的M、V		N_{min}及相应的M、V	
		组合项	数值	组合项	数值	组合项	数值	组合项	数值
Ⅰ—Ⅰ	M(kN·m)	1+2+3+4+5+8	156.41	1+2+3+4+5+7+9	−160.40	1+2+3+4+5+7+9	−160.4	1+2+3+4+5+7+9	−160.4
	N(kN)		203.07		203.07		203.07		203.07
Ⅱ—Ⅱ	M(kN·m)	1+2+3+4+5+6+8	211.87	1+2+3+4+5+9	−137.99	1+2+3+4+5+6+8	211.87	1+2+3+4+5+9	−137.99
	N(kN)		537.06		255.63		537.06		255.63
Ⅲ—Ⅲ	M(kN·m)	1+2+3+4+5+8	528.68	1+2+3+4+5+7+9	−591.68	1+2+3+4+5+6+8	512.13	1+2+3+4+5+8	528.68
	N(kN)		349.72		441.92		625.38		349.72
	V(kN)		28.66		−29.89		19.81		28.66

考虑地震作用时B柱的内力 **表4-18**

B柱截面	各种效应下的内力	水平地震作用效应			重力荷载效应					
		屋盖	AB跨吊车	BC跨吊车	结构自重	0.5雪荷载	AB跨一台吊车		BC跨一台吊车	
							D'_{max}在A	D'_{max}在B	D'_{max}在B	D'_{max}在C
		1	2	3	4	5	6	7	8	9
Ⅰ—Ⅰ	M(kN·m)	±113.89	±0.32	±0.32			29.98	55.56	−55.56	−29.98
	N(kN)				370.56	26.46				
Ⅱ—Ⅱ	M(kN·m)	±113.89	±0.32	±0.32			−43.50	−155.51	155.51	−43.50
	N(kN)				475.68	26.46	97.97	281.43	281.43	97.97
Ⅲ—Ⅲ	M(kN·m)	±389.61	±69.6	±69.6			29.09	−21.01	−21.01	−29.09
	N(kN)				564	26.46	97.97	281.43	281.43	97.97
	V(kN)	29.97	±1.9	±1.9			−7.89	14.62	−14.62	−7.89

考虑地震作用时B柱的内力组合 **表4-19**

B柱截面	组合内力	$+M_{max}$及相应的N、V		$-M_{max}$及相应的N、V		N_{max}及相应的M、V		N_{min}及相应的M、V	
		组合项	数值	组合项	数值	组合项	数值	组合项	数值
Ⅰ—Ⅰ	M(kN·m)	1+2+3+4+5+7+9	140.11	1+2+3+4+5+7+9	−88.95	1+2+3+4+5+7+9	−88.95	1+2+3+4+5+7+9	−88.95
	N(kN)		397.02		397.02		397.02		397.02

续表

B柱截面	组合内力	$+M_{max}$及相应的N、V		$-M_{max}$及相应的N、V		N_{max}及相应的M、V		N_{min}及相应的M、V	
		组合项	数值	组合项	数值	组合项	数值	组合项	数值
Ⅱ—Ⅱ	M(kN·m)	1+2+3+4+5+8	270.04	1+2+3+4+5+9	−158.03	1+2+3+4+5+6+8	226.54	1+2+3+4+5+9	−158.33
	N(kN)		783.57		600.11		881.54		600.11
Ⅲ—Ⅲ	M(kN·m)	1+2+3+4+5+6+8	578.91	1+2+3+4+5+7+9	−578.91	1+2+3+4+5+6+8	578.91	1+2+3+4+5+8	549.82
	N(kN)		969.86		969.86		969.86		871.89
	V(kN)		7.46		36.7		7.46		15.35

注：表中M、N、V数值均为设计值，重力荷载分项系数取1.2，水平地震作用分项系数取1.3。

（2）柱的截面设计

1）选取控制截面的最不利内力

大偏心受压和小偏心受压界限破坏时的轴压力N_b为：

A、B柱：

上柱：$N_b=\alpha_1 f_c b\xi_b h_0=1\times14.3\times400\times0.55\times360=1132.56\text{kN}$

下柱：$N_b=\alpha_1 f_c b\xi_b h_0=1\times14.3\times400\times0.55\times760=2390.96\text{kN}$

经比较，A、B柱的所有$N<N_b$，所以A、B柱组合后的内力值均为大偏心受压。对大偏心受压，对称配筋的柱，在“$|M|$相差不多时，N越小越不利；N相差不大时，$|M|$越大越不利”。由此可确定各柱的最不利内力为：

A柱：

Ⅰ—Ⅰ：$\begin{cases}M_0=160.4\text{kN}\cdot\text{m}\\N=203.07\text{kN}\end{cases}$

Ⅲ—Ⅲ：$\begin{cases}M_0=528.68\text{kN}\cdot\text{m}\\N=349.72\text{kN}\end{cases}$　　$\begin{cases}M_0=512.13\text{kN}\cdot\text{m}\\N=625.38\text{kN}\end{cases}$

B柱：

Ⅰ—Ⅰ：$\begin{cases}M_0=140.11\text{kN}\cdot\text{m}\\N=397.02\text{kN}\end{cases}$

Ⅲ—Ⅲ：$\begin{cases}M_0=578.91\text{kN}\cdot\text{m}\\N=969.86\text{kN}\end{cases}$　　$\begin{cases}M_0=549.82\text{kN}\cdot\text{m}\\N=871.89\text{kN}\end{cases}$

2）配筋计算

A柱：

上柱配筋计算（考虑地震作用组合）

$$M_0=160.4\text{kN}\cdot\text{m},\quad N=203.07\text{kN}$$

$$e_0=\frac{M_0}{N}=789.88\text{mm}$$

上柱计算长度查表得，$l_0=2H_u=2\times3.8=7.6\text{m}$

取$A_s=A_s'$，$a_s=a_s'=40\text{mm}$

由$l_0/h=7.8/0.4=19.5$，需考虑偏心增大系数η。

e_a取$\frac{h}{30}$与20mm中的较大值(mm)，则

$$e_a = 20\text{mm}$$

$$e_{i1} = e_0 + e_a = 809.88\text{mm}$$

$$\zeta_c = \frac{0.5 f_c A}{N} = \frac{0.5 \times 14.3 \times 400 \times 400}{203.67 \times 10^3} = 5.63 > 1，\quad 取\ \zeta_c = 1$$

$$\eta_s = 1 + \frac{(l_0/h)^2}{1300 e_{i1}/h_0}\zeta_c = 1 + \frac{(7600/400)^2}{1300 \times 809.88/360} \times 1 = 1.123$$

$$M = \eta_s M_0 = 180.13\text{kN} \cdot \text{m}$$

$$e_0 = \frac{M}{N} = 887.03\text{mm}$$

$$e_i = e_0 + e_a = 907.03\text{mm}$$

$$e' = e_i - \frac{h}{2} + a_s = 747.03\text{mm}$$

按大偏心受压构件计算。

$$A_s = A_s' = \frac{Ne'}{f_y(h_0 - a_s')} = \frac{203.07 \times 10^3 \times 747.03}{300 \times (360 - 40)} = 1580\text{mm}^2$$

选 4Φ25，$A_s = 1964\text{mm}^2$

各截面纵向配筋计算见表 4-20。

A、B 柱纵向受力钢筋的计算表 **表 4-20**

项目 \ 柱截面	A柱			B柱		
	Ⅰ—Ⅰ	Ⅲ—Ⅲ	Ⅲ—Ⅲ	Ⅰ—Ⅰ	Ⅲ—Ⅲ	Ⅲ—Ⅲ
M_0(kN·m)	160.4	528.68	512.13	140.11	578.91	549.82
N(kN)	203.07	349.72	625.38	397.02	969.86	871.89
$e_{01} = \frac{M_0}{N}$(mm)	789.88	1511.72	818.91	352.90	596.90	630.61
e_a取$\frac{h}{30}$与 20mm 中较大值	20	27	27	20	27	27
$e_{i1} = e_0 + e_a$(mm)	809.88	1538.72	945.91	372.90	623.90	657.61
$\zeta = \frac{0.5 f_c A}{N}$	5.63>1	6.54>1	3.66>1	4.32>1	2.36>1	2.62>1
$l_0 = 2.0H_u$(上柱) $l_0 = 1.0H_l$(下柱)	7.6	9.2	9.2	7.6	9.2	9.2
$\frac{l_0}{h}$	19.5>15	11.5<15	11.5<15	12.7<15	11.5<15	11.5<15
$\eta_s = 1 + \frac{1}{1300 + e_{i1}/h}\left(\frac{l_0}{h}\right)^2 \zeta$	1.123	1.05	1.091	1.185	1.124	1.010
$M = \eta_s M_0$(kN·m)	180.13	367.21	682.29	470.47	650.69	555.32
$e_0 = \frac{M}{N}$(mm)	887.03	1439.72	750.60	297.81	670.91	636.92
$e_i = e_0 + e_a$(mm)	907.03	1466.72	777.60	317.81	679.91	663.92

续表

柱截面 项目	A柱			B柱		
	Ⅰ—Ⅰ	Ⅲ—Ⅲ	Ⅲ—Ⅲ	Ⅰ—Ⅰ	Ⅲ—Ⅲ	Ⅲ—Ⅲ
$e'=e_i-\frac{h}{2}+a_s$(mm)	747.03	1106.72	417.60	57.81	319.91	303.92
$A_s=A_s'=\frac{Ne'}{f_y(h_0-a_s)}$(mm²)	1580	1792	1209	122.61	1436	1227
实配钢筋	4Φ25	4Φ25	4Φ20	4Φ20	4Φ25	4Φ25
实配面积(m²)	1964	1964	1256	1256	1964	1964
$\rho_{侧}=\frac{A_s}{bh}$(%)	1.23>0.2	0.61>0.2	0.39>0.2	0.52>0.2	0.61>0.2	0.61>0.2
$\rho_{全部}=\frac{A_s+A_s'}{bh}$(%)	2.46>0.6	1.22>0.6	0.79>0.6	1.05>0.6	1.23>0.6	1.23>0.6

因此，得

A、C柱：上柱 4Φ25　　　　B柱：上柱 4Φ20

　　　　下柱 4Φ25　　　　　　　下柱 4Φ25

3）箍筋的配置

因柱底的剪力较小

$$V_{max}=36.7\text{kN}$$

若取剪跨比 $\lambda=3$

$$\frac{1.75}{\lambda+1}f_tbh_0=\frac{1.75}{3+1}\times1.43\times400\times760=190.19\text{kN}$$

则远远大于柱底的剪力值(还没有考虑轴向压力对斜截面受剪的有利影响)，所以排架柱的箍筋按构造配置为Φ10@200，柱箍筋加密区取为Φ10@100，加密区范围按抗震规范要求取值。

4）牛腿设计

① 牛腿几何尺寸的确定

牛腿截面宽度与柱宽度相等为400mm，若取吊车梁外侧至牛腿外边缘的距离 $C_1=80$mm，吊车梁端部宽为340mm，吊车梁轴线到柱外侧的距离为750mm，则牛腿顶面的长度为 $750-400+\frac{340}{2}+80=600$mm，牛腿外缘高度 $h_f=500$mm，牛腿的截面高度为700mm，牛腿的几何尺寸如图4-104所示。

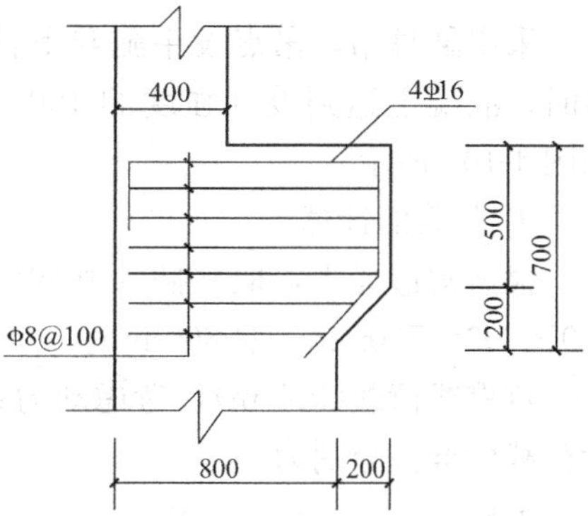

图 4-104　牛腿的几何尺寸及配筋示意图

② 牛腿高度验算

作用于牛腿顶部按荷载标准组合计算的竖向力值：

$$F_v=D_{max}+G_{A4}=317.76+52.56=370.32\text{kN}$$

$$F_{vk}=D_{max,k}+G_{A4k}=223.4+43.8=267.2\text{kN}$$

牛腿顶部按荷载标准组合计算的水平拉力值：

$$F_{hk}=0.9T_k=0.9\times3.21=2.89\text{kN}$$

$$F_h=0.9\times9.43=8.49\text{kN}$$

牛腿截面有效高度 $h_0=h-a_s=700-40=660\text{mm}$

竖向力 F_{vk}作用点位于下柱截面内，$a=0$

$$\beta\left(1-0.5\frac{F_{hk}}{F_{vk}}\right)\frac{f_{tk}bh_0}{0.5+\frac{a}{h_0}}=0.65\times\frac{2.01\times400\times660}{0.5+\frac{0}{660}}\left(1-0.5\times\frac{2.89}{267.2}\right)$$

$$=686.1\text{kN}>F_{vk}=267.2\text{kN}$$

满足要求。

③ 牛腿的配筋

由于吊车垂直荷载作用于下柱截面内，即 $a=750-800=-50\text{mm}<0$，故该牛腿可按构造要求配筋，纵向钢筋取 4Φ16，箍筋取φ8@100。

④ 牛腿局部受压验算

$0.75Af_c=0.75\times400\times340\times14.3=1458.6\text{kN}>F_{vk}$，满足要求。

⑤ 牛腿纵向受拉钢筋的计算

因为 $a<0.3h_0$，取 $a=0.3h_0=0.3\times660=198\text{mm}$

$$A_s=\frac{F_v\cdot a}{0.85f_yh_0}+1.2\frac{F_h}{f_y}$$

$$=\frac{370.32\times198\times10^3}{0.85\times300\times660}+1.2\times\frac{8.49\times10^3}{300}=469.49\text{mm}$$

选取 4Φ16，804mm

$$\rho_{max}=0.45\frac{f_t}{f_y}=0.45\times\frac{1.43}{300}=0.2\%$$

$$0.2\%<\frac{A_s}{bh}=\frac{804}{400\times700}=0.287\%<0.6\%$$

5）柱吊装验算

采用翻身吊，吊点设牛腿与下柱交接处，起吊时，混凝土达到设计强度的 100%，计算简图如图 4-105 所示。

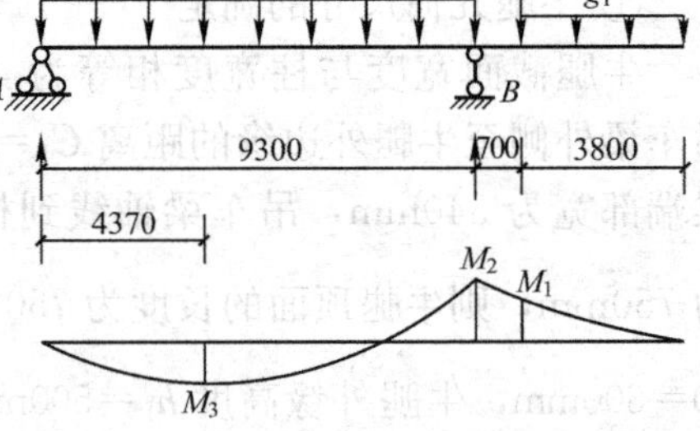

图 4-105　柱吊装验算计算简图

① 荷载的计算

根据构造要求，取柱插入基础的深度 $0.9h=0.9\times800=720\text{mm}$，取 800mm。

自重线荷载(kN/m)，考虑动力系数 1.5，各段荷载标准值分别为：

上柱：$g_1=1.5\times(1.6\times10^{-1})\times25=6\text{kN/m}$

牛腿：$g_2=1.5\times(0.24\times1)\times25=9\text{kN/m}$

下柱：$g_3=1.5\times(6.4\times10^{-1})\times25=24\text{kN/m}$

② 内力分析

$$M_1=\frac{1}{2}g_1L_1^2=\frac{1}{2}\times6\times3.8^2=43.32\text{kN}\cdot\text{m}$$

$$M_2=\frac{1}{2}g_1(L_1+L_2)^2+(g_2-g_1)L_2^2/2$$

$$=\frac{1}{2}\times6\times(3.8+0.7)^2+\frac{1}{2}\times(9-6)\times0.7^2$$

$$=61.49\text{kN}\cdot\text{m}$$

由 $R_AL_3+M_2-\frac{1}{2}g_3L_3^2=0$ 得

$$R_A=\frac{1}{2}g_3L_3^2-M_2/L_3=\frac{1}{2}\times24\times9.3-\frac{61.49}{9.3}=104.99\text{kN}$$

所以 $M_3=R_Ax-\frac{1}{2}g_3x^2$，令 $R_A-g_3x=0$，得下柱最大弯矩发生在

$$x_0=\frac{R_A}{g_3}=\frac{104.99}{24}=4.37\text{m 处}$$

则 $M_3=104.99\times4.37-\frac{1}{2}\times24\times4.37^2=229.64\text{kN}\cdot\text{m}$

③ 上柱吊装验算

上柱配筋 $A_s=A_s'=1964\text{mm}^2$，受弯承载力验算：

$$M_u=f_y'A_s'(h_0-a_s')=300\times1964\times(360-40)\times10^{-6}=188.54\text{kN}\cdot\text{m}$$

$$>\gamma_0M_1\gamma_G=0.9\times43.32\times1.2=46.79\text{kN}\cdot\text{m}，满足要求。$$

裂缝宽度验算：

从弯矩图上可以看出，只需对上柱 M_2 处的裂缝宽度进行验算即可。

$$\sigma_{sk}=\frac{M_k}{0.87h_0A_s}=\frac{61.49\times10^6}{0.87\times360\times1964}=99.96\text{N/mm}^2$$

$$\rho_{te}=\frac{A_s}{0.5bh}=\frac{1964}{0.5\times400\times400}=0.0245$$

$$\psi=1.1-0.65f_{tk}/\rho_{te}\cdot\sigma_{sk}=1.1-0.65\times2.01/(0.0245\times99.96)$$

$$=0.57$$

$$w_{max}=\alpha_{cr}\psi\frac{\sigma_{sk}}{E_s}\left(1.9c+0.08\frac{d_{eq}}{\rho_{te}}\right)$$

$$=1.9\times0.57\times\frac{99.96}{2.0\times10^5}\times\left(1.9\times30+0.08\times\frac{22}{0.0245}\right)$$

$$=0.075\text{mm}<w_{lin}=0.3\text{mm}，满足要求。$$

④ 下柱吊装验算

$A_s=A_s'=1964\text{mm}^2$，受弯承载力验算

$$M_u = 300 \times 1964 \times (760 - 40) = 424.22\text{kN} \cdot \text{m}$$

$$> \gamma_0 M_3 \gamma_G = 0.9 \times 229.64 \times 1.2 = 248.01\text{kN} \cdot \text{m}$$

裂缝宽度不需验算。

6）柱的配筋图如图 4-106 和图 4-107 所示。

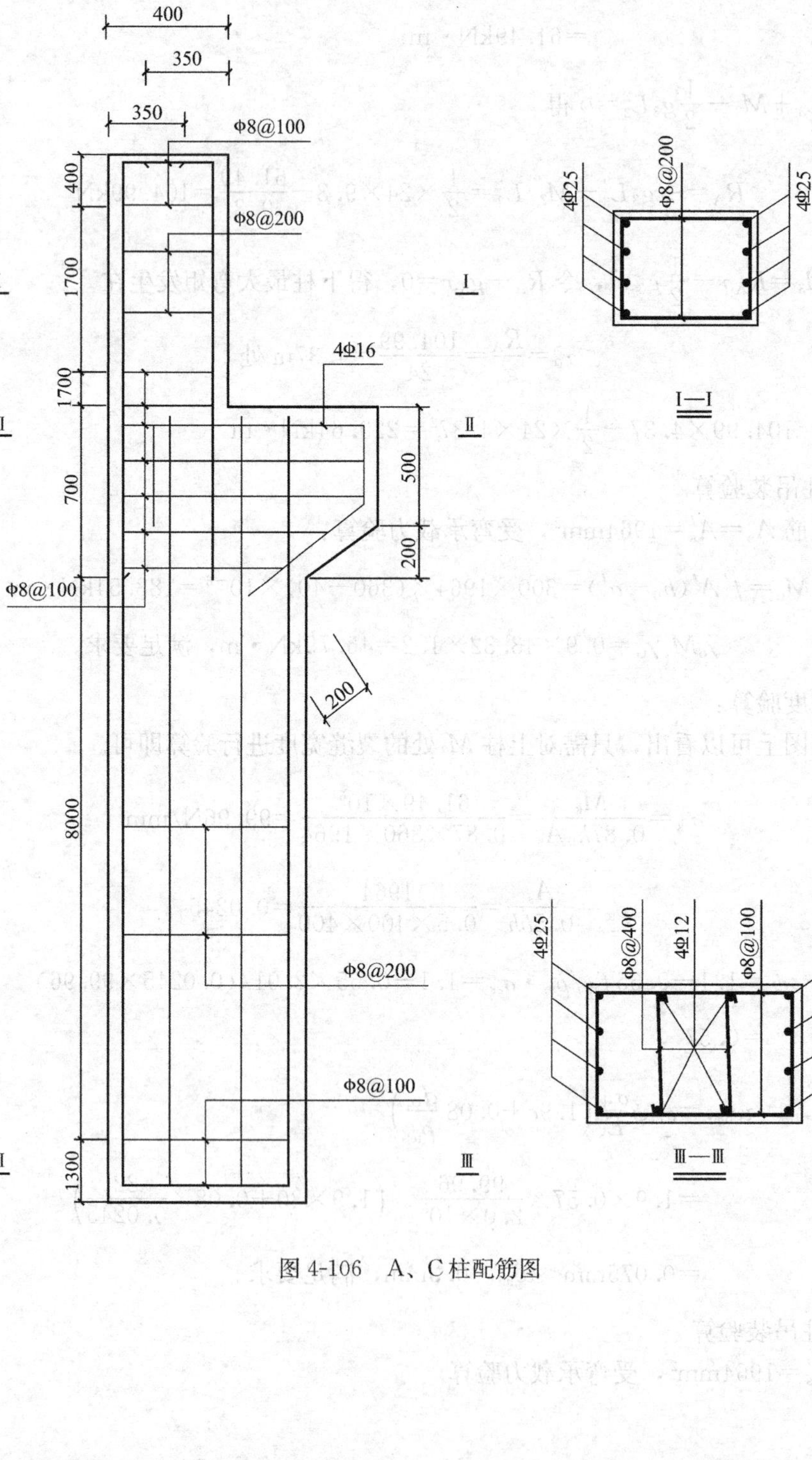

图 4-106　A、C 柱配筋图

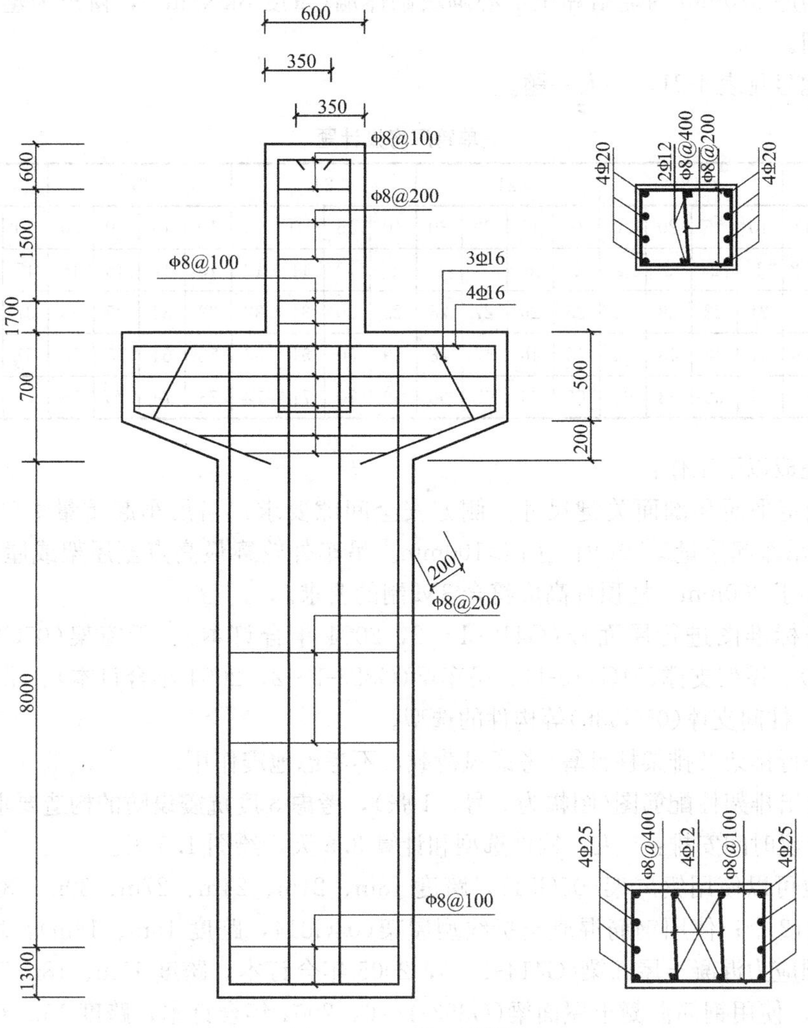

图 4-107　B柱配筋图

4.6　课程设计题目

4.6.1　单层单跨厂房设计任务书

某地需建一单层混凝土结构工业厂房，有关条件如下：

屋面做法(不上人屋面)：

SBS 改性沥青防水层(聚酯胎基 4mm 厚)(0.3kN/m^2)

40mm 厚水泥砂浆找平层

50mm 厚聚苯板保温层

20mm 厚水泥砂浆找平层

预应力混凝土大型屋面板

吊车工作级别为 A5，吊车有关参数可参考教材表 18-4。基本风压 0.3kN/m^2，地面粗糙度为 B 类，基本雪压 0.15kN/m^2。

外墙为厚 370mm 的烧结黏土空心砌块砌体墙(重度 $8kN/m^3$)，窗户为塑钢窗，门为平开钢大门。

设计题号见表 4-21，一人一题。

单跨厂房设计题 **表 4-21**

跨度(m)		18				21				24				27				30			
吊车起重量(t)		10	15	20	30	10	15	20	30	10	15	20	30	10	15	20	30	10	15	20	30
牛腿面标高(m)	7.2	1	2	3	4	5	6	7	8	9	10	11	12	13	14	15	16	17	18	19	20
	7.8	21	22	23	24	25	26	27	28	29	30	31	32	33	34	35	36	37	38	39	40
	8.4	41	42	43	44	45	46	47	48	49	50	51	52	53	54	55	56	57	58	59	60
	9.0	61	62	63	64	65	66	67	68	69	70	71	72	73	74	75	76	77	78	79	80

要求完成以下工作：

(1) 确定平面和剖面关键尺寸。侧方安全间隙要求：当吊车起重量≤50t 时，C_b≥80mm，当吊车起重量>50t 时，C_b≥100mm。吊车外轮廓最高点至屋架或屋面梁支承面的距离不小于 300mm。柱顶标高应符合 3M 制的要求。

(2) 按标准图进行屋面板(G410-1～2，2004 年合订本)、天窗架(05G512)、屋架(04G415-1)、屋架支撑(04G415-1)、吊车梁(G323-1～2，2004 年合订本)、吊车轨道联结(04G325)、柱间支撑(05G336)等构件的选型。

(3) 进行排架及排架柱计算(考虑风荷载，不考虑地震作用)。

(4) 绘出排架柱配筋图(图幅为 3 号，1 张)，考虑 8 度抗震设防的构造要求。

(5) 建议时间安排：5 天。构件选型和计算 3.5 天，绘图 1.5 天。

该题也可以使用钢屋架(05G511，跨度 18m、21m、24m、27m、30m、33m、36m)，增加题号 112 个；使用钢筋混凝土折线型屋架(04G314，跨度 15m、18m)，增加题号 32 个；使用预应力混凝土屋面梁(G414-1～5，2005 年合订本，跨度 15m、18m 双坡)，增加题号 32 个；使用钢筋混凝土屋面梁(G353-1～6，2004 年合订本，跨度 15m 双坡)，增加题号 16 个。

该题也可采用预应力混凝土吊车梁(04G426)、钢吊车梁(SG520-1～2，2003 年合订本)，则题目可以更多。

此外，还可以根据实际学生人数，变更基本风压和地面粗糙度类别，变更吊车参数，变更屋面做法(即变更屋面恒荷载)，采用轻屋盖体系等，可以保证一人一题。

4.6.2 单层双跨厂房设计任务书

某地需建一双跨等高单层混凝土结构工业厂房，有关条件如下：

屋面做法(不上人屋面)：

SBS 改性沥青防水层(聚酯胎基 4mm 厚)($0.3kN/m^2$)

40mm 厚水泥砂浆找平层

50mm 厚聚苯板保温层

20mm 厚水泥砂浆找平层

预应力混凝土大型屋面板

吊车工作级别为 A5，吊车有关参数可参考教材表 18-4，每跨均设两台吊车，吊车起重量等参数均一致。基本风压 0.3kN/m²，地面粗糙度为 B 类，基本雪压 0.15kN/m²。

外墙为厚 370mm 的烧结黏土空心砌块砌体墙(重度 8kN/m³)，窗户为塑钢窗，门为平开钢大门。

设计题号见表 4-22，一人一题。

双跨厂房设计题 **表 4-22**

跨度(m)		18+18				18+21				18+24				18+27				18+30			
吊车起重量(t)		10	15	20	30	10	15	20	30	10	15	20	30	10	15	20	30	10	15	20	30
牛腿面标高(m)	7.2	1	2	3	4	5	6	7	8	9	10	11	12	13	14	15	16	17	18	19	20
	7.8	21	22	23	24	25	26	27	28	29	30	31	32	33	34	35	36	37	38	39	40
	8.4	41	42	43	44	45	46	47	48	49	50	51	52	53	54	55	56	57	58	59	60
	9.0	61	62	63	64	65	66	67	68	69	70	71	72	73	74	75	76	77	78	79	80

要求完成以下工作：

(1) 确定平面和剖面关键尺寸。侧方安全间隙要求：当吊车起重量≤50t 时，C_b≥80mm，当吊车起重量>50t 时，C_b≥100mm。吊车外轮廓最高点至屋架或屋面梁支承面的距离不小于 300mm。柱顶标高应符合 3M 制的要求。

(2) 按标准图进行屋面板(G410-1～2，2004 年合订本)、天窗架(05G512)、屋架(04G415-1)、屋架支撑(04G415-1)、吊车梁(G323-1～2，2004 年合订本)、吊车轨道联结(04G325)、柱间支撑(05G336)等构件的选型。

(3) 进行排架及排架柱计算(考虑风荷载，不考虑地震作用)。

(4) 绘出排架柱(边柱、中柱)配筋图(图幅为 3 号，每个柱一张，共两张)，考虑 8 度抗震设防的构造要求。

(5) 建议时间安排：10 天。构件选型和计算 7 天，绘图 3 天。

参考单跨厂房，该题也可以使用钢屋架(05G511，跨度 18m、21m、24m、27m、30m、33m、36m)；使用钢筋混凝土折线型屋架(04G314，跨度 15m、18m)；使用预应力混凝土屋面梁(G414-1～5，2005 年合订本，跨度 15m、18m 双坡)；使用钢筋混凝土屋面梁(G353-1～6，2004 年合订本，跨度 15m 双坡)。也可采用预应力混凝土吊车梁(04G426)、钢吊车梁(SG520-1～2，2003 年合订本)。也可变更基本风压和地面粗糙度类别，变更吊车参数，变更屋面做法(即变更屋面恒荷载)，采用轻屋盖体系等。更可以采用不同的跨度组合，甚至不等高多跨厂房，题目可以非常多。

第5章　钢筋混凝土基础课程设计

基础课程设计多数学校都选择扩展基础作为课程设计内容。扩展基础包括钢筋混凝土独立基础、钢筋混凝土条形基础和十字交叉梁基础。扩展基础的抗弯和抗剪性能比较好，可应用于竖向荷载比较大、地基承载力较弱，特别是基底面积大而又需浅埋的情况，故在基础设计中经常采用。

基础在上部结构传来荷载及地基反力作用下产生内力，同时在基底压力作用下在地基内产生附加应力和变形。故基础设计时，不仅要保证基础本身有足够的强度和稳定性以支承上部荷载，还要使地基的强度、稳定性和变形在允许的范围内，因而基础设计又称为地基基础设计，包括地基计算和基础设计两部分。

5.1　地基基础的设计计算内容

地基计算包括承载力计算、变形验算和稳定性验算。《建筑地基基础设计规范》(GB 50007—2011)规定：根据建筑物地基基础设计等级及长期荷载作用下地基变形对上部结构的影响程度，地基基础设计应符合下列规定：

① 所有建筑物的地基计算均应满足承载力计算的有关规定；

② 设计等级为甲级、乙级的建筑物，均应按地基变形设计；

③ 在一定条件下，部分设计等级为丙级的建筑物可不作变形验算(详见《建筑地基基础设计规范》基本规定)；

④ 对经常受水平荷载作用的高层建筑、高耸结构和挡土墙等，以及建造在斜坡上或边坡附近的建筑物和构筑物，尚应验算其稳定性；

⑤ 基坑工程应进行稳定性验算；

⑥ 当地下水埋藏较浅，建筑地下室或地下构筑物存在上浮问题时，尚应进行抗浮验算。

对于扩展基础，由于埋深比较浅，必须进行的地基计算为地基的承载力和变形计算，若建筑物或构筑物建造在斜坡上或边坡附近时，尚应验算其稳定性。

5.2　地基基础的设计计算方法

5.2.1　基础的埋置深度确定

基础埋置深度指设计地面(室外)到基础底面的深度。基础埋深直接关系到建筑物的使用功能、稳定性、施工的难易程度和造价。基础的埋深可按下列要求综合确定，并符合在满足地基稳定性和变形要求前提下，尽量浅埋的原则。

① 满足建筑物的使用功能要求

对建筑功能上要求设置地下室、地下车库或地下设备基础等的建筑物，其基础的埋深应根据建筑物的地下结构标高进行选定。

② 满足作用在地基上的荷载大小和性质要求

对于荷载大，且又承受风力和地震作用等水平荷载的建筑和水塔、烟囱等高耸构筑物，应有足够的埋深以满足抗倾覆稳定性要求。

③ 满足工程地质条件、水文地质条件的要求

基础的地基持力层应尽可能选择承载力高而压缩性小的土层。当上层地基的承载力大于下层土时，宜利用上层土作为持力层。当持力层下存在软弱下卧层时，应同时考虑软弱下卧层的强度和变形要求。基础宜埋置在地下水位以上，当必须埋在水位以下时，应在施工时采取地基土不受扰动的措施。

④ 注意冻土地基的冻胀性和融陷性影响

对于埋置于可冻胀土中的基础，其最小埋深 d_{min} 可按式(5-1)确定：

$$d_{min}=z_d-h_{max} \tag{5-1}$$

式中，z_d(设计冻土深度)和 h_{max}(基底下允许残留冻土层的最大厚度)可按《建筑地基基础设计规范》的有关规定确定。对于冻胀、强冻胀和特强冻胀地基上的建筑物，尚应采取相应的防冻害措施。

⑤ 考虑场地的环境条件

除岩石地基外，基础埋深不宜小于 0.5m。当存在相邻建筑物时，新建筑物的基础埋深不宜大于原有建筑物基础。当埋深大于原有建筑物基础时，两基础间应保持一定的净距，其数值与荷载及土质条件有关，一般取相邻两基础底面高差的 1～2 倍。如这些要求难于满足时，应采取适当的施工措施保证相邻建筑物的安全。当基础附近有管道或坑道等地下设施时，基础的埋深一般应低于地下设施的底面。

5.2.2 地基承载力的确定

地基承载力是指在保证地基强度和稳定性的条件下，建筑物不产生超过允许沉降量的地基承受荷载的能力。地基承载力特征值由勘察单位提供的勘察报告给出，这使得结构设计人员往往不重视地质勘察，导致勘察报告意图和结构设计特点不能相互理解。因此设计人员应对勘察报告提出设计建议，并对勘察报告的内容和深度进行复核，做出是否满足设计需要的正确判断。地基承载力特征值的确定方法主要有按土的抗剪强度指标计算的理论公式法、现场载荷试验法以及其他原位测试经验公式法等。《建筑地基基础设计规范》(GB 50007—2011)规定地基承载力特征值可由载荷试验或其他原位测试、公式计算、并结合工程实践经验等方法综合确定。

(1) 规范推荐的理论公式法

对于轴心荷载作用(偏心距 $e\leqslant 0.033$ 倍基础底面宽度)的基础，根据土的抗剪强度指标，地基承载力特征值可按式(5-2)计算，并应满足变形要求：

$$f_a=M_b\gamma b+M_d\gamma_m d+M_c c_k \tag{5-2}$$

式中　f_a——由土的抗剪强度指标确定的地基承载力特征值；

M_b、M_d、M_c——承载力系数，根据土的内摩擦角标准值查表确定；

b——基础底面宽度，大于 6m 时按 6m 取值，对于砂土小于 3m 时按 3m 取值；

c_k——基底下一倍短边宽深度范围内土的黏聚力标准值；

d——基础埋置深度，一般自室外地面标高算起。在填方整平地区，可自填土地面标高算起，但填土在上部结构施工后完成时，应从天然地面标高算起。对于地下室，如采用箱形基础或筏基时，基础埋置深度自室外地面标高算起；当采用独立基础或条形基础时，应从室内地面标高算起。

（2）现场载荷试验法

这是一种直接原位测试法，在现场通过一定尺寸的载荷板对扰动较少的地基土体直接施荷，所测得的成果一般能反映相当于1～2倍载荷板宽度的深度以内土体的平均性质。

通过载荷试验，可得到荷载Q和时间t对应的沉降s。做Q-s曲线确定地基承载力特征值。对于密实砂、硬塑黏土等低压缩性土，其Q-s曲线通常有比较明显的起始直线段和极限值，呈陡降型［图5-1(a)］，其承载力一般由强度安全控制。故规范规定以直线段末点所对应的压力p_1(比例界限荷载)作为承载力特征值f_{ak}；当承载力极限值小于2倍的比例界限荷载时，取承载力极限值的一半作为承载力特征值。

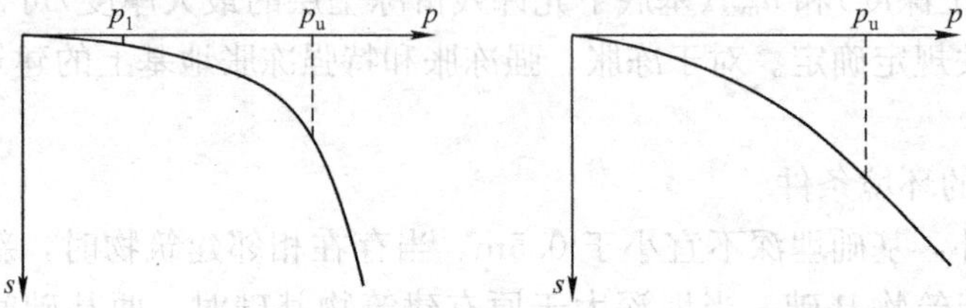

(a)　　(b)

图5-1　按载荷试验确定承载力特征值

(a)低压缩性土；(b)高压缩性土

对于有一定强度的中、高压缩性土，如松砂、填土、可塑黏土等，Q-s曲线无明显转折点，但曲线的斜率随荷载的增加而逐渐增大［图5-1(b)］，其承载力受允许沉降量的控制。故规范规定以相对沉降量确定承载力特征值f_{ak}，当压板面积为0.25～0.50m²时，取$s=(0.01\sim0.015)b$(b为压板宽度或直径)对应的荷载作为承载力特征值，但其值不应大于最大加荷量的一半。

对同一土层，应选择三个以上的试验点，如所得的实测值的极差不超过平均值的30%，取该平均值作为地基承载力特征值。

（3）原位测试经验公式法

一般指动力触探，国际上广泛应用的是标准贯入试验。由标准贯入锤击数或动力触探锤击数确定地基承载力。这是间接原位测试法，通过大量原位试验和载荷试验的比对，经回归分析并结合经验间接地确定地基承载力。如表5-1给出的是砂土按标准贯入试验锤击数(修正后)N查取承载力特征值的表格。

砂土承载力特征值 f_{ak}(kPa)　　**表5-1**

N / 土类	10	15	30	50
中砂、粗砂	180	250	340	500
粉砂、细砂	140	180	250	340

(4) 地基承载力特征值的深宽修正

当基础宽度大于 3m 或埋置深度大于 0.5m 时，由原位试验(包括载荷试验)和经验公式等方法确定的地基承载力特征值，尚应按式(5-3)修正：

$$f_a = f_{ak} + \eta_b \gamma (b-3) + \eta_d \gamma_m (d-0.5) \tag{5-3}$$

式中 f_a——修正后的地基承载力特征值；

f_{ak}——地基承载力特征值；

η_b、η_d——基础宽度和埋深的承载力修正系数，按基底下土的类别查表 5-2；

b——基础底面宽度，当基宽小于 3m 按 3m 取值，大于 6m 时按 6m 取值；

d——基础埋置深度，取值方法同式(5-2)；

γ——基础底面以下土的重度，地下水位以下取浮重度；

γ_m——基础底面以上土的加权平均重度，地下水位以下取有效重度。

承载力修正系数 **表 5-2**

土的类别		η_b	η_d
淤泥和淤泥质土		0	1.0
人工填土 e 或 I_L 大于等于 0.85 的黏性土		0	1.0
红黏土	含水比 $\alpha_w > 0.8$	0	1.2
	含水比 $\alpha_w \leqslant 0.8$	0.15	1.4
大面积压实填土	压实系数大于 0.95、黏粒含量 $\rho_c \geqslant 10\%$ 的粉土	0	1.5
	最大干密度大于 $2.1 t/m^3$ 的级配砂石	0	2.0
粉土	黏粒含量 $\rho_c \geqslant 10\%$ 的粉土	0.3	1.5
	黏粒含量 $\rho_c < 10\%$ 的粉土	0.5	2.0
e 及 I_L 均小于 0.85 的黏性土		0.3	1.6
粉砂、细砂(不包括很湿与饱和时的稍密状态)		2.0	3.0
中砂、粗砂、砾砂和碎石土		3.0	4.4

注：1. 强风化和全风化的岩石，可参照所风化成的相应土类取值，其他状态下的岩石不修正；
2. 地基承载力特征值按深层平板载荷试验确定时 η_d 取 0；
3. 含水比是指土的天然含水量与液限的比值；
4. 大面积压实填土是指填土范围大于两倍基础宽度的填土。

5.2.3 地基软弱下卧层承载力验算

当地基受力层范围内存在软弱下卧层(承载力显著低于持力层的高压缩性土层)时，此层可能因强度不足而破坏，故按持力层土的承载力计算得出基础底面尺寸后，还必须对软弱下卧层进行验算。要求作用在软弱下卧层顶面处的附加应力与自重应力之和不超过它的承载力设计值，即：

$$p_z + p_{cz} \leqslant f_{az} \tag{5-4}$$

式中 p_z——相应于作用的标准组合时，软弱下卧层顶面处的附加压力值 (kPa)，可按式(5-5)和式(5-6)计算；

p_{cz}——软弱下卧层顶面处土的自重压力值 (kPa)；

f_{az}——软弱下卧层顶面处经深度修正后的地基承载力特征值 (kPa)。

附加压力的计算公式：

条形基础

$$p_z=\frac{b(p_k-p_c)}{b+2z\tan\theta} \tag{5-5}$$

矩形基础

$$p_z=\frac{bl(p_k-p_c)}{(b+2z\tan\theta)(l+2z\tan\theta)} \tag{5-6}$$

式中 b——矩形基础或条形基础底边宽度（m）；

l——矩形基础底边的长度（m）；

p_c——地基底面处的自重压力值（kPa）；

z——基础底面至软弱下卧层顶面的距离（m）；

θ——地基压力扩散线与垂直线的夹角（°），可按表5-3采用。

地基压力扩散角 θ **表 5-3**

E_{s1}/E_{s2}	z/b	
	0.25	0.50
3	6°	23°
5	10°	25°
10	20°	30°

注：1. E_{s1}为上层土压缩模量；E_{s2}为下层土压缩模量；

2. $z/b<0.25$时取$\theta=0°$，必要时，宜由试验确定；$z/b>0.50$时θ值不变。

5.2.4 地基变形验算

按地基承载力选定了基础底面尺寸，一般已可保证建筑物在防止地基剪切破坏方面具有足够的安全度。但是，在荷载作用下，地基的变形总要发生，故还需保证地基变形控制在允许范围内，以保证上部结构不因地基变形过大而丧失其使用功能。

根据各类建筑物的结构特点、整体刚度和使用要求的不同，地基变形的特征可分为沉降量、沉降差、倾斜、局部倾斜。每一个具体建筑物的破坏或正常使用，都是由变形特征指标控制的。对于砌体承重结构应由局部倾斜值控制；对于框架结构和单层排架结构应由相邻柱基的沉降差控制；对于多层或高层建筑和高耸结构应由倾斜值控制，必要时尚应控制平均沉降量。设计时要满足地基变形计算值不应大于地基变形允许值的条件。

计算地基变形时，地基内的应力分布，可采用各向同性均质线性变形体理论。地基的最终变形量可按式(5-7)计算：

$$s=\psi_s\cdot s'=\psi_s\cdot\sum_{i=1}^{n}\frac{p_0}{E_{si}}(z_i\bar{\alpha}_i-z_{i-1}\bar{\alpha}_{i-1}) \tag{5-7}$$

式中 s——地基最终变形量；

s'——按分层总和法计算出的地基变形量；

ψ_s——沉降计算经验系数，根据地区沉降观测资料及经验确定，无地区经验时可采用表5-4的数值；

n——地基变形计算深度z_n范围内所划分的土层数；

p_0——对应于作用的准永久组合时的基础底面处的附加压力；

E_{si}——基础底面下第i层土的压缩模量，按实际应力范围取值；

z_i、z_{i-1}——基础底面至第 i 层土、第 $i-1$ 层土底面的距离；

$\bar{a}_i$、$\bar{a}_{i-1}$——基础底面计算点至第 i 层土、第 $i-1$ 层土底面范围内平均附加应力系数，可按《建筑地基基础设计规范》(GB 50007—2011)附录 K 采用。

沉降计算经验系数 ψ_s **表 5-4**

$\overline{E}_s$(MPa) / 基底附加压力	2.5	4.0	7.0	15.0	20.0
$p_0 \geqslant f_{ak}$	1.4	1.3	1.0	0.4	0.2
$p_0 \leqslant 0.75 f_{ak}$	1.1	1.0	0.7	0.4	0.2

注：$\overline{E}_s$ 为变形计算深度范围内压缩模量的当量值。

地基变形计算深度 z_n，应符合下式要求：

$$\Delta s'_n \leqslant 0.025 \sum_{i=1}^{n} \Delta s'_i \tag{5-8}$$

式中 $\Delta s'_i$——在计算深度范围内，第 i 层土的计算变形值；

$\Delta s'_n$——由计算深度向上取厚度为 Δz 的土层计算变形值，Δz 值按表 5-5 确定。

Δz 值 **表 5-5**

b(m)	$b \leqslant 2$	$2 < b \leqslant 4$	$4 < b \leqslant 8$	$8 < b$
Δz(m)	0.3	0.6	0.8	1.0

当无相邻荷载影响且基础宽度在 1～30m 范围内时，基础中点的地基沉降计算深度也可按下列简化公式计算：

$$z_n = b(2.5 - 0.4\ln b) \tag{5-9}$$

式中 b——基础宽度。

当计算深度在土层分界面附近时，如下层土较硬，可取土层分界面的深度为计算深度；如下层土较软，应继续计算；在计算深度范围内有基岩时，z_n 即取基岩表面。

在地基变形计算时，当建筑物基础埋置较深时，需要考虑开挖基坑地基土的回弹。独立基础一般埋深较浅，可不考虑开挖基坑地基土的回弹。

5.2.5 地基稳定性验算

在水平荷载和竖向荷载的共同作用下，基础可能和深层土层一起发生整体滑动破坏。这种地基破坏通常采用圆弧滑动面法进行计算，要求最危险的滑动面上诸力对滑动中心所产生的抗滑力矩 M_r 与滑动力矩 M_s 应符合下式要求：

$$M_r / M_s \geqslant 1.2 \tag{5-10}$$

位于稳定土坡坡顶的建筑(图 5-2)，当垂直于坡顶边缘线的基础底面边长不大于 3m 时，其基础底面外边缘线至坡顶的水平距离 a 不得小于 2.5m，且符合式(5-11)要求，则土坡坡面附近由基础引起的附加压力不影响土坡稳定性。

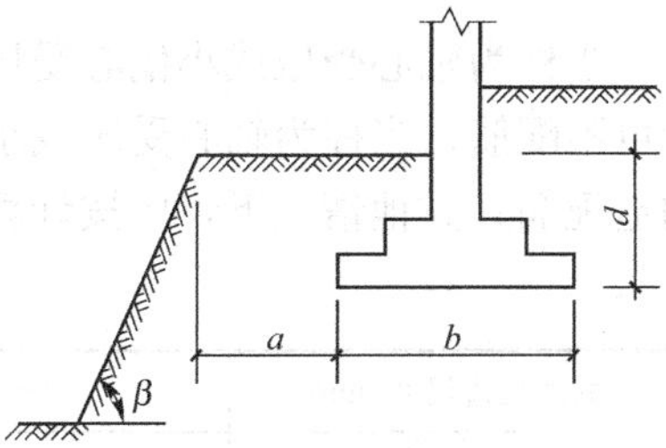

图 5-2 基础底面外边缘线至坡顶的水平距离示意图

$$a \geqslant \xi b - d/\tan\beta \tag{5-11}$$

式中 β——边坡坡角；

d——基础埋深；

ξ——系数，条形基础取 3.5，矩形或圆形基础取 2.5。

当式(5-11)的要求不能满足时，可以根据基底平均压力按圆弧滑动面法进行土坡稳定验算，以确定基础距坡顶边缘的距离和基础埋深。

5.3 柱下独立基础设计

钢筋混凝土柱下独立基础形式主要有现浇柱锥形或阶梯形基础、预制柱杯形基础和高杯口基础。独立基础的设计主要从构造要求和受力计算两方面进行。

5.3.1 构造要求

(1) 垫层

垫层厚度一般为 100mm，不宜小于 70mm，两边伸出底板 50mm，采用的混凝土强度等级不宜低于 C10。

(2) 底板

锥形基础的边缘高度，不宜小于 200mm，顶部每边应沿柱边放出 50mm；阶梯形基础的每阶高度，宜为 300～500mm。

底板受力钢筋的最小直径不应小于 10mm；间距不应大于 200mm，也不应小于 100mm。

当柱下钢筋混凝土独立基础的边长大于或等于 2.5m 时，底板受力钢筋的长度可取边长的 0.9 倍，并宜交错布置(图 5-3)。

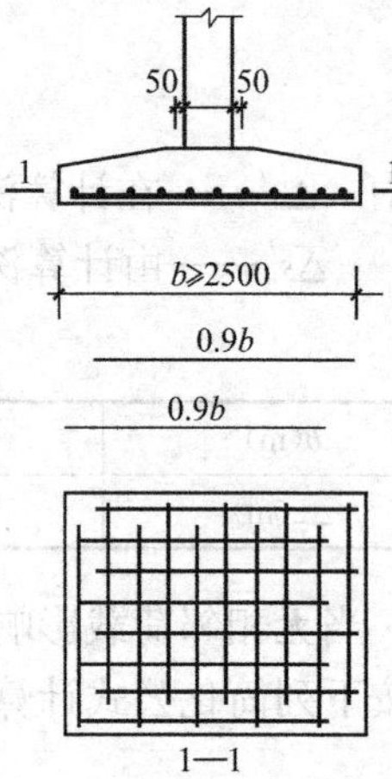

图 5-3 基础底板受力钢筋布置示意图

当有垫层时钢筋保护层的厚度不小于 40mm；无垫层时不小于 70mm。

杯形基础的杯底厚度和杯壁厚度，可按表 5-6 选用。

基础的杯底厚度和杯壁厚度 **表 5-6**

柱截面长边尺寸 h(mm)	杯底厚度 a_1(mm)	杯壁厚度 t(mm)
$h<500$	≥150	150～200
$500\leqslant h<800$	≥200	≥200
$800\leqslant h<1000$	≥200	≥300
$1000\leqslant h<1500$	≥250	≥350
$1500\leqslant h<2000$	≥300	≥400

当柱为轴心受压或小偏心受压且 $t/h_2\geqslant0.65$ 时，或大偏心受压且 $t/h_2\geqslant0.75$ 时，杯壁可不配筋；当柱为轴心受压或小偏心受压且 $0.5\leqslant t/h_2<0.65$ 时，杯壁可按表 5-7 配制构造配筋；其他情况下，应按计算配筋。

杯壁构造配筋 **表 5-7**

柱截面长边尺寸(mm)	$h<1000$	$1000\leqslant h<1500$	$1500\leqslant h<2000$
钢筋直径(mm)	8～10	10～12	12～16

注：表中钢筋置于杯口顶部，每边两根(图 5-4)。

(3) 基础与柱的连接

钢筋混凝土柱和剪力墙纵向受力钢筋在基础内的锚固长度 l_a 应根据钢筋在基础内的最小保护层厚度按现行《混凝土结构设计规范》有关规定确定：

有抗震设防要求时，纵向受力钢筋的最小锚固长度 l_{aE} 应按下式计算：

一、二级抗震等级 $l_{aE}=1.15l_a$

三级抗震等级 $l_{aE}=1.05l_a$

四级抗震等级 $l_{aE}=l_a$

式中 l_a——纵向受拉钢筋的锚固长度。

现浇柱的基础，其插筋的数量、直径以及钢筋种类应与柱内纵向受力钢筋相同。插筋的锚固长度应满足上述要求，插筋与柱的纵向受力钢筋的连接方法，应符合现行《混凝土结构设计规范》(GB 50010—2010) 的规定。插筋的下端宜作成直钩放在基础底板钢筋网上。当符合下列条件之一时，可仅将四角的插筋伸至底板钢筋网上，其余插筋锚固在基础顶面下 l_a 或 l_{aE}(有抗震设防要求时)处(图 5-5)。

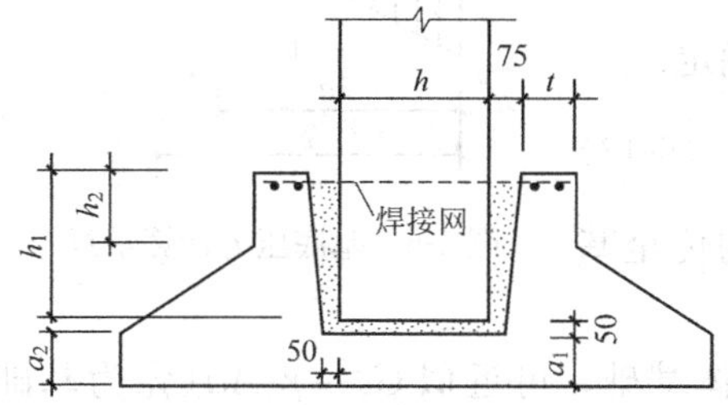

图 5-4 预制钢筋混凝土柱独立基础示意($a_2 \geqslant a_1$)

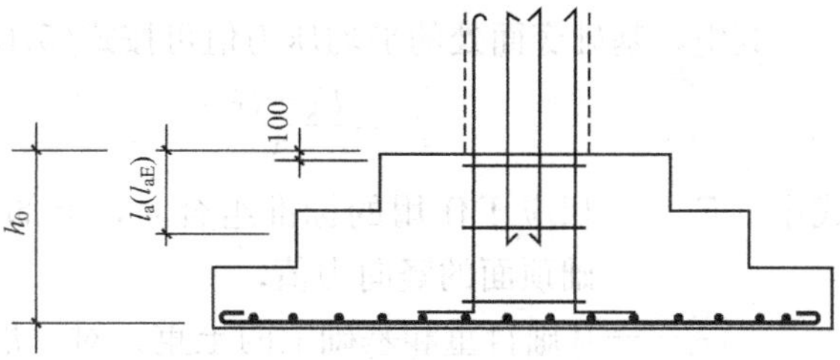

图 5-5 现浇柱的基础中插筋构造示意

① 柱为轴心受压或小偏心受压，基础高度大于或等于 1200mm；

② 柱为大偏心受压，基础高度大于或等于 1400mm。

预制钢筋混凝土柱插入杯形基础的深度 h_1，可按表 5-8 选用，并应满足钢筋锚固长度的要求及吊装时柱的稳定性(图 5-5)。

柱的插入深度 h_1(mm) **表 5-8**

矩形或工字形柱				双 肢 柱
$h<500$	$500 \leqslant h<800$	$800 \leqslant h \leqslant 1000$	$h>1000$	
$h \sim 1.2h$	h	$0.9h$ 且$\geqslant 800$	$0.8h$ 且$\geqslant 1000$	$(1/3 \sim 2/3)h_a$ $(1.5 \sim 1.8)h_b$

注：1. h 为柱截面长边尺寸；h_a 为双肢柱全截面长边尺寸；h_b 为双肢柱全截面短边尺寸；

2. 柱轴心受压或小偏心受压时，h_1 可适当减小，偏心距大于 $2h$ 时，h_1 应适当加大。

(4) 高杯口基础

为了解决基底标高不同而杯口标高相同的矛盾，高差不大时，可增加垫层厚度；高差大时，宜采用高杯口基础(即短柱基础)。这种基础的杯口下面是一个短柱，可按偏心受压杆件计算。基础底面尺寸、底板配筋计算及预制柱与高杯口基础的连接所需插入深度均与一般杯口基础相同。高杯口基础的杯壁配筋在满足一定条件后可按构造要求进行设计。

5.3.2 柱下独立基础的设计计算

独立基础的设计计算主要包括确定基础底板面积、计算基础台阶高度及底板配筋。

(1) 基础底板面积计算

在地基基础设计时，对所有等级的建筑物均应进行地基承载力验算，即按地基土的承载力特征值确定基础的底面积。

① 轴心荷载基础

承受轴心荷载的基础，其底板宜采用正方形，基础底面平均压力［图 5-6(a)］应满足式(5-12)规定：

$$p_k \leqslant f_a \tag{5-12}$$

式中 p_k——相应于作用的标准组合时，基础底面处的平均压力值；

f_a——修正后的地基承载力特征值。

其中，基础底面处的平均压力值可按式(5-13)确定

$$p_k=\frac{F_k+G_k}{A} \tag{5-13}$$

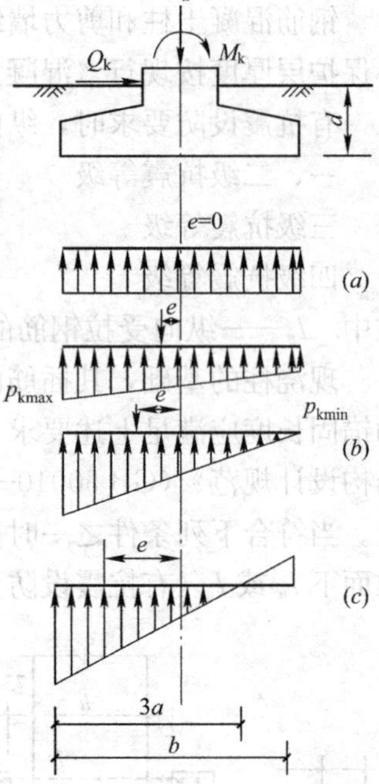

图 5-6 基底压力计算示意

式中 F_k——相应于作用的标准组合时，上部结构传至基础顶面的竖向力值；

G_k——基础自重和基础上的土重，对一般实体基础，可近似 $G_k=\gamma_G Ad$（γ_G 为基础及回填土的平均重度，可取 20kN/m^3，地下水位以下部分取浮重度，d 为基础平均埋深）；

A——基础底面面积。

由此可得：

$$A \geqslant \frac{F_k}{f_a-\gamma_G d} \tag{5-14}$$

方形基础：

$$b \geqslant \sqrt{\frac{F_k}{f_a-\gamma_G d}} \tag{5-15}$$

矩形基础：

$$b \times l \geqslant \frac{F_k}{f_a-\gamma_G d} \tag{5-16}$$

式中 b、l——基础底面边长。

② 偏心荷载基础

承受偏心荷载作用时，其底板宜采用矩形，基底压力应满足式(5-17)和式(5-18)的要求：

$$p_k \leqslant f_a \tag{5-17}$$

$$p_{kmax} \leqslant 1.2 f_a \tag{5-18}$$

基础受偏心荷载时，基础底面的压力一般假定为直线分布［图 5-6(b)］，其边缘处的压力按式(5-19)和式(5-20)确定：

$$p_{kmax}=\frac{F_k+G_k}{A}+\frac{M_k}{W} \tag{5-19}$$

$$p_{kmin}=\frac{F_k+G_k}{A}-\frac{M_k}{W} \tag{5-20}$$

式中 p_{kmax}——相应于作用的标准组合时，基础底面边缘的最大压力值；

p_{kmin}——相应于作用的标准组合时，基础底面边缘的最小压力值；

M_k——相应于作用的标准组合时，作用于基础底面的力矩值；

W——基础底面的抵抗矩。

当偏心距 $e>b/6$ 时［图 5-6(*c*)］，p_{kmax}应按下式计算：

$$p_{kmax}=\frac{2(F_k+G_k)}{3la} \tag{5-21}$$

式中 l——垂直于力矩作用方向的基础底面边长；

b——力矩作用方向的基础底面边长；

a——合力作用点至基础底面最大压力边缘的距离。

为了保证基础不过分倾斜，通常要求偏心距 e 应不大于 $b/6$。一般认为，在中、高压缩性地基上的基础，或有吊车的厂房柱基础，e 不宜大于 $b/6$；当考虑短暂作用的偏心荷载时，e 可放宽至 $b/4$。

(2) 基础高度计算

当基础承受柱子传来的荷载时，若沿柱周边(或变阶处)的基础高度不够，就会发生冲切破坏，形成 45°斜裂面的角锥体(图 5-7)。为保证基础不发生冲切破坏，基础应有足够的高度，使基础冲切面以外地基净反力产生的冲切力不大于基础冲切面处混凝土的抗冲切强度，即满足式(5-22)。

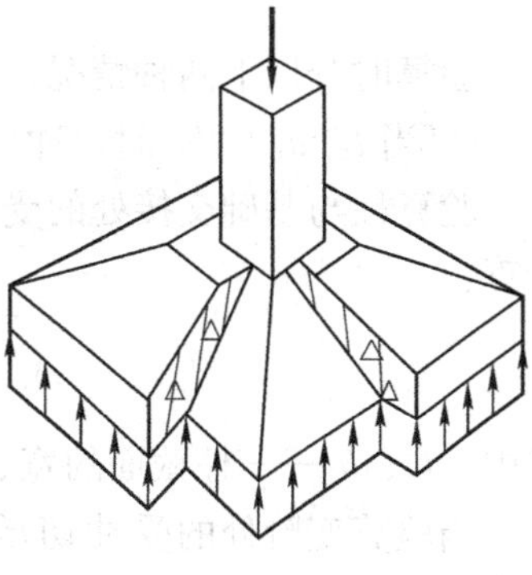

图 5-7 冲切破坏

$$F_l\leqslant 0.7\beta_{hp}f_t a_m h_0 \tag{5-22}$$

$$a_m=(a_t+a_b)/2 \tag{5-23}$$

$$F_l=p_j A_l \tag{5-24}$$

式中 F_l——相应于作用的基本组合时作用在 A_l 上的地基土净反力设计值；

p_j——扣除基础自重及其上土重后相应于作用的基本组合时的地基土单位面积净反力，对偏心受压基础可取基础边缘处最大地基土单位面积净反力；

A_l——冲切验算时取用的部分基底面积［图 5-8(*a*)、(*b*)中的阴影面积 *ABCDEF*，图 5-8(*c*)中的阴影面积 *ABCD*］；

β_{hp}——受冲切承载力截面高度影响系数，当 h 不大于 800mm 时，β_{hp}取 1.0；当 h 大于等于 2000mm 时，β_{hp}取 0.9，其间按线性内插法取用；

f_t——混凝土轴心抗拉强度设计值；

h_0——基础冲切破坏锥体的有效高度；

a_m——冲切破坏锥体最不利一侧计算长度；

a_t、a_b——分别为冲切破坏锥体最不利一侧斜截面的上边长和在基础底面积范围内的下边长，当计算柱与基础交接处的受冲切承载力时，分别取柱宽和柱宽加两倍基础有效高度；当计算基础变阶处的受冲切承载力时，分别取上阶宽和上阶宽加两倍该处的基础有效高度。

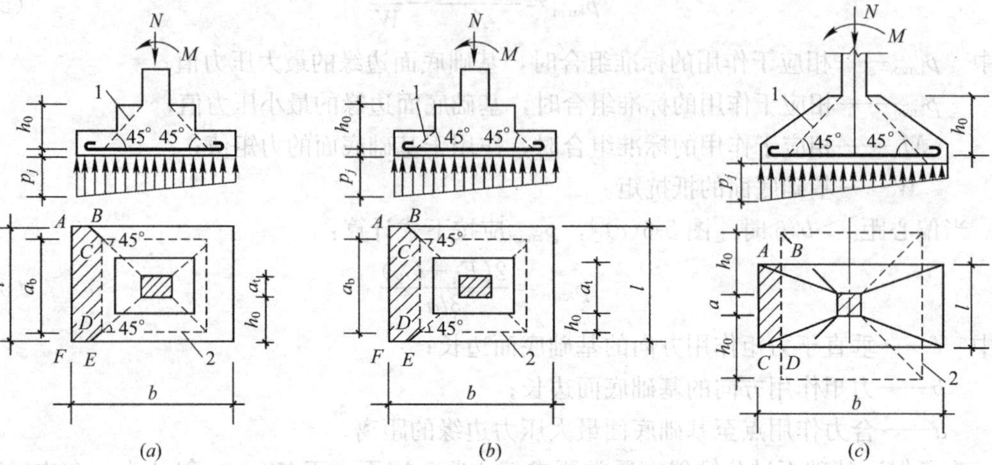

图 5-8　基础受冲切承载力计算截面位置

(a)柱与基础交接处；(b)基础变阶处；(c)锥形基础与柱交接处

1—冲切破坏锥体最不利一侧的斜截面；2—冲切破坏锥体的底面线

验算时分以下两种情况：

① 当 $l \geqslant a_t + 2h_0$ 时，冲切破坏锥体的底面落在基础底面以内［图 5-8(a)］

验算柱与基础交接处的受冲切承载力时，冲切验算时取用的部分基底面积按式(5-25)计算：

$$A_l = \left(\frac{b}{2} - \frac{b_0}{2} - h_0\right)l - \left(\frac{l}{2} - \frac{l_0}{2} - h_0\right)^2 \tag{5-25}$$

式中　l_0、b_0——柱截面的宽、长。

当验算变阶处的受冲切承载力时［图 5-8(b)］，上式中的 l_0、b_0 应改为上阶短边和长边。

② 当 $l < a_t + 2h_0$ 时，冲切破坏锥体的底面在 l 方向落在基础底面以外［图 5-8(c)］

验算柱与基础交接处的受冲切承载力时，冲切验算时取用的部分基底面积按式(5-26)计算：

$$A_l = \left(\frac{b}{2} - \frac{b_0}{2} - h_0\right)l \tag{5-26}$$

当验算变阶处的受冲切承载力时，上式中的 b_0 应改为上阶长边。

如果冲切破坏锥体的底面全部落在基础底面以外，则基础为刚性基础，不会产生冲切破坏，无需进行冲切验算。

(3) 基础底板配筋计算

独立基础在承受荷载后，基础底板在地基净反力作用下会沿着柱边向上弯曲。一般独立基础的长宽比小于 2，故为双向板，其内力计算常采用简化计算法。当弯曲应力超过基础抗弯强度时，基础底板将发生弯曲破坏，其破坏特征是裂缝沿柱角至基础角将基础底板分裂成四块梯形面积。故基础底板的配筋计算，可按固定在柱边的梯形悬臂板的抗弯计算确定。

在轴心荷载或单向(矩形基础长边方向)偏心荷载作用下，对于矩形基础，当台阶的宽高比小于或等于 2.5 和偏心距小于或等于 1/6 基础宽度时，基础底板任意截面的弯矩可按式(5-27)计算(图 5-9)：

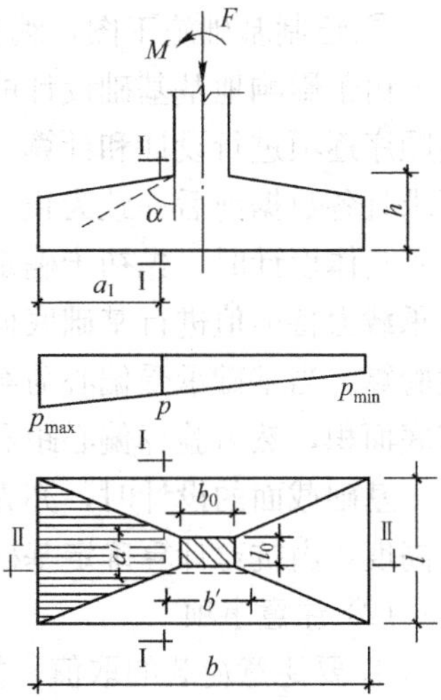

图 5-9 基础底板计算简图

$$M_{\mathrm{I}}=\frac{1}{12}a_1^2\left[(2l+a')\left(p_{max}+p_{\mathrm{I}}-\frac{2G}{A}\right)+(p_{max}-p_{\mathrm{I}})l\right]$$

$$M_{\mathrm{II}}=\frac{1}{48}(l-a')^2(2b+b')\left(p_{max}+p_{min}-\frac{2G}{A}\right) \tag{5-27}$$

式中 M_{I}、M_{II}——任意截面Ⅰ—Ⅰ、Ⅱ—Ⅱ处相应于作用的基本组合时的弯矩设计值；

a_1——任意截面Ⅰ—Ⅰ至基底边缘最大反力处的距离；

l、b——基础底面的边长；

p_{max}、p_{min}——相应于作用的基本组合时的基础底面边缘最大和最小地基反力设计值；

p_{I}——相应于作用的基本组合时在任意截面Ⅰ—Ⅰ处基础底面地基反力设计值；

G——考虑作用分项系数的基础自重及其上的土自重，当组合值由永久作用控制时，作用分项系数可取 1.35。

基础底板配筋按式(5-28)计算：

$$A_{si}=\frac{M_i}{0.9f_yh_0} \tag{5-28}$$

由 A_{I} 得到的钢筋配置在平行于长边(垂直于Ⅰ—Ⅰ截面)方向；由 A_{II} 得到的钢筋配置在平行于短边(垂直于Ⅱ—Ⅱ截面)方向。

阶梯形基础在变阶处也是抗弯的危险截面，故尚需计算变阶处截面的配筋，此时只要用台阶平面尺寸代替柱截面尺寸即可得出变阶处两个方向的受力钢筋面积。配筋时取同一方向的两个截面受力钢筋面积较大者。

(4) 基础局部受压承载力验算

应该指出，一般柱的混凝土强度等级较基础的混凝土强度等级高，因此，基础设计除了按以上方法验算其高度，计算底板配筋外，尚应验算基础顶面的局部受压承载力。

5.3.3 设计方法及注意事项

(1) 设计方法

独立基础设计可概括为下列步骤：

① 确定基础的埋置深度；

② 确定地基承载力特征值；

③ 确定基础的底面尺寸；

④ 进行下卧层承载力验算(必要时)；

⑤ 进行地基变形与稳定性验算(必要时)；

⑥ 确定基础的截面尺寸，并进行配筋计算；

⑦ 绘制基础施工图，编写施工说明。

由于影响地基基础设计的因素很多，设计时，一般采用先假设后计算的方法。可按上述顺序逐项进行设计和计算，如发现前面的假设不妥，则进行修改，直至各项计算均符合要求且各数据前后一致为止。

具体设计时，先初步确定基础的埋置深度，再根据基础上作用的荷载、埋置深度和地基承载力特征值进行基础底面尺寸的计算，必要时，进行下卧层承载力、地基变形与稳定性验算。当基础承受偏心荷载作用时，可取按轴心受压求出基底面积的110%～140%作为基底面积，然后验算偏心距和基底最大压力是否满足要求。

基础截面的设计时，亦先按经验假定基础高度，得出 h_0，由抗冲切验算确定基础的适合高度，由抗弯计算确定基础底板的双向配筋。

(2) 注意事项

① 要注意荷载的取值，按地基承载力确定基础底面积时，传至基础底面上的荷载效应应按正常使用极限状态下荷载效应的标准组合，相应的抗力应采用地基承载力特征值；在确定基础高度、确定配筋和验算材料强度时，上部结构传来的荷载效应组合和相应的基底反力，应按承载能力极限状态下荷载效应的基本组合，采用相应的分项系数。

② 在由地基承载力确定基础底面尺寸时，采用基底反力，即作用于基底上的总竖向荷载除以基底面积；确定基础高度和配筋时，采用基底净反力，即仅由基础顶面荷载所产生的地基反力。

③ 基础设计时，地基承载力一般由场地岩土工程勘察报告给出，注意由原位试验(包括载荷试验)和经验公式等方法确定的地基承载力特征值应进行深宽修正。

④ 当独立基础台阶的宽高比大于2.5时，基底反力按线性分布的假定不再适用，尤其当地基承载力特征值 f_a 较大时，更应注意。

⑤ 由抗弯计算确定的基础底板配筋量应同时满足最小配筋率的规定。

⑥ 计算截面时，为了争取较大的有效高度，应将平行于长边方向的钢筋放在下排，平行于短边方向的钢筋放在上排。施工图也按此原则绘制。

5.3.4 计算书及施工图要求介绍

(1) 计算书内容要求

① 持力层及地基承载力特征值的计算及取值；

② 软弱下卧层承载力验算；

③ 地基变形验算；

④ 地基稳定性验算(必要时)；

⑤ 基础底面尺寸的确定；

⑥ 基础抗冲切计算；

⑦ 基础抗弯计算。

(2) 施工图要求

施工图编制深度要求能指导施工并能计算出工作量。施工图设计说明应包括以下内容：

① 设计依据；

② 地基基础设计等级；

③ 环境类别；

④ 工程地质及水文地质概括，各主要土层的压缩模量及承载力特征值等；

⑤ 注明基础形式、基础持力层、持力层承载力特征值及基底标高；

⑥ 基础混凝土强度等级、垫层强度等级；

⑦ 基坑的开挖、放坡及回填要求。

施工图应绘出平、剖面及配筋、基础垫层，标注总尺寸、分尺寸标高及定位尺寸等。

5.4 柱下独立基础设计实例

5.4.1 基本条件

某框架结构独立基础，采用荷载标准组合时，基础受到的荷载为：竖向荷载 $F_k=900kN$，弯矩 $M_k=225kN\cdot m$，水平荷载为 $V_k=50kN$。柱截面尺寸为 500mm×300mm，下卧层为淤泥，$f_{ak}=85kN/mm^2$，其他有关数据如图 5-10 所示。试设计该柱下钢筋混凝土独立基础。

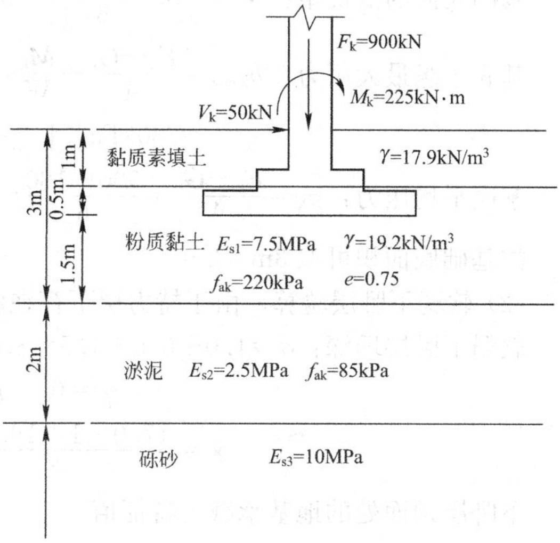

图 5-10 基础设计条件

5.4.2 柱下独立基础设计

(1) 基础底面积确定

初步选定基础埋深 1.5m，基底持力层为粉质黏土，地基承载力计算

$$\eta_b=0.3,\quad \eta_d=1.6$$

$$\gamma_m=\frac{17.9\times1+0.5\times19.2}{1.5}=18.3kN/m^3$$

修正后的地基承载力特征值为

$$\begin{aligned}f_a&=f_{ak}+\eta_d\gamma_m(d-0.5)\\&=220+1.6\times18.3\times(1.5-0.5)\\&=249kPa\end{aligned}$$

按中心荷载初估基底面积

$$A_1=\frac{F_k}{f_a-\gamma_G d}=\frac{900}{249-20\times1.5}=4.1m^2$$

考虑偏心荷载作用将基底面积扩大 1.3 倍

$A=1.3A_1=5.3m^2$，采用 2.5m×2m 基底面积。

基础宽度不大于 3m，故不用进行宽度修正荷载计算

基础及回填土重：$G_k=\gamma_G Ad=20\times(2.5\times2)\times1.5=150kN$

基底处的总竖向力：$F_k+G_k=900kN+150kN=1050kN$

基底处的总力矩：$M_k=225+50\times1.5=300kN\cdot m$

荷载偏心距：$e=\dfrac{M_k}{F_K+G_K}=\dfrac{300kN\cdot m}{1050kN}=0.29m<l/6=0.42m$(可以)

计算基底边缘最大压力

基础底面的抵抗矩：$W=\dfrac{1}{6}lb^2=\dfrac{1}{6}\times2\times2.5^2=2.08m^3$

基底边缘最大压力：$p_{kmax}=\frac{F_k+G_k}{A}+\frac{M_k}{W}$

$$=\frac{1050}{2.5\times 2}+\frac{300}{2.08}=354\text{kPa}>1.2f_a=299\text{kPa}$$

不满足强度要求，调整基础底面积再计算，取 3m×2m 基底面积

基础及回填土重：$G_k=\gamma_G Ad=20\times(3\times 2)\times 1.5=180\text{kN}$

基底处的总竖向力：$F_k+G_k=900\text{kN}+180\text{kN}=1080\text{kN}$

荷载偏心距：$e=\frac{300\text{kN}\cdot\text{m}}{1080\text{kN}}=0.28<l/6=0.5\text{m}$(可以)

基础底面的抵抗矩：$W=\frac{1}{6}lb^2=\frac{1}{6}\times 2\times 3.0^2=3.0\text{m}^3$

基底边缘最大压力：$p_{kmax}=\frac{F_k+G_k}{A}+\frac{M_k}{W}=\frac{1080}{3\times 2}+\frac{300}{3}$

$$=280\text{kPa}<1.2f_a=299\text{kPa}$$

基底平均压力：$p_k=\frac{F_k+G_k}{A}=\frac{900+180}{6}=180\text{kPa}<f_a=220\text{kPa}$

故基础底面积可取 3m×2m。

(2) 软弱下卧层验算，由于持力层下存在淤泥层，故需进行下卧层承载力验算

软弱下卧层埋深：$d=1.0+0.5+1.5=3.0\text{m}$，查表(5-2)得

$$\eta_b=0,\quad \eta_d=1.0$$

$$\gamma_0=\frac{17.9\times 1+19.2\times 2}{3}=18.8\text{kPa}$$

下卧层顶面处的地基承载力特征值

$$f_a=f_{ak}+\eta_b\gamma(b-3)+\eta_d\gamma_m(d-0.5)$$
$$=85+1.0\times 18.3\times(3-0.5)$$
$$=130.75\text{kPa}$$

下卧层顶面处自重应力：

$$\sigma_{cz}=17.9\times 1+19.2\times 2=56.3\text{kPa}$$

由 $E_{s1}/E_{s2}=7.5/2.5=3$，$z/b=1.5/2>0.50$，查表得 $\theta=23°$，$\tan\theta=0.424$，

下卧层顶面处附加应力：

$$\sigma_z=\frac{lb(p_k-\sigma_{cd})}{(l+2z\tan\theta)(b+2z\tan\theta)}$$
$$=\frac{3\times 2\times[180-(17.9+19.2\times 0.5)]}{(3+2\times 1.5\times 0.424)(2+2\times 1.5\times 0.424)}$$
$$=65.5\text{kPa}$$

$$\sigma_{cz}+\sigma_z=121.8\text{kPa}<f_a=130.75\text{kPa}$$

下卧层承载力满足要求。

(3) 基础沉降计算

① 基底附加压力

基础及上覆土重：$G_k=\gamma_G Ad=20\times(3\times 2)\times 1.5=180\text{kN}$

基底平均压力：$p_k=\frac{F_k+G_k}{A}=\frac{900+180}{6}=180\text{kPa}$

基础底面处土的自重应力：$\sigma_{cz}=17.9\times1+19.2\times0.5=27.5\text{kPa}$

则基础底面处的附加压力：$p_0=p_k-\sigma_{cz}=180-27.5=152.5\text{kPa}$

② 沉降计算

按$\dfrac{\Delta s_n}{\sum\Delta s_i}\leqslant0.025$确定计算深度，$l/b=1.5$基础沉降量计算结果见表 5-9。

基础最终沉降量计算表 **表 5-9**

点号	Z_i (m)	z/b	$\overline{\alpha}_i$	$z_i\overline{\alpha}$ (mm)	$z_i\overline{\alpha}_i-z_{i-1}\overline{\alpha_{i-1}}$ (mm)	E_{si} (MPa)	$\dfrac{p_0}{E_{si}}$	Δs_i (mm)	$\sum\Delta s_i$ (mm)	$\dfrac{\Delta s_n}{\sum\Delta s_i}$
0	0	0	1.000	0		7.5				
1	1.5	0.75	0.843	1265	1265		0.020	25.68		
2	3.5	1.75	0.561	1964	699	2.5	0.061	42.64		
3	4.0	2.00	0.509	2036	72	10.0	0.015	1.10	69.42	0.016

所以计算深度为基底以下 4.0m，累计沉降量为 69.42mm

③ 沉降经验系数 ψ_s 的确定

$$\overline{E_s}=\frac{\sum A_i}{\sum(A_i/E_{si})}=\frac{p_0\sum(z_i\overline{\alpha_i}-z_{i-1}\overline{\alpha_{i-1}})}{p_0\sum[(z_i\overline{\alpha_i}-z_{i-1}\overline{\alpha_{i-1}})/E_{si}]}$$

$$=\frac{927+338+249+325+125+75}{\dfrac{927}{7.5}+\dfrac{338}{7.5}+\dfrac{249}{2.5}+\dfrac{325}{2.5}+\dfrac{125}{2.5}+\dfrac{75}{10}}$$

$$=4.47\text{MPa}$$

因为 $p_0<0.75f_a$，查表并内插得：$\psi_s=1.02$，则基础最终沉降量：

$$s=\psi_s\sum\Delta_{si}=1.02\times69.42=70.81\text{mm}$$

相邻两基础沉降差应小于允许变形值（略）。

(4) 基础高度计算

取 $h=800\text{mm}$，$h_0=750\text{mm}$，进行抗冲切验算，基础采用 C25 混凝土和 HPB300 级钢筋，查表得 $f_t=1.27\text{N/mm}^2$，$f_y=270\text{N/mm}^2$，垫层采用 C10 混凝土。

基底净反力：$p_j=\dfrac{F}{A}=\dfrac{900\times1.35}{3\times2}=202.5\text{kPa}$

柱边截面：$a+2h_0=0.3+2\times0.75=1.8<2\text{m}$

因偏心受压，冲切力为：

$$p_{j\max}\left[\left(\frac{b}{2}-\frac{b_0}{2}-h_0\right)l-\left(\frac{l}{2}-\frac{l_0}{2}-h_0\right)^2\right]$$

$$=303.75\times\left[\left(\frac{3}{2}-\frac{0.5}{2}-0.75\right)\times2-\left(\frac{2}{2}-\frac{0.3}{2}-0.75\right)^2\right]=300.7\text{kN}$$

抗冲切力：$0.7\beta_{hp}f_t(a+h_0)h_0$

$=0.7\times1.0\times1270\times(0.3+0.75)\times0.75=700.1\text{kN}>300.7\text{kN}$（可以）

基础分两级，下阶 $h_1=400\text{mm}$，$h_{01}=350\text{mm}$，取 $b_1=1.5\text{m}$，$l_1=1.0\text{m}$。

变截面处：$l_1+2h_{01}=1.0+2\times0.35=1.7<2\text{m}$

冲切力：$p_{j\max}\left[\left(\frac{b}{2}-\frac{b_1}{2}-h_{01}\right)l-\left(\frac{l}{2}-\frac{l_1}{2}-h_{01}\right)^2\right]$

$$=303.75\times\left[\left(\frac{3}{2}-\frac{1.5}{2}-0.35\right)\times2-\left(\frac{2}{2}-\frac{1}{2}-0.35\right)^2\right]=236.2\text{kN}$$

抗冲切力：$0.7\beta_{hp}f_t(l_1+h_{01})h_{01}=0.7\times1.0\times1270\times(1+0.35)\times0.35=420.1\text{kN}>236.2\text{kN}$（可以）。

故基础高度可取 800mm。

（5）配筋计算

计算基底净反力

基底最大净反力：$p_{j\max}=\frac{F}{A}+\frac{M}{W}=\frac{900\times1.35}{3\times2}+\frac{225\times1.35}{3}=303.75\text{kPa}$

基底最小净反力：$p_{j\min}=\frac{F}{A}-\frac{M}{W}=\frac{900\times1.35}{3\times2}-\frac{225\times1.35}{3}=101.25\text{kPa}$

柱边净反力：$P_{j\text{I}}=101.25+(303.75-101.25)\times1.75/3=219.4\text{kPa}$

变阶处净反力：$P_{j\text{III}}=101.25+(303.75-101.25)\times2.25/3=253.1\text{kPa}$

计算长边方向的弯矩设计值，取Ⅰ—Ⅰ截面

$$M_\text{I}=\frac{1}{12}a_1^2\left[(2l+a')\left(p_{\max}+p_\text{I}-\frac{2G}{A}\right)+(p_{\max}-p_\text{I})l\right]$$

$$=\frac{1}{12}a_1^2\ [(2l+a')(p_{j\max}+p_{j\text{I}})+(p_{j\max}-p_{j\text{I}})l]$$

$$=\frac{1}{12}\times1.25^2\times[(2\times2+0.3)\times(303.75+219.4)+(303.75-219.4)\times2]=314.9\text{kN}\cdot\text{m}$$

$$A_{s\text{I}}=\frac{M_\text{I}}{0.9f_yh_0}=\frac{314.9\times10^6}{0.9\times270\times750}=1727.7\text{mm}^2$$

Ⅲ—Ⅲ截面：$M_\text{III}=\frac{1}{12}a_1^2[(2l+l_1)(p_{j\max}+p_{j\text{III}})+(p_{j\max}-p_{j\text{III}})l]$

$$=\frac{1}{12}\times0.75^2[(2\times2+1)(303.75+253.1-\frac{2\times180}{6})+(303.75-253.1)\times2]$$

$$=135.3\text{kN}\cdot\text{m}$$

$$A_{s\text{III}}=\frac{M_\text{III}}{0.9f_yh_{01}}=\frac{135.3\times10^6}{0.9\times270\times350}=1590.8\text{mm}^2$$

比较 $A_{s\text{I}}$ 和 $A_{s\text{III}}$，应按 $A_{s\text{I}}$ 配筋，现于 2m 范围配 9Φ16，$A_s=1809\text{mm}^2$

计算基础短边方向的弯矩，

取Ⅱ—Ⅱ截面：$M_\text{II}=\frac{1}{48}(l-l_0)^2(2b+b_0)(p_{j\max}+p_{j\min})$

$$=\frac{1}{48}(2-0.3)^2\times(2\times3+0.5)\times(303.75+101.25)=158.5\text{kN}\cdot\text{m}$$

$$A_{s\text{II}}=\frac{M_\text{II}}{0.9f_yh_0}=\frac{158.5\times10^6}{0.9\times270\times(750-16)}=888.6\text{mm}^2$$

Ⅳ—Ⅳ截面：$M_\text{IV}=\frac{1}{48}(l-l_1)^2(2b+b_1)(p_{j\max}+p_{j\min})$

$$=\frac{1}{48}\times(2-1)^2(2\times3+1.5)\times(303.75+101.25)=63.3\text{kN}\cdot\text{m}$$

$$A_{s\text{IV}}=\frac{M_{\text{IV}}}{0.9f_yh_{01}}=\frac{63.3\times10^6}{0.9\times270\times350}=744.3\text{mm}^2$$

按构造要求配 12Φ10，$A_s=942\text{mm}^2>888.6\text{mm}^2$

基础配筋见图 5-11。

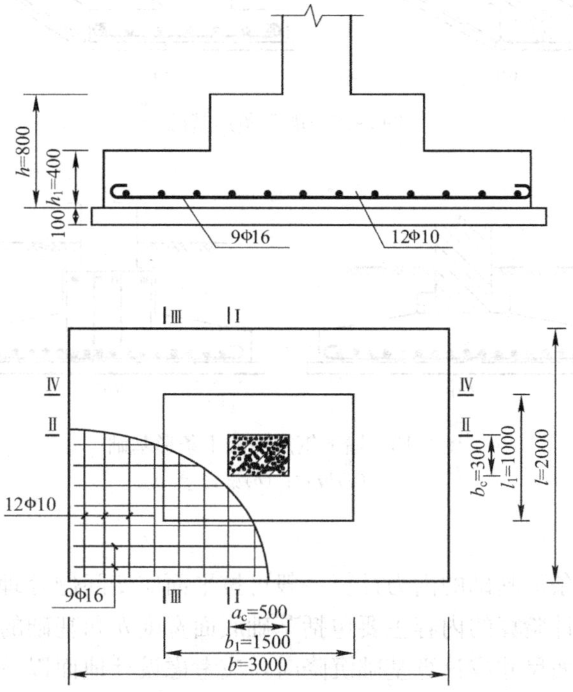

图 5-11　基础配筋图

5.5　条形基础设计计算方法

5.5.1　概述

条形基础按上部结构形式，可分为墙下条形基础和柱下条形基础。设计基本内容包括基础底面尺寸、截面高度和截面配筋的计算。

钢筋混凝土条形基础的基底面积通常根据地基承载力和对沉降及不均匀沉降的要求确定；基础高度由混凝土的抗冲切条件确定；受力钢筋配筋则由基础验算截面的抗弯能力确定。

5.5.2　墙下钢筋混凝土条形基础设计

墙下条形基础有刚性条形基础和钢筋混凝土条形基础两种。刚性条形基础适用于多层民用建筑和轻型厂房，由抗压性能较好，而抗拉、抗剪性能较差的材料建造，如图 5-12(*a*)所示。当上部墙体荷重较大而土质较差时，可考虑采用“宽基浅埋”的墙下钢筋混凝土条形基础，如图 5-12(*b*)所示。

墙下钢筋混凝土条形基础一般做成板式，如图 5-13(*a*)所示，但当基础延伸方向的墙上荷载及地基土的压缩性不均匀时，为了增强基础的整体性和纵向抗弯能力，减小不均匀沉降，常采用带肋的墙下钢筋混凝土条形基础，如图 5-13(*b*)所示。

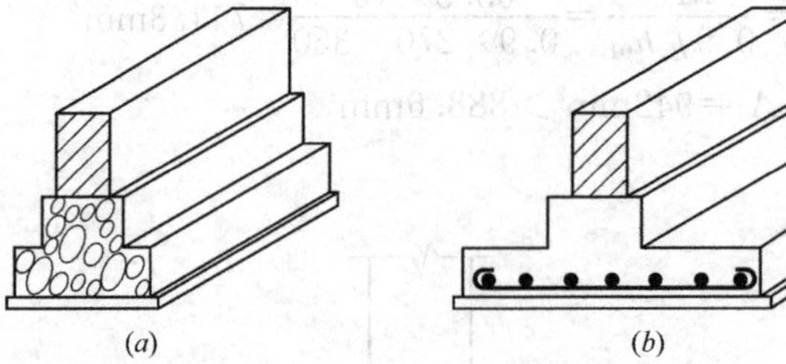

图 5-12　墙下条形基础

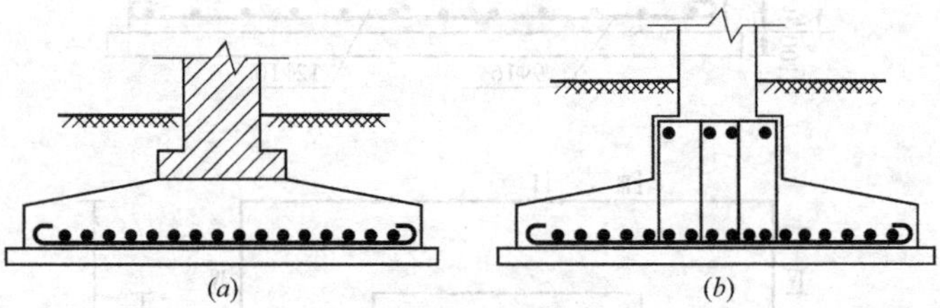

图 5-13　墙下钢筋混凝土条形基础

(a)板式；(b)梁式

(1) 设计原则

墙下钢筋混凝土条形基础的内力计算一般可按平面应变问题处理，在长度方向可取单位长度计算，截面设计验算的内容主要包括基础底面宽度 b 和基础的高度 h 及基础底板配筋等。在确定基础底面尺寸或计算基础沉降时，应考虑设计地面以下基础及其上覆土重力的作用，而在进行基础截面设计(基础高度的确定、基础底板配筋)中，应采用不计基础与上覆土重力作用时的地基净反力进行计算。

(2) 基础截面的设计计算步骤

① 确定基础宽度

按地基承载力条件确定，应满足：

$\frac{1}{2}(p_{kmax}+p_{kmin})\leqslant f_a$ 和 $p_{kmax}\leqslant 1.2f_a$ 的条件，而基底的最大和最小的边缘压力 p_{kmax} 和 p_{kmin} 根据式(5-29)和式(5-30)计算：

当偏心距 $e\leqslant\frac{b}{6}$ 时，
$$p_{\substack{kmax\\kmin}}=\frac{F_k+G_k}{A}\pm\frac{M_k}{W} \tag{5-29}$$

当偏心距 $e>\frac{b}{6}$ 时，
$$p_{kmax}=\frac{2(F_k+G_k)}{3la} \tag{5-30}$$

对于条形基础，取 $l=1$m 长计算。

式中 f_a——地基承载力特征值(kPa)；

a——合力作用点至基础底面最大压力边缘的距离(m)；

F_k——相应于作用的标准组合时，上部结构传至基础顶面的竖向力值(kN)；

G_k——基础自重和基础上的土重(kN)。

② 地基净反力计算

仅由基础顶面的荷载设计值所产生的地基反力，称为地基净反力，用 p_j 表示。条形基

础底面地基净反力 p_j 为

$$p_{j\,\min}^{\ \max}=\frac{F}{b}\pm\frac{6M}{b^2} \tag{5-31}$$

式中　p_j——扣除基础自重和其上覆土重后相应于荷载效应基本组合时的地基土单位面积净反力设计值，kPa；

F——上部结构传至地面标高处的竖向荷载设计值，kN/m；

M——上部结构传至地面标高处的弯矩设计值，kN·m/m。

③ 基础高度的确定

基础验算截面Ⅰ的剪力设计值 V_1(kN/m)为

$$V_1=\frac{b_1}{2b}\left[(2b-b_1)p_{j\max}+b_1 p_{j\min}\right] \tag{5-32}$$

b_1为验算截面Ⅰ距基础边缘的距离，如图 5-14 所示，当墙体材料为混凝土时，验算截面Ⅰ在墙角处，b_1等于基础边缘至墙脚的距离 a；当墙体材料为砖墙，且墙脚伸出 1/4 砖长时，验算截面Ⅰ在墙面处，$b_1=a+0.06$(m)。

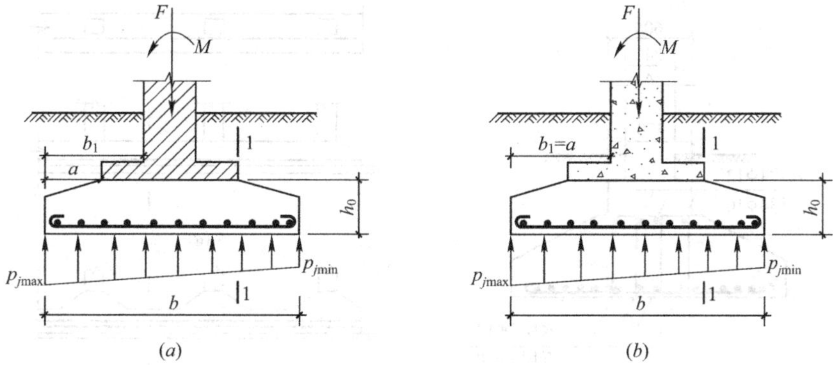

图 5-14　墙下条形基础的验算截面

(a)砖墙情况；(b)混凝土墙情况

基础的有效高度 h_0 由混凝土的抗剪条件确定：

$$h_0\geqslant\frac{V_1}{0.07f_c} \tag{5-33}$$

基础高度 h 为有效高度 h_0 加上混凝土保护层厚度。

④ 基础底板的配筋

基础验算截面Ⅰ的弯矩设计值 M_1 可按式(5-34)计算：

$$M_1=\frac{1}{2}V_1 b_1 \tag{5-34}$$

每延米墙长的受力钢筋截面面积为：

$$A_s=\frac{M_1}{0.9f_y h_0} \tag{5-35}$$

(3) 墙下条形基础的构造要求

墙下条形基础一般采用梯形截面，其边缘高度一般不应小于 200mm，顶面坡度 $i\leqslant$

1∶3。基础高度小于 250mm 时，也可做成等厚板。

基础的强度等级不应低于 C20，基础下宜设 C15 素混凝土垫层，垫层厚度一般为 100mm。底板受力钢筋的最小直径不宜小于 8mm，间距不宜大于 200mm，但不小于 100mm。当有垫层时，混凝土保护层净厚度不宜小于 35mm，无垫层时不宜小于 70mm。底板纵向分布钢筋，直径为 6～8mm，间距为 250～300mm。

当地基软弱时，为了减小不均匀沉降的影响，基础截面可采用带肋梁的板，肋梁的纵向钢筋和箍筋按经验确定，如图 5-15 所示。

5.5.3 柱下钢筋混凝土条形基础设计

柱下条形基础是由一个方向延伸的基础梁或由两个方向的交叉基础梁组成，框架柱下条形基础可以沿柱列单向平行配置，也可以双向相交于柱位处形成交叉条形基础。一般情况下柱下条形基础带有肋梁以增强刚度，故基础截面呈倒 T 字形，其中包括挑出的翼板和肋梁，都具有良好的抗弯和抗剪能力。如图 5-16 所示。

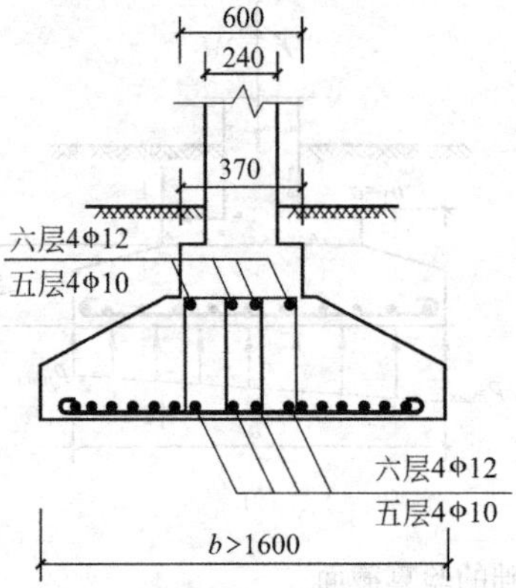

图 5-15 墙下钢筋混凝土条形基础的构造

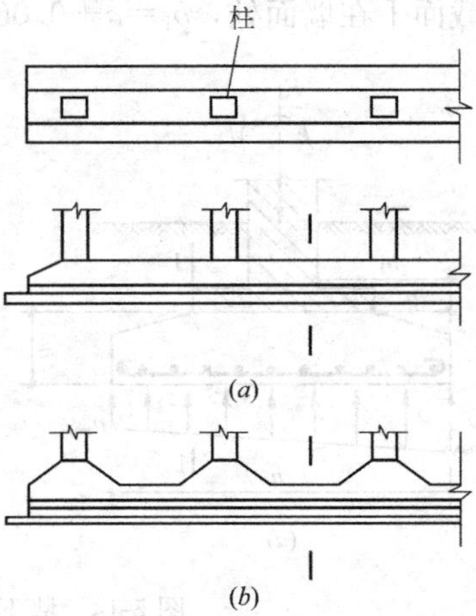

图 5-16 柱下条形基础
(a)等截面；(b)柱位处加腋

(1) 设计内容

柱下钢筋混凝土条形基础的设计内容包括确定基础埋置深度、基础底面的长度与宽度；根据抗冲切、抗剪强度条件确定基础的高度以及根据计算弯矩和剪力确定基础的配筋。

(2) 柱下钢筋混凝土条形基础的构造要求

① 在基础平面布置允许的情况下，条形基础梁的两端应伸出边柱之外(0.25～30)l_1 (l_1为边跨柱距)；基础的底板宽度应由计算确定［图 5-17(*a*)］。

② 肋梁高度 h 应由计算确定，宜为柱距的 1/4～1/8。翼板厚度 h_f 也应由计算确定，一般不应小于 200mm；当 h_f=200～250mm 时，宜取等厚度板，当 h_f>250mm 时，宜用变厚度翼板，板顶坡面 $i \leqslant 1:3$［图 5-17(*d*)］。

③ 一般柱下条形基础沿梁纵向取等截面。当柱截面边长大于或等于肋宽时，可仅在柱位处将肋部加宽，现浇柱与条形基础梁的交接处平面尺寸不应小于［图 5-17(*e*)］的要求。

④ 梁内纵向受力钢筋宜优先选用 HRB400 级钢筋，肋梁顶面和底面的纵向受力钢筋

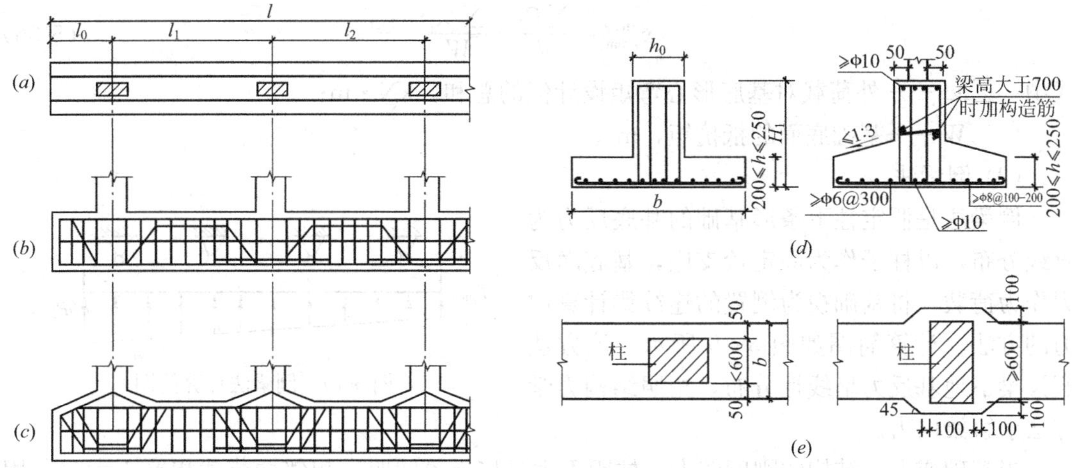

图 5-17　柱下条形基础的构造

应有 2～4 根通长配筋，且其面积不得少于纵向钢筋总面积的 1/3。

⑤ 肋梁内的箍筋应做成封闭式，直径不小于 8mm；当梁宽 $b \leqslant 300$mm 时用双肢箍，当 300mm$<b\leqslant$800mm 时用四肢箍，当 $b>$800mm 时用六肢箍。箍筋直径 6～12mm，间距 50～200mm，在距柱中心线 0.25～0.30 倍柱距范围内箍筋应加密布置。

⑥ 当肋梁高大于 450mm 时，应在梁的两侧放置直径大于 10mm 纵向构造腰筋，每侧纵向构造腰筋(不包括梁顶、底部受力架立钢筋)的截面面积不应小于梁腹板截面面积的 0.1%，其间距不宜大于 200mm。

⑦ 底板钢筋直径不宜小于 10mm，间距 100～200mm。

⑧ 混凝土不低于 C20。垫层为 C15，其厚度宜为 70～100mm。

⑨ 底板受力筋保护层厚度 a 有垫层时 $a=35$mm，无垫层时 $a=70$mm。

5.5.4　条形基础内力简化分析方法

基底反力的分布假设是基础内力计算的理论基础，应根据基础形式和地基条件等要求确定。墙下条形基础的地基反力通常采用直线分布方法计算。对于柱下条形基础，当地基持力层土质均匀，上部结构刚度较好，各柱距相差不大，柱荷载分布比较均匀时，地基反力可认为符合直线分布，基础梁的内力可按简化的直线分布法计算。当不满足上述条件时，宜按弹性地基梁法进行计算。

(1) 静力平衡法

用基础各截面的静力平衡条件求解内力的方法称为静力平衡法。基础梁任意截面的弯矩和剪力可取脱离体按剪力平衡条件求得，如图 5-18 所示。

当上部结构和条形基础的刚度很大，柱荷载和柱距各不相同，柱距较小，地基土质较均匀时，可近似用静力平衡法。

由于基础自重不会引起基础内力，故基础的内力分析应该用净反力，可按式(5-36)计算，根据柱传至梁上的荷载，按偏心受压计算，基础梁边缘处最大和最小地基净反力：

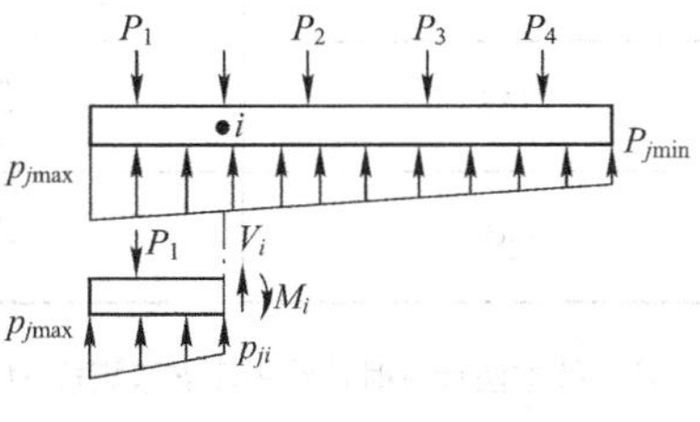

图 5-18　静力平衡法示意图

$$p_{j\,\min}^{\,\max}=\frac{\sum P_i}{bl}+\frac{\sum M_i}{W} \tag{5-36}$$

式中　$\sum M_i$——外荷载对基底形心弯矩设计值的总和，kN·m；

　　W——基础底面的抵抗矩，m^3。

(2) 倒梁法

倒梁法是假定柱下条形基础的基底反力为直线分布，以柱子作为固定铰支座，基底净反力作为荷载，将基础视为倒置的连续梁计算内力的方法。计算简图如图 5-19 所示。该方法假设梁下地基反力呈线性分布，按照结构力学方法求解梁内力。

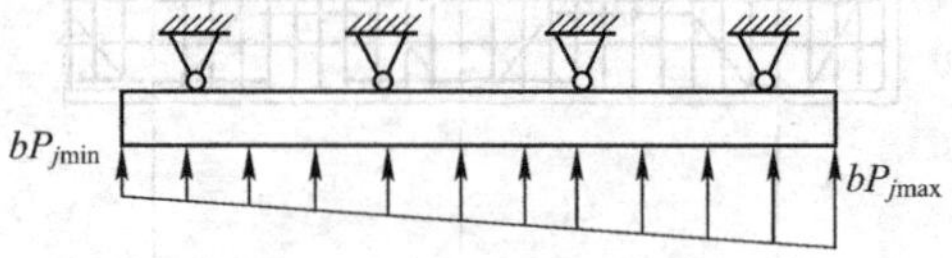

图 5-19　倒梁法计算简图

当基础或上部结构的刚度较大，柱距不大且接近等间距，相邻柱荷载相差不大时，用倒梁法计算内力比较接近实际。由于该方法没有考虑土与基础及上部结构的共同作用，因而用此方法求得的支座反力不等于原柱作用的竖向荷载，一般采用"基底反力局部调整法"进行修正，修正方法是将支座处不平衡力均匀分布在该支座两侧各 1/3 跨度范围内进行叠加求解，经过反复多次叠加，直到支座反力接近柱荷载为止。

(3) 经验系数法

当条形基础梁为等跨或跨度相差不大于10%，除边柱外各柱的荷载相差不大，柱距较小，且荷载的合力重心与基础纵向形心重合时，可近似地按经验系数法的弯矩和剪力系数直接计算基础梁的内力，计算简图如图 5-20 所示。

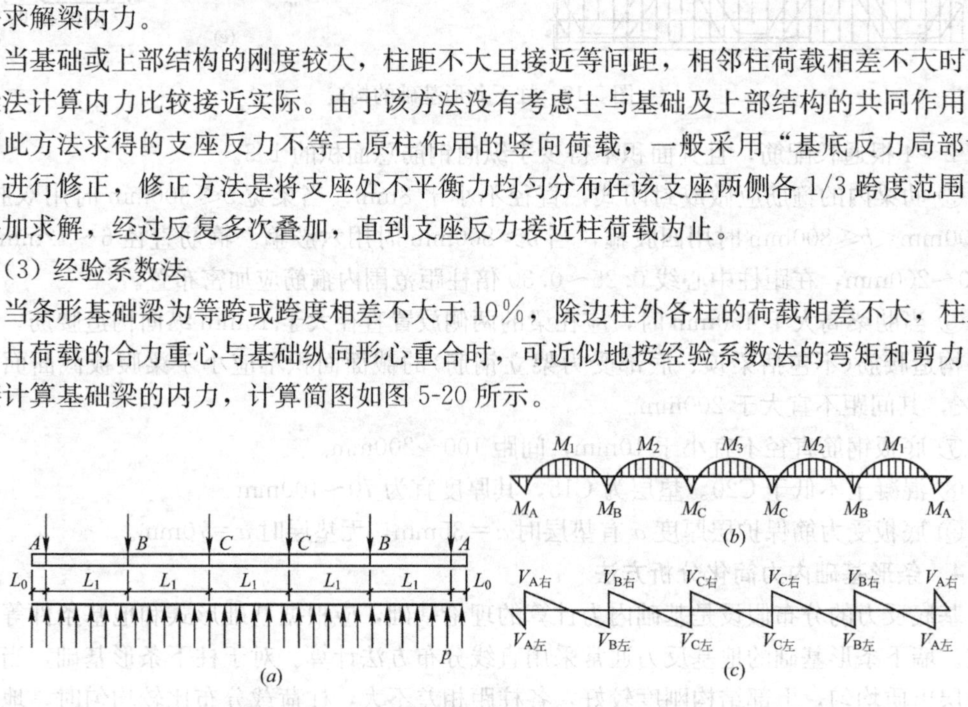

图 5-20　经验系数法荷载、弯矩、剪力图

(*a*)荷载；(*b*)弯矩图；(*c*)剪力图

内力计算公式如表 5-10、表 5-11 所示。

弯矩计算公式　　**表 5-10**

M_A	$\frac{pl_0^2}{2}$	M_1	$-\frac{p}{140}(13l_1^2-35l_0^2)$
M_B	$\frac{pl_1^2}{10}$	M_2	$-\frac{43}{840}pl_1^2$
M_C	$\frac{pl_1^2}{12}$	M_3	$-\frac{5}{84}pl_1^2$

注：按本法计算时，跨中简支弯矩按 $M_1=M_2=M_3=\frac{pl_1^2}{7}$ 计算，基础梁的高度宜大于 $\frac{l_1}{6}$，跨中弯矩计算值在配筋时宜适当增加些，剪力宜按最大值配筋，跨中可放宽箍筋间距。

剪力计算公式 **表 5-11**

$V_A^{左}$	pl_0	$V_A^{右}$	$-\frac{2}{5}pl_1\left[1-\frac{5}{4}\left(\frac{l_0}{l_1}\right)^2\right]$
$V_B^{左}$	$\frac{3}{5}pl_1\left[1-\frac{5}{6}\left(\frac{l_0}{l_1}\right)^2\right]$	$V_B^{右}$	$-\frac{31}{60}pl_1$
$V_C^{左}$	$\frac{29}{60}pl_1$	$V_C^{右}$	$-\frac{1}{2}pl_1$

(4) 连续梁系数法

在一般情况下，要求土质均匀，基础沉降较小，柱距近，上部刚度大，柱的承受荷载相同时可采用连续梁系数法进行计算。采用此法计算，各跨的弯矩、剪力可直接从多跨连续梁内力系数表中可查得相应的系数计算，其值见表 5-12，其计算简图见图 5-21。

对悬臂梁的弯矩有两种处理方法，一种是将悬臂梁在地基净反力作用下的弯矩，全由悬臂梁承受，不传递给其他各跨；另一种是考虑悬臂梁的弯矩对各跨的影响，将值与各种的计算值叠加得最后弯矩。

(5) 弹性地基梁法

1) 弹性地基梁的挠曲微分方程：

图 5-22(a)表示一弹性地基梁受荷载作用时，梁底反力为 $p(x)$，梁和基础的竖向位移为 $y(x)$，在分布荷载段取 dx，作用在该单元上的力如图 5-22(b)所示，考虑 dx 单元的平衡得到弹性地基梁的挠曲微分方程见式(5-37)：

连续梁系数 *C* **表 5-12**

支座弯矩		跨中弯矩		
M_B	M_C	M_{AB}	M_{BC}	M_{CC}
+0.105	+0.079	−0.078	−0.033	−0.046
剪力				
V_A	$V_A^{右}$	$V_B^{右}$	$V_C^{左}$	$V_C^{右}$
−0.395	+0.606	−0.526	+0.474	−0.500

注：$M=Cpl^2$，$V=Cpl$。

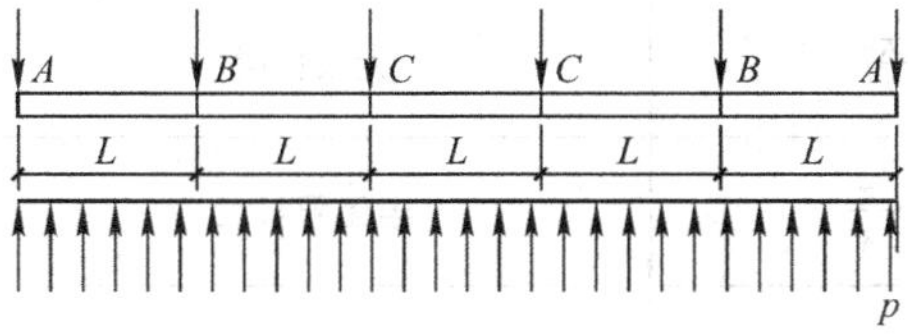

图 5-21 连续梁系数法计算简图

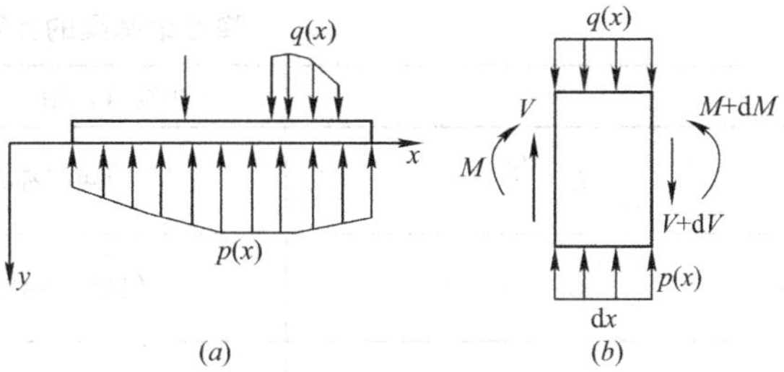

图 5-22 弹性地基梁受力计算简图

$$E_bI_b\frac{d^4y}{dx^4}=-p(x)+q(x) \tag{5-37}$$

根据文克尔假设，式(5-37)可写成式(5-38)

$$E_b I_b \frac{d^4 y}{dx^4} = -kby(x) + q(x) \tag{5-38}$$

式中　E_b、I_b——分别为梁的弹性模量和惯性矩，MPa，m^4；

b——梁的宽度，m；

k——基床系数，kN/m^3，可按表 5-13 取值。

基床系数 k 值　　**表 5-13**

	土的名称	状态	$k(kN/m^3)$
天然地基	淤泥质土、有机质土或新填土		$0.1\times10^4 \sim 0.5\times10^4$
	软弱黏性土		$0.5\times10^4 \sim 1.0\times10^4$
	黏土、粉质黏土	软塑	$1.0\times10^4 \sim 2.0\times10^4$
		可塑	$2.0\times10^4 \sim 4.0\times10^4$
		硬塑	$4.0\times10^4 \sim 10.0\times10^4$
	砂土	松散	$1.0\times10^4 \sim 1.5\times10^4$
		中密	$1.5\times10^4 \sim 2.5\times10^4$
		密实	$2.5\times10^4 \sim 4.0\times10^4$
	砾石	中密	$2.5\times10^4 \sim 4.0\times10^4$
	黄土及黄土类粉质黏土		$4.0\times10^4 \sim 5.0\times10^4$

式(5-38)为文克尔地基梁的基本挠曲微分方程，未知函数为梁的挠度 $y(x)$，是一个四阶常系数线性非齐次微分方程，求解该微分方程得到弹性地基梁微分方程的通解为式(5-39)：

$$y(x) = e^{\lambda x}(C_1 \cos\lambda x + C_2 \sin\lambda x) + e^{-\lambda x}(C_3 \cos\lambda x + C_4 \sin\lambda x) \tag{5-39}$$

其中，$\lambda = \sqrt[4]{\dfrac{kb}{4E_b I_b}}$，称为文克尔地基梁的柔度特征值。

式中　常数 C_1、C_2、C_3 和 C_4 由荷载情况及边界条件确定。

2）几种情况的特解

对梁的计算模式的选用可根据梁长和集中荷载作用的位置共同判断，见表 5-14。当梁上作用有多个集中荷载时，对每个集中荷载而言，梁按何种模式计算也根据梁长和作用点位置综合选定。

弹性地基梁的计算模式的选定　　**表 5-14**

梁长 L	集中荷载作用位置(距梁端为 x)	梁的计算模式
$L \geqslant \frac{2\pi}{\lambda}$	距两端都有 $x \geqslant \frac{\pi}{\lambda}$	无限长梁
$L \geqslant \frac{\pi}{\lambda}$	仅距一端满足 $x \geqslant \frac{\pi}{\lambda}$	半无限长梁
$\frac{\pi}{4\lambda} < L < \frac{2\pi}{\lambda}$	距两端都有 $x < \frac{\pi}{\lambda}$	有限长梁
$L \leqslant \frac{\pi}{4\lambda}$	无关	刚性长梁

① 无限长梁受集中荷载

图 5-23(a)表示受集中力 P_0作用的无限长梁，取力的作用点为坐标原点 O。

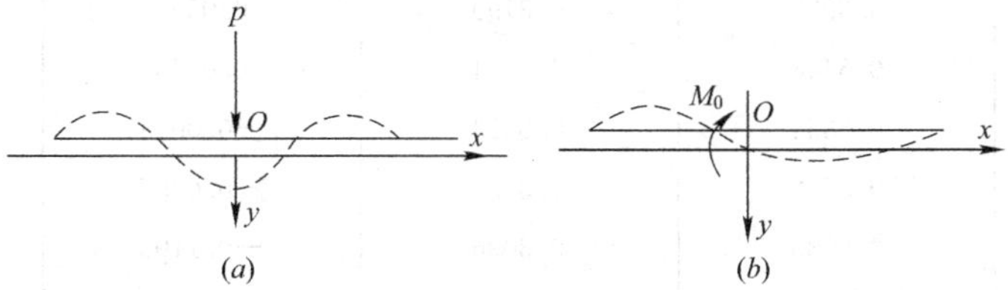

图 5-23 无限长梁的计算模型

(a)受集中荷载作用；(b)受力偶作用

则该梁是对称的，边界条件有

A. 当 $x\to\infty$时，$y=0$；

B. 当 $x=0$ 时，$\frac{\mathrm{d}y}{\mathrm{d}x}=0$；

C. 当 $x=0$ 时，$V=-\frac{P_0}{2}$

无限长梁受集中力作用时，梁的挠度 y、角变位 φ、弯矩 M 和剪力 V 的表达式为式(5-40)：

$$y=\frac{P_0\lambda}{2kb}\cdot e^{-\lambda x}(\cos\lambda x+\sin\lambda x)=\frac{P_0\lambda}{2kb}F_1(\lambda x) \quad (5\text{-}40a)$$

$$\varphi=-\frac{P_0\lambda^2}{kb}\cdot e^{-\lambda x}\cdot\sin(\lambda x)=-\frac{P_0\lambda^2}{kb}F_2(\lambda x) \quad (5\text{-}40b)$$

$$M=\frac{P_0}{4\lambda}\cdot e^{-\lambda x}(\cos\lambda x-\sin\lambda x)=\frac{P_0}{4\lambda}F_3(\lambda x) \quad (5\text{-}40c)$$

$$V=-\frac{P_0}{2}\cdot e^{-\lambda x}\cdot\cos(\lambda x)=-\frac{P_0}{2}F_4(\lambda x) \quad (5\text{-}40d)$$

式中：

$$\begin{cases}F_1(\lambda x)=e^{-\lambda x}(\cos\lambda x+\sin\lambda x)\\F_2(\lambda x)=e^{-\lambda x}\cdot\sin(\lambda x)\\F_3(\lambda x)=e^{-\lambda x}(\cos\lambda x-\sin\lambda x)\\F_4(\lambda x)=e^{-\lambda x}\cdot\cos(\lambda x)\end{cases} \quad (5\text{-}40e)$$

函数 $F_1(\lambda x)$、$F_2(\lambda x)$、$F_3(\lambda x)$、$F_4(\lambda x)$与 λx 有关，查表 5-15。

$F_1(\lambda x)$、$F_2(\lambda x)$、$F_3(\lambda x)$、$F_4(\lambda x)$系数 表 5-15

λx	$F_1(\lambda x)$	$F_2(\lambda x)$	$F_3(\lambda x)$	$F_4(\lambda x)$
0.0	1.0000	0.0000	1.0000	1.0000
0.1	0.9907	0.0903	0.8100	0.9003
0.2	0.9651	0.1627	0.6398	0.8024
0.3	0.9267	0.2189	0.4888	0.7077
0.4	0.8784	0.2610	0.3564	0.6174
0.5	0.8231	0.2908	0.2415	0.5323
0.6	0.7628	0.3099	0.1431	0.4530

续表

λx	$F_1(\lambda x)$	$F_2(\lambda x)$	$F_3(\lambda x)$	$F_4(\lambda x)$
0.7	0.6997	0.3199	0.0599	0.3798
π/4	0.6448	0.3224	0.0000	0.3224
0.8	0.6354	0.3223	−0.0093	0.3131
0.9	0.5712	0.3185	−0.0657	0.2527
1.0	0.5083	0.3096	−0.1108	0.1988
1.1	0.4476	0.2967	−0.1457	0.1510
1.2	0.3899	0.2807	−0.1716	0.1091
1.3	0.3355	0.2626	−0.1897	0.0729
1.4	0.2849	0.2430	−0.2011	0.0419
1.5	0.2384	0.2226	−0.2068	0.0158
π/2	0.2079	0.2079	−0.2079	0.0000
1.6	0.1959	0.2018	−0.2077	−0.0059
1.7	0.1576	0.1812	−0.2047	−0.0235
1.8	0.1234	0.1610	−0.1985	−0.0376
1.9	0.0932	0.1415	−0.1899	−0.0484
2.0	0.0667	0.1231	−0.1794	−0.0563
2.1	0.0439	0.1057	−0.1675	−0.0618
2.2	0.0244	0.0896	−0.1548	−0.0652
2.3	0.0080	0.0748	−0.1416	−0.0668
3π/4	0.0000	0.0670	−0.1340	−0.0670
2.4	−0.0056	0.0613	−0.1282	−0.0669
2.5	−0.0166	0.0491	−0.1149	−0.0658
2.6	−0.0254	0.0383	−0.1019	−0.0636
2.7	−0.0320	0.0287	−0.0895	−0.0608
2.8	−0.0369	0.0204	−0.0777	−0.0573
2.9	−0.0403	0.0132	−0.0666	−0.0534
3.0	−0.0423	0.0070	−0.0563	−0.0493
3.1	−0.0431	0.0019	−0.0469	−0.0450
π	−0.0432	0.0000	−0.0432	−0.0432
3.2	−0.0431	−0.0024	−0.0383	−0.0407
3.3	−0.0422	−0.0058	−0.0306	−0.0364
3.4	−0.0408	−0.0085	−0.0237	−0.0323
3.5	−0.0389	−0.0106	−0.0177	−0.0283
3.6	−0.0366	−0.0121	−0.0124	−0.0245
3.7	−0.0341	−0.0131	−0.0079	−0.0210
3.8	−0.0314	−0.0137	−0.0040	−0.0177
3.9	−0.0286	−0.0139	−0.0008	−0.0147
5π/4	−0.0279	−0.0139	0.0000	−0.0139
4.0	−0.0258	−0.0139	0.0019	−0.0120

续表

λx	$F_1(\lambda x)$	$F_2(\lambda x)$	$F_3(\lambda x)$	$F_4(\lambda x)$
4.1	−0.0231	−0.0136	0.0040	−0.0095
4.2	−0.0204	−0.0131	0.0057	−0.0074
4.3	−0.0179	−0.0124	0.0070	−0.0054
4.4	−0.0155	−0.0117	0.0079	−0.0038
4.5	−0.0132	−0.0109	0.0085	−0.0023
4.6	−0.0111	−0.0100	0.0089	−0.0011
4.7	−0.0092	−0.0091	0.0090	−0.0001
$6\pi/4$	−0.0090	−0.0090	0.0090	0.0000
4.8	−0.0075	−0.0082	0.0089	0.0007
4.9	−0.0059	−0.0073	0.0087	0.0014
5.0	−0.0045	−0.0065	0.0084	0.0019
5.1	−0.0033	−0.0056	0.0079	0.0023
5.2	−0.0023	−0.0049	0.0075	0.0026
5.3	−0.0014	−0.0042	0.0069	0.0028
5.4	−0.0006	−0.0035	0.0064	0.0029
5.5	0.0000	−0.0029	0.0058	0.0029
$7\pi/4$	0.0000	−0.0029	0.0058	0.0029
5.6	0.0005	−0.0023	0.0052	0.0029
5.7	0.0010	−0.0018	0.0046	0.0028
5.8	0.0013	−0.0014	0.0041	0.0027
5.9	0.0015	−0.0010	0.0036	0.0025
6.0	0.0017	−0.0007	0.0031	0.0024
6.1	0.0018	−0.0004	0.0026	0.0022
6.2	0.0019	−0.0002	0.0022	0.0020
2π	0.0019	0.0000	0.0019	0.0019
6.3	0.0019	0.0000	0.0018	0.0018
6.4	0.0018	0.0002	0.0015	0.0017
6.5	0.0018	0.0003	0.0011	0.0015
6.6	0.0017	0.0004	0.0009	0.0013
6.7	0.0016	0.0005	0.0006	0.0011
6.8	0.0015	0.0006	0.0004	0.0010
6.9	0.0014	0.0006	0.0002	0.0008
7.0	0.0013	0.0006	0.0001	0.0007
$9\pi/4$	0.0012	0.0006	0.0000	0.0006

② 无限长梁受力偶作用

当无限长梁上作用一集中力偶时［图 5-23(b)］，积分常数可由以下边界条件确定：

A. $x\rightarrow\infty$ 时　$y=0$

B. $x=0$ 时　$y=0$

C. $x=0$ 时 $M=-E_b I_b \frac{d^2 y}{dx^2}=\frac{M_0}{2}$

无限长梁在有集中力偶作用时，梁的挠度 y，角变位 φ，弯矩 M 和剪力 V 分别为式(5-41)：

$$y=\frac{M_0\lambda^2}{kb}e^{-\lambda x}\sin\lambda x=\frac{M_0\lambda^2}{kb}F_2(\lambda x) \tag{5-41a}$$

$$\varphi=\frac{M_0\lambda^2}{kb}e^{-\pi x}(\cos\lambda x-\sin\lambda x)=\frac{M_0\lambda^2}{kb}F_3(\lambda x) \tag{5-41b}$$

$$M=\frac{M_0}{2}\cdot e^{-\lambda x}\cdot\cos\lambda x=\frac{M_0}{2}F_4(\lambda x) \tag{5-41c}$$

$$V=-\frac{M_0\lambda}{2}e^{-\lambda x}(\cos\pi x+\sin\lambda x)=-\frac{M_0\lambda}{2}\cdot F_1(\lambda x) \tag{5-41d}$$

③ 无限长梁受均布载荷

对于无限长梁上部分长度受均布载荷 q 作用的情况(图 5-24)，可以按梁在集中载荷作用下的解积分而得，只要将 $q d\xi$ 作为集中载荷，就不难求得。

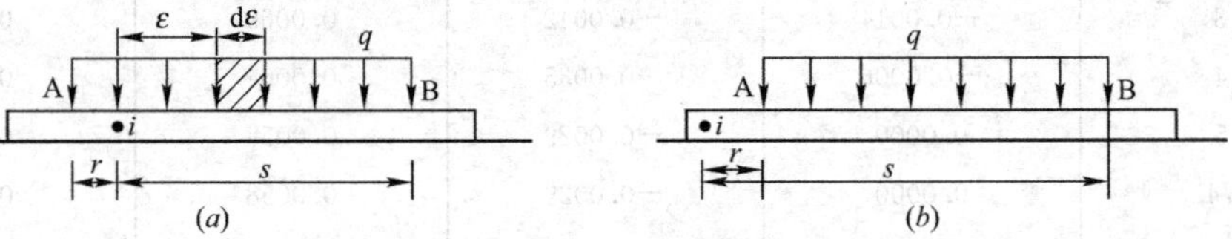

图 5-24 无限长梁受均布荷载作用

当计算点 i 位于均布载荷范围内时［图 5-24(a)］，梁的挠度 y，角变位 φ，弯矩 M 和剪力 V 分别为式(5-42)：

$$y=\frac{q}{2kb}\left[2-F_4(\lambda r)-F_4(\lambda s)\right] \tag{5-42a}$$

$$\varphi=\frac{q}{2kb}\left[F_1(\lambda r)-F_1(\lambda s)\right] \tag{5-42b}$$

$$M=\frac{q}{4\lambda^2}\left[F_2(\lambda r)+F_2(\lambda s)\right] \tag{5-42c}$$

$$V=\frac{q}{4\lambda}\left[F_3(\lambda r)-F_3(\lambda s)\right] \tag{5-42d}$$

当计算点 i 点位于均布载荷以外时［图 5-24(b)］，梁的挠度 y，角变位 φ，弯矩 M 和剪力 V 分别为式(5-43)：

$$y=\frac{q}{2kb}\left[F_4(\lambda r)-F_4(\lambda s)\right] \tag{5-43a}$$

$$\varphi=\frac{q\lambda}{2kb}\left[F_1(\lambda r)-F_1(\lambda s)\right] \tag{5-43b}$$

$$M=\frac{q}{4\lambda^2}\left[F_2(\lambda r)-F_2(\lambda s)\right] \tag{5-43c}$$

$$V=\frac{q}{4\lambda}\left[F_3(\lambda r)-F_3(\lambda s)\right] \tag{5-43d}$$

④ 半无限长梁受集中力作用

如果一半无限长梁的一端受集中力 P_0 的作用［图 5-25(*a*)］，另一端延至无穷远，取坐标原点在 P_0 的作用点，边界条件有：

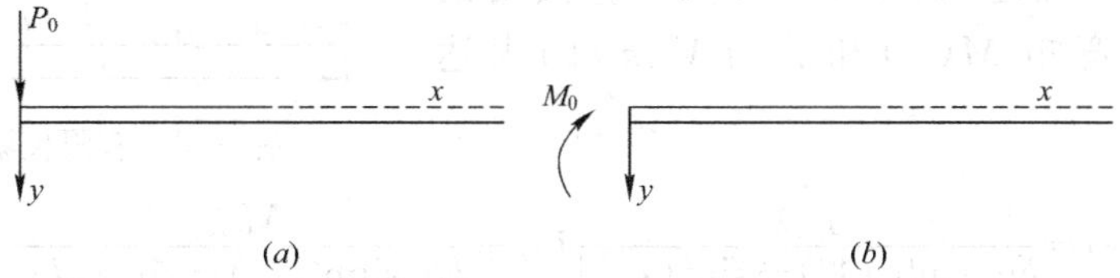

图 5-25　半无限长梁计算简图

A. $x\to\infty$ 时，$y=0$

B. $x=0$ 时，$M=-E_bI_b\dfrac{d^2y}{dx^2}=0$

C. $x=0$ 时，$V=-E_bI_b\dfrac{d^3y}{dx^3}=-P_0$

当半无限长梁一端受集中力作用时，梁的挠度 y，角变位 φ，弯矩 M 和剪力 V 为式(5-44)：

$$y=\frac{2P_0\lambda}{kb}F_4(\lambda x) \tag{5-44a}$$

$$\varphi=\frac{-2P_0\lambda^2}{kb}F_1(\lambda x) \tag{5-44b}$$

$$M=\frac{-P_0}{\lambda}F_2(\lambda x) \tag{5-44c}$$

$$V=-P_0F_3(\lambda x) \tag{5-44d}$$

⑤ 半无限长梁受力偶作用

如果一半无限长梁的一端受集中力偶作用［图 5-25(*b*)］，另一端延伸至无穷远，边界条件有：

A. $x\to\infty$ 时，$y=0$

B. $x=0$ 时，$M=-E_bI_b\dfrac{d^2y}{dx^2}=0$

C. $x=0$ 时，$V=-E_bI_b\dfrac{d^3y}{dx^3}=-P_0$

在半无限长梁一端有集中力偶作用时，梁的挠度 y，角变位 φ，弯矩 M 和剪力 V 的表达式为式(5-45)：

$$y=-\frac{2M_0\lambda^2}{kb}F_3(\lambda x) \tag{5-45a}$$

$$\varphi=\frac{4M_0\lambda^3}{kb}F_4(\lambda x) \tag{5-45b}$$

$$M=M_0F_1(\lambda x) \tag{5-45c}$$

$$V=-2M_0\lambda F_2(\lambda x) \tag{5-45d}$$

⑥ 有限长梁

图 5-26 表示一有限长梁，其上作用有集中力 P_0 和弯矩 M_0，海滕尼（Hetenyi，1946）直接给出了挠度 $y(x)$、弯矩 $M(x)$ 和剪力 $V(x)$ 的表达式(5-46)：

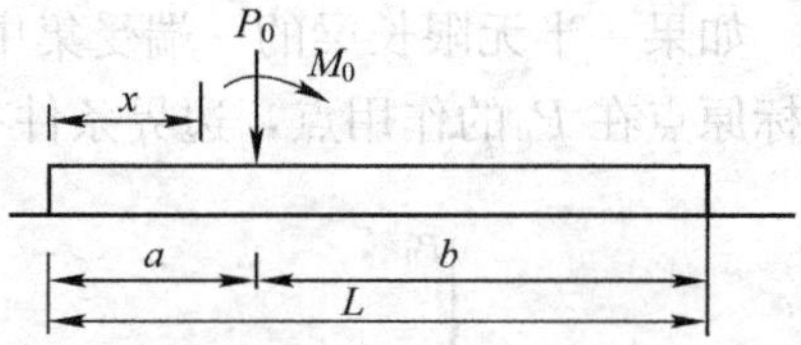

图 5-26　有限长梁计算简图

$$y(x)=\frac{P_0\lambda}{kb[\sinh^2(\lambda l)-\sin^2(\lambda l)]}I_{3P}+\frac{M_0\lambda^2}{kb[\sinh^2(\lambda l)-\sin^2(\lambda l)]}I_{3M} \tag{5-46a}$$

$$M(x)=\frac{P_0}{2\lambda[\sinh^2(\lambda l)-\sin^2(\lambda l)]}I_{1P}+\frac{M_0}{\sinh^2(\lambda l)-\sin^2(\lambda l)}I_{1M} \tag{5-46b}$$

$$V(x)=-\frac{P_0}{\sinh^2(\lambda l)-\sin^2(\lambda l)}I_{2P}+\frac{M_0\lambda}{\sinh^2(\lambda l)-\sin^2(\lambda l)}I_{2M} \tag{5-46c}$$

$$\begin{aligned}I_{1P}=&2\sinh(\lambda x)\sin(\lambda x)[\sinh(\lambda l)\cos(\lambda a)\cosh(\lambda b)\\&-\sin(\lambda l)\cosh(\lambda a)\cos(\lambda b)]-[\sinh(\lambda x)\cos(\lambda x)\\&-\cosh(\lambda x)\sin(\lambda x)]\,[\sinh(\lambda l)\{\sin(\lambda a)\cosh(\lambda b)-\cos(\lambda a)\sinh(\lambda b)\}\\&+\sin(\lambda l)\,\{\sinh(\lambda a)\cos(\lambda b)-\cosh(\lambda a)\sin(\lambda b)\}]\end{aligned} \tag{5-46d}$$

$$\begin{aligned}I_{2P}=&[\cosh(\lambda x)\sin(\lambda x)+\sinh(\lambda x)\cos(\lambda x)]\,[\sinh(\lambda l)\cos(\lambda a)\cosh(\lambda b)\\&-\sin(\lambda l)\cosh(\lambda a)\cos(\lambda b)]\\&+\sinh(\lambda x)\sin(\lambda x)\,[\sinh(\lambda l)\{\sin(\lambda a)\cosh(\lambda b)-\cos(\lambda a)\sinh(\lambda b)\}\\&+\sin(\lambda l)\{\sinh(\lambda a)\cos(\lambda b)-\cosh(\lambda a)\sin(\lambda b)\}]\end{aligned} \tag{5-46e}$$

$$\begin{aligned}I_{3P}=&2\cosh(\lambda x)\cos(\lambda x)\,[\sinh(\lambda l)\cos(\lambda a)\cosh(\lambda b)\\&-\sin(\lambda l)\cosh(\lambda a)\cos(\lambda b)]+[\cosh(\lambda x)\sin(\lambda x)\\&+\sinh(\lambda x)\cos(\lambda x)]\,[\sinh(\lambda b)\{\sin(\lambda a)\cosh(\lambda b)-\cos(\lambda a)\sinh(\lambda b)\}\\&+\sin(\lambda l)\{\sinh(\lambda a)\cos(\lambda b)-\cosh(\lambda a)\sin(\lambda b)\}]\end{aligned} \tag{5-46f}$$

$$\begin{aligned}I_{1M}=&\sinh(\lambda x)\sin(\lambda x)[\sinh(\lambda l)\{\cosh(\lambda a)\sin(\lambda b)+\sin(\lambda a)\cosh(\lambda b)\}\\&+\sin(\lambda l)\,\{\cosh(\lambda a)\sin(\lambda b)+\sinh(\lambda a)\cos(\lambda b)\}]+\{\sinh(\lambda x)\cos(\lambda x)\\&-\cosh(\lambda x)\sin(\lambda x)\}\{\sinh(\lambda l)\cos(\lambda a)\cosh(\lambda b)\\&+\sin(\lambda l)\cosh(\lambda a)\cos(\lambda x)\}\end{aligned} \tag{5-46g}$$

$$\begin{aligned}I_{2M}=&\{\cosh(\lambda x)\sin(\lambda x)+\sinh(\lambda x)\cos(\lambda x)\}[\sinh(\lambda a)\{\cos(\lambda a)\sinh(\lambda b)\\&+\sin(\lambda a)\cosh(\lambda b)\}+\sin(\lambda l)\,\{\cosh(\lambda a)\sin(\lambda b)+\sinh(\lambda a)\cos(\lambda b)\}]\\&-2\sinh(\lambda x)\sin(\lambda x)\{\sinh(\lambda l)co\}s(\lambda a)\cosh(\lambda b)\\&+\sin(\lambda l)\cosh(\lambda a)\cos(\lambda b)\end{aligned} \tag{5-46h}$$

$$\begin{aligned}I_{3M}=&\cosh(\lambda x)\cos(\lambda x)\{\sinh(\lambda l)\cos(\lambda a)\sinh(\lambda b)\\&+\sinh(\lambda l)\sin(\lambda a)\cosh(\lambda b)+\sin(\lambda l)\cosh(\lambda a)\sin(\lambda b)\\&+\sin(\lambda l)\sinh(\lambda a)\cos(\lambda b)\}-\{\cosh(\lambda x)\sin(\lambda x)\\&+\sinh(\lambda x)\cos(\lambda x)\}\{\sinh(\lambda l)\cos(\lambda a)\cosh(\lambda b)\\&+\sin(\lambda l)\cosh(\lambda a)\cos(\lambda b)\}\end{aligned} \tag{5-46i}$$

从上面的公式来看，计算起来比较麻烦，现可采用查表的方法计算有限长梁的弯矩值和剪力值，如式(5-47)所示：

$$P=ky(x) \tag{5-47a}$$

$$y(x)=\frac{P}{kbl}\bar{y} \tag{5-47b}$$

$$M(x)=Pl\overline{M} \tag{5-47c}$$

$$V(x)=P\overline{V} \tag{5-47d}$$

式中：$\overline{M}$、$\overline{V}$ 可由表 5-16、表 5-17 查得

有限长梁弯矩系数 $\overline{M}$ **表 5-16**

$\lambda l=1$

a/l \ x/l	0.0	0.1	0.2	0.3	0.4	0.5	0.6	0.7	0.8	0.9	1.0
0.00	0	−0.0808	−0.1275	−0.1462	−0.1429	−0.1239	−0.0950	−0.0623	−0.0316	−0.0089	0
0.05	0	−0.0323	−0.0828	−0.1072	−0.1108	−0.0991	−0.0776	−0.0516	−0.0265	−0.0075	0
0.10	0	0.0163	−0.0382	−0.0682	−0.0786	−0.0744	−0.0603	−0.0410	−0.0214	−0.0061	0
0.15	0	0.0148	0.0065	−0.0292	−0.0465	−0.0496	−0.0429	−0.0304	−0.0163	−0.0048	0
0.20	0	0.0134	0.0512	0.0099	−0.0143	−0.0249	−0.0255	−0.0197	−0.0111	−0.0034	0
0.25	0	0.0102	0.0459	0.0489	0.0179	−0.0001	−0.0081	−0.0090	−0.0060	−0.0020	0
0.30	0	0.0106	0.0407	0.0880	0.0501	0.0247	0.0093	0.0016	−0.0009	−0.0006	0
0.35	0	0.0091	0.0354	0.0770	0.0823	0.0495	0.0268	0.0123	0.0042	0.0008	0
0.40	0	0.0077	0.0302	0.0662	0.1146	0.0744	0.0443	0.0230	0.0094	0.0021	0
0.45	0	0.0063	0.0249	0.0553	0.0970	0.0993	0.0618	0.0338	0.0146	0.0035	0
0.50	0	0.0049	0.0197	0.0445	0.0794	0.1243	0.0794	0.0445	0.0197	0.0049	0
0.55	0	0.0035	0.0146	0.0338	0.0618	0.0993	0.0970	0.0553	0.0249	0.0063	0
0.60	0	0.0021	0.0094	0.0230	0.0443	0.0744	0.1146	0.0662	0.0302	0.0077	0
0.65	0	0.0008	0.0042	0.0123	0.0268	0.0495	0.0823	0.0770	0.0354	0.0091	0
0.70	0	−0.0006	−0.0009	0.0016	0.0093	0.0247	0.0501	0.0880	0.0407	0.0106	0
0.75	0	−0.0020	−0.0060	−0.0090	−0.0081	−0.0001	0.0179	0.0489	0.0459	0.0120	0
0.80	0	−0.0034	−0.0111	−0.0197	−0.0255	−0.0249	−0.0143	0.0099	0.0512	0.0134	0
0.85	0	−0.0048	−0.0163	−0.0304	−0.0429	−0.0496	−0.0465	−0.0292	0.0065	0.0148	0
0.90	0	−0.0061	−0.0214	−0.0410	−0.0603	−0.0744	−0.0786	−0.0682	−0.0382	0.0163	0
0.95	0	−0.0075	−0.0265	−0.0516	−0.0776	−0.0991	−0.1108	−0.1072	−0.0828	0.0323	0
1.0	0	−0.0089	−0.0316	−0.0623	−0.0950	−0.1239	−0.1429	−0.1462	−0.1275	0.0808	0

$\lambda l=2$

a/l \ x/l	0.0	0.1	0.2	0.3	0.4	0.5	0.6	0.7	0.8	0.9	1.0
0.00	0	−0.0788	−0.1209	−0.1350	−0.1288	−0.1090	−0.0818	−0.0526	−0.0263	−0.0073	0
0.05	0	−0.0307	−0.0779	−0.0988	−0.1000	−0.0877	−0.0674	−0.0441	−0.0223	−0.0063	0
0.10	0	0.0173	−0.0349	−0.0624	−0.0711	−0.0644	−0.0530	−0.0356	−0.0184	−0.0052	0

续表

$\lambda l=2$

x/l a/l	0.0	0.1	0.2	0.3	0.4	0.5	0.6	0.7	0.8	0.9	1.0
0.15	0	0.0153	0.0082	−0.0260	−0.0422	−0.0449	−0.0385	−0.0271	−0.0144	−0.0042	0
0.20	0	0.0134	0.0515	0.0105	−0.0131	−0.0234	−0.0239	−0.0184	−0.0104	−0.0031	0
0.25	0	0.0116	0.0449	0.0474	0.0162	0.0015	−0.0091	−0.0097	−0.0063	−0.0021	0
0.30	0	0.0099	0.0386	0.0846	0.0460	0.0207	0.0060	−0.0007	−0.0021	−0.0010	0
0.35	0	0.0083	0.0326	0.0723	0.0763	0.0433	0.0215	0.0085	0.0022	0.0001	0
0.40	0	0.0067	0.0269	0.0604	0.1072	0.0666	0.0374	0.0180	0.0067	0.0013	0
0.45	0	0.0053	0.0214	0.0491	0.0888	0.0905	0.0539	0.0279	0.0113	0.0026	0
0.50	0	0.0039	0.0163	0.0383	0.0710	0.1151	0.0710	0.0383	0.0163	0.0039	0
0.55	0	0.0026	0.0113	0.0279	0.0539	0.0905	0.0888	0.0491	0.0214	0.0053	0
0.60	0	0.0013	0.0067	0.0180	0.0374	0.0666	0.1072	0.0604	0.0269	0.0067	0
0.65	0	0.0001	0.0022	0.0085	0.0215	0.0433	0.0763	0.0723	0.0326	0.0083	0
0.70	0	−0.0010	−0.0021	−0.0007	0.0060	0.0207	0.0460	0.0846	0.0386	0.0099	0
0.75	0	−0.0021	−0.0063	−0.0097	−0.0091	−0.0015	0.0162	0.0474	0.0449	0.0116	0
0.80	0	−0.0031	−0.0104	−0.0184	−0.0239	−0.0234	−0.0131	0.0105	0.0515	0.0134	0
0.85	0	−0.0042	−0.0144	−0.0271	−0.0385	−0.0449	−0.0422	−0.0260	0.0082	0.0153	0
0.90	0	−0.0052	−0.0184	−0.0356	−0.0530	−0.0664	−0.0711	−0.0624	−0.0349	0.0173	0
0.95	0	−0.0063	−0.0223	−0.0441	−0.0674	−0.0877	−0.1000	−0.0988	−0.0779	−0.0307	0
1.0	0	−0.0073	−0.0263	−0.0526	−0.0818	−0.1090	−0.1288	−0.1350	−0.1209	0.0788	0

$\lambda l=3$

x/l a/l	0.0	0.1	0.2	0.3	0.4	0.5	0.6	0.7	0.8	0.9	1.0
0.00	0	−0.0728	−0.1025	−0.1044	−0.0906	−0.0697	−0.0476	−0.0280	−0.0129	−0.0033	0
0.05	0	−0.0264	−0.0643	−0.0758	−0.0709	−0.0574	−0.0408	−0.0248	−0.0117	−0.0031	0
0.10	0	0.0200	−0.0261	−0.0470	−0.0511	−0.0450	−0.0340	−0.0216	−0.0106	−0.0029	0
0.15	0	0.0165	0.0125	−0.0179	−0.0310	−0.0324	−0.0269	−0.0183	−0.0094	−0.0027	0
0.20	0	0.0134	0.0517	0.0119	−0.0102	−0.0192	−0.0195	−0.0147	−0.0081	−0.0024	0
0.25	0	0.0105	0.0417	0.0427	0.0116	−0.0052	−0.0114	−0.0108	−0.0067	−0.0021	0
0.30	0	0.0080	0.0327	0.0750	0.0348	0.0100	−0.0025	−0.0063	−0.0049	−0.0018	0
0.35	0	0.0058	0.0247	0.0590	0.0599	0.0269	0.0077	−0.0010	−0.0028	−0.0013	0
0.40	0	0.0039	0.0179	0.0448	0.0872	0.0458	0.0195	0.0053	−0.0001	−0.0007	0
0.45	0	0.0024	0.0120	0.0324	0.0668	0.0670	0.0331	0.0129	0.0031	0.0001	0
0.50	0	0.0011	0.0071	0.0218	0.0488	0.0907	0.0488	0.0218	0.0071	0.0011	0
0.55	0	0.0001	0.0031	0.0129	0.0331	0.0670	0.0688	0.0324	0.0120	0.0024	0
0.60	0	−0.0007	−0.0001	0.0053	0.0195	0.0458	0.0872	0.0448	0.0179	0.0039	0
0.65	0	−0.0013	−0.0028	−0.0010	0.0077	0.0269	0.0599	0.0590	0.0247	0.0058	0

续表

$\lambda l=3$

x/l \ a/l	0.0	0.1	0.2	0.3	0.4	0.5	0.6	0.7	0.8	0.9	1.0
0.70	0	-0.0018	-0.0049	-0.0063	-0.0025	0.0100	0.0348	0.0750	0.0327	0.0080	0
0.75	0	-0.0021	-0.0067	-0.0108	-0.0114	-0.0052	0.0116	0.0427	0.0417	0.0105	0
0.80	0	-0.0024	-0.0081	-0.0147	-0.0195	-0.0192	-0.0102	0.0119	0.0517	0.0134	0
0.85	0	-0.0027	-0.0094	-0.0183	-0.0269	-0.0324	-0.0310	-0.0179	0.0125	0.0165	0
0.90	0	-0.0029	-0.0106	-0.0216	-0.0340	-0.0450	-0.0511	-0.0470	-0.0261	0.0200	0
0.95	0	-0.0031	-0.0117	-0.0248	-0.0408	-0.0574	-0.0709	-0.0578	-0.0643	-0.0264	0
1.0	0	-0.0033	-0.0129	-0.0280	-0.0476	-0.0697	-0.0906	-0.1044	-0.1025	-0.0728	0

$\lambda l=4$

x/l \ a/l	0.0	0.1	0.2	0.3	0.4	0.5	0.6	0.7	0.8	0.9	1.0
0.00	0	-0.0652	-0.0805	-0.0701	-0.0505	-0.0311	-0.0161	-0.0066	-0.0018	-0.0001	0
0.05	0	-0.0213	-0.0487	-0.0506	-0.0406	-0.0275	-0.0158	-0.0075	-0.0026	-0.0005	0
0.10	0	0.0228	-0.0167	-0.0309	-0.0305	-0.0237	-0.0155	-0.0085	-0.0035	-0.0008	0
0.15	0	0.0173	0.0161	-0.0104	-0.0199	-0.0196	-0.0150	-0.0093	-0.0044	-0.0011	0
0.20	0	0.0126	0.0503	0.0116	-0.0080	-0.0147	-0.0140	-0.0099	-0.0051	-0.0015	0
0.25	0	0.0085	0.0364	0.0358	0.0057	-0.0085	-0.0122	-0.0101	-0.0058	-0.0017	0
0.30	0	0.0053	0.0247	0.0630	0.0221	-0.0003	-0.0091	-0.0096	-0.0061	-0.0020	0
0.35	0	0.0027	0.0152	0.0435	0.0420	0.0106	-0.0048	-0.0082	-0.0061	-0.0021	0
0.40	0	0.0008	0.0078	0.0276	0.0658	0.0249	0.0028	-0.0055	-0.0054	-0.0021	0
0.45	0	-0.0005	0.0024	0.0151	0.0440	0.0432	0.0129	-0.0010	-0.0040	-0.0019	0
0.50	0	-0.0014	-0.0015	0.0057	0.0264	0.0659	0.0264	0.0057	-0.0015	-0.0014	0
0.55	0	-0.0019	-0.0040	-0.0010	0.0129	0.0432	0.0440	0.0151	0.0024	-0.0005	0
0.60	0	-0.0021	-0.0054	-0.0055	0.0028	0.0249	0.0658	0.0276	0.0078	0.0008	0
0.65	0	-0.0021	-0.0061	-0.0082	-0.0043	0.0106	0.0420	0.0435	0.0152	0.0027	0
0.70	0	-0.0020	-0.0061	-0.0096	-0.0091	-0.0003	0.0221	0.0630	0.0247	0.0053	0
0.75	0	-0.0017	-0.0058	-0.0101	-0.0122	-0.0085	0.0057	0.0358	0.0364	0.0085	0
0.80	0	-0.0015	-0.0051	-0.0099	-0.0140	-0.0147	-0.0080	0.0116	0.0503	0.0126	0
0.85	0	-0.0011	-0.0044	-0.0093	-0.0150	-0.0196	-0.0199	-0.0104	0.0161	0.0173	0
0.90	0	-0.0008	-0.0035	-0.0085	-0.0155	-0.0237	-0.0305	-0.0309	-0.0167	0.0228	0
0.95	0	-0.0005	-0.0026	-0.0075	-0.0158	-0.0275	-0.0406	-0.0506	-0.0487	-0.0213	0
1.0	0	-0.0001	-0.0018	-0.0066	-0.0161	-0.0311	-0.0505	-0.0701	-0.0805	0.0652	0

$\lambda l=5$

x/l \ a/l	0.0	0.1	0.2	0.3	0.4	0.5	0.6	0.7	0.8	0.9	1.0
0.00	0	-0.0581	-0.0619	-0.0445	-0.0246	-0.0099	-0.0017	0.0014	0.0016	0.0006	0
0.05	0	-0.0170	-0.0364	-0.0325	-0.0212	-0.0107	-0.0037	-0.0003	0.0006	0.0003	0
0.10	0	0.0246	-0.0105	-0.0202	-0.0177	-0.0114	-0.0057	-0.0021	-0.0004	0	0

续表

$\lambda l=5$

a/l \ x/l	0.0	0.1	0.2	0.3	0.4	0.5	0.6	0.7	0.8	0.9	1.0
0.15	0	0.0171	0.0168	−0.0068	−0.0134	−0.0118	−0.0076	−0.0038	−0.0014	−0.0003	0
0.20	0	0.0109	0.0467	0.0090	−0.0076	−0.0114	−0.0092	−0.0056	−0.0024	−0.0006	0
0.25	0	0.0060	0.0299	0.0282	0.0007	−0.0096	−0.0103	−0.0072	−0.0035	−0.0009	0
0.30	0	0.0025	0.0168	0.0521	0.0126	−0.0057	−0.0104	−0.0085	−0.0046	−0.0013	0
0.35	0	0.0001	0.0072	0.0311	0.0291	0.0013	−0.0089	−0.0092	−0.0056	−0.0017	0
0.40	0	−0.0014	0.0007	0.0153	0.0512	0.0124	−0.0051	−0.0089	−0.0062	−0.0021	0
0.45	0	−0.0021	−0.0034	0.0042	0.0293	0.0258	0.0019	−0.0071	−0.0063	−0.0023	0
0.50	0	−0.0024	−0.0056	−0.0030	0.0131	0.0505	0.0131	0.0030	−0.0056	−0.0024	0
0.55	0	−0.0023	−0.0063	−0.0071	0.0019	0.0285	0.0293	0.0042	−0.0034	−0.0021	0
0.60	0	−0.0021	−0.0062	−0.0089	−0.0051	0.0124	0.0512	0.0153	0.0007	−0.0014	0
0.65	0	−0.0017	−0.0056	−0.0092	−0.0089	0.0013	0.0291	0.0311	0.0072	0.0001	0
0.70	0	−0.0013	−0.0046	−0.0085	−0.0104	−0.0057	0.0126	0.0521	0.0168	0.0025	0
0.75	0	−0.0009	−0.0035	−0.0072	−0.0103	−0.0096	0.0007	0.0282	0.0299	0.0060	0
0.80	0	−0.0006	−0.0024	−0.0056	−0.0092	−0.0114	−0.0076	0.0090	0.0467	0.0109	0
0.85	0	−0.0003	−0.0014	−0.0038	−0.0076	−0.0118	−0.0134	−0.0068	0.0168	0.0171	0
0.90	0	0	−0.0004	−0.0021	−0.0057	−0.0114	−0.0177	−0.0202	−0.0105	0.0246	0
0.95	0	0.0003	0.0006	−0.0003	−0.0037	−0.0107	−0.0212	−0.0325	−0.0364	−0.0170	0
1.0	0	0.0006	0.0016	0.0014	−0.0017	−0.0099	−0.0246	−0.0445	−0.0619	−0.0581	0

$\lambda l=6$

a/l \ x/l	0.0	0.1	0.2	0.3	0.4	0.5	0.6	0.7	0.8	0.9	1.0
0.00	0	−0.0516	−0.0468	−0.0268	−0.0102	−0.0020	0.0020	0.0021	0.0012	0.0003	0
0.05	0	−0.0134	0.0272	−0.0206	−0.0105	−0.0033	0.0002	0.0011	0.0008	0.0003	0
0.10	0	0.0254	0.0070	−0.0140	−0.0105	−0.0053	−0.0017	0	0.0004	0.0002	0
0.15	0	0.0159	0.0155	−0.0058	−0.0099	−0.0072	−0.0036	−0.0011	−0.0001	0.0001	0
0.20	0	0.0086	0.0419	0.0054	−0.0077	−0.0086	−0.0055	−0.0024	−0.0007	−0.0001	0
0.25	0	0.0034	0.0234	0.0212	−0.0029	−0.0090	−0.0073	−0.0039	−0.0014	−0.0003	0
0.30	0	0.0001	0.0101	0.0432	0.0061	−0.0075	−0.0086	−0.0055	−0.0024	−0.0005	0
0.35	0	−0.0017	−0.0014	0.0220	0.0206	−0.0030	−0.0089	−0.0070	−0.0035	−0.0009	0
0.40	0	−0.0025	−0.0035	0.0075	0.0419	0.0058	−0.0073	−0.0081	−0.0046	−0.0013	0
0.45	0	−0.0026	−0.0058	−0.0075	0.0206	0.0202	−0.0028	−0.0081	−0.0057	−0.0018	0
0.50	0	−0.0023	−0.0063	−0.0063	0.0061	0.0415	0.0061	−0.0063	−0.0063	−0.0023	0
0.55	0	−0.0018	−0.0057	−0.0081	−0.0028	0.0202	0.0206	−0.0015	−0.0058	−0.0026	0
0.60	0	−0.0013	−0.0046	−0.0081	−0.0073	0.0058	0.0419	0.0075	−0.0035	−0.0025	0
0.65	0	−0.0009	−0.0035	−0.0070	−0.0089	−0.0030	0.0206	0.0220	0.0014	−0.0017	0

续表

$\lambda l=6$

a/l \ x/l	0.0	0.1	0.2	0.3	0.4	0.5	0.6	0.7	0.8	0.9	1.0
0.70	0	−0.0005	−0.0024	−0.0055	−0.0068	−0.0075	0.0061	0.0432	0.0101	0.0001	0
0.75	0	−0.0003	−0.0014	−0.0039	−0.0073	−0.0090	−0.0029	0.0212	0.0234	0.0034	0
0.80	0	−0.0001	−0.0007	−0.0024	−0.0055	−0.0086	−0.0077	0.0054	0.0419	0.0086	0
0.85	0	0.0001	−0.0001	−0.0011	−0.0036	−0.0072	−0.0099	−0.0058	0.0155	0.0159	0
0.90	0	0.0002	0.0004	0	−0.0017	−0.0053	−0.0105	−0.0140	−0.0070	0.0254	0
0.95	0	0.0003	0.0008	0.0011	0.0002	−0.0033	−0.0105	−0.0206	−0.0272	−0.0134	0
1.0	0	0.0003	0.0012	0.0021	0.0020	−0.0012	−0.0102	−0.0268	−0.0498	−0.0516	0

$\lambda l=7$

a/l \ x/l	0.0	0.1	0.2	0.3	0.4	0.5	0.6	0.7	0.8	0.9	1.0
0.00	0	−0.0457	−0.0347	−0.0151	−0.0029	0.0015	0.0019	0.0010	0.0004	0.0001	0
0.05	0	−0.0106	−0.0204	−0.0129	−0.0047	−0.0004	0.0008	0.0007	0.0003	0.0001	0
0.10	0	0.0255	−0.0051	−0.0101	−0.0065	−0.0024	−0.0002	0.0004	0.0003	0.0001	0
0.15	0	0.0143	0.0133	−0.0057	−0.0076	−0.0044	−0.0014	0	0.0003	0.0001	0
0.20	0	0.0062	0.0370	0.0021	−0.0075	−0.0062	−0.0029	−0.0007	0.0001	0.0001	0
0.25	0	0.0011	0.0176	0.0156	−0.0048	−0.0075	−0.0045	−0.0016	−0.0002	0.0001	0
0.30	0	−0.0016	0.0049	0.0364	0.0020	−0.0074	−0.0062	−0.0029	−0.0008	0	0
0.35	0	−0.0027	−0.0022	0.0157	0.0105	−0.0048	−0.0073	−0.0044	−0.0016	−0.0003	0
0.40	0	−0.0027	−0.0054	0.0027	0.0357	0.0020	−0.0073	−0.0060	−0.0027	−0.0006	0
0.45	0	−0.0023	−0.0060	−0.0042	0.0150	0.0149	−0.0047	−0.0071	−0.0040	−0.0011	0
0.50	0	−0.0017	−0.0053	−0.0070	0.0021	0.0356	0.0021	−0.0070	−0.0053	−0.0017	0
0.55	0	−0.0011	−0.0040	−0.0071	−0.0047	0.0149	0.0105	−0.0042	−0.0060	−0.0023	0
0.60	0	−0.0006	−0.0027	−0.0060	−0.0073	0.0020	0.0357	0.0027	−0.0054	−0.0027	0
0.65	0	−0.0003	−0.0016	−0.0044	−0.0073	−0.0048	0.0150	0.0157	0.0022	−0.0027	0
0.70	0	0	−0.0008	−0.0029	−0.0062	−0.0074	0.0020	0.0364	0.0049	−0.0016	0
0.75	0	0.0001	−0.0002	−0.0016	−0.0045	−0.0075	−0.0048	0.0156	0.0176	0.0011	0
0.80	0	0.0001	0.0001	−0.0007	−0.0029	−0.0062	−0.0075	0.0021	0.0370	0.0062	0
0.85	0	0.0001	0.0003	0	−0.0014	−0.0044	−0.0076	−0.0057	0.0133	0.0143	0
0.90	0	0.0001	0.0003	0.0004	−0.0002	−0.0024	−0.0065	−0.0101	−0.0051	0.0255	0
0.95	0	0.0001	0.0003	0.0007	0.0008	−0.0004	−0.0047	−0.0129	−0.0204	−0.0106	0
1.0	0	0.0001	0.0004	0.0010	0.0019	0.0015	−0.0026	−0.0151	−0.0347	−0.0457	0

$\lambda l=8$

a/l \ x/l	0.0	0.1	0.2	0.3	0.4	0.5	0.6	0.7	0.8	0.9	1.0
0.00	0	−0.0403	−0.0252	−0.0077	0.0003	0.0017	0.0010	0.0003	0	0	0
0.05	0	−0.0084	−0.0153	−0.0079	−0.0019	0.0004	0.0006	0.0003	0.0001	0	0
0.10	0	0.0251	−0.0042	−0.0077	−0.0040	−0.0009	0.0002	0.0003	0.0002	0	0

续表

$\lambda l=8$

a/l \ x/l	0.0	0.1	0.2	0.3	0.4	0.5	0.6	0.7	0.8	0.9	1.0
0.15	0	0.0123	0.0108	−0.0058	−0.0058	−0.0025	−0.0004	0.0003	0.0002	0.0001	0
0.20	0	0.0040	0.0326	−0.0003	−0.0068	−0.0042	−0.0012	0.0001	0.0003	0.0001	0
0.25	0	−0.0007	0.0129	0.0113	−0.0056	−0.0058	−0.0025	−0.0004	0.0002	0.0001	0
0.30	0	−0.0026	0.0013	0.0315	−0.0005	−0.0066	−0.0041	−0.0012	0	0.0001	0
0.35	0	−0.0029	−0.0042	0.0113	0.0110	−0.0055	−0.0056	−0.0024	−0.0005	0	0
0.40	0	−0.0024	−0.0057	−0.0001	0.0312	−0.0003	−0.0065	−0.0040	−0.0013	−0.0001	0
0.45	0	−0.0017	−0.0052	−0.0053	0.0111	0.0111	−0.0054	−0.0056	−0.0024	−0.0005	0
0.50	0	−0.0010	−0.0039	−0.0064	−0.0003	0.0312	−0.0003	−0.0064	−0.0039	−0.0010	0
0.55	0	−0.0005	−0.0024	−0.0056	−0.0054	0.0111	0.0111	−0.0053	−0.0052	−0.0017	0
0.60	0	−0.0001	−0.0013	−0.0040	−0.0065	−0.0003	0.0312	−0.0001	−0.0057	−0.0024	0
0.65	0	0	−0.0005	−0.0024	−0.0056	−0.0055	0.0110	0.0113	−0.0042	−0.0029	0
0.70	0	0.0001	0	−0.0012	−0.0041	−0.0066	−0.0005	0.0315	−0.0013	−0.0026	0
0.75	0	0.0001	0.0002	−0.0004	−0.0025	−0.0058	−0.0056	0.0113	0.0129	−0.0007	0
0.80	0	0.0001	0.0003	0.0001	−0.0012	−0.0042	−0.0068	−0.0003	0.0326	0.0040	0
0.85	0	0.0001	0.0002	0.0003	−0.0004	−0.0025	−0.0058	−0.0058	0.0108	0.0123	0
0.90	0	0	0.0002	0.0003	0.0002	−0.0009	−0.0004	−0.0077	−0.0042	0.0251	0
0.95	0	0	0.0001	0.0003	0.0006	0.0004	−0.0019	−0.0079	−0.0153	−0.0084	0
1.0	0	0	0	0.0003	0.0010	0.0017	0.0003	−0.0077	−0.0252	−0.0403	0

$\lambda l=9$

a/l \ x/l	0.0	0.1	0.2	0.3	0.4	0.5	0.6	0.7	0.8	0.9	1.0
0.00	0	−0.0354	−0.0179	−0.0032	0.0013	0.0012	0.0004	0	−0.0001	0	0
0.05	0	−0.0066	−0.0116	−0.0048	−0.0005	0.0005	0.0004	0.0001	0	0	0
0.10	0	0.0243	−0.0039	−0.0060	−0.0024	−0.0002	0.0003	0.0002	0	0	0
0.15	0	0.0104	0.0084	−0.0057	−0.0043	−0.0012	0.0001	0.0002	0.0001	0	0
0.20	0	0.0020	0.0288	−0.0019	−0.0057	−0.0026	−0.0004	0.0002	0.0002	0	0
0.25	0	−0.0019	0.0093	0.0082	−0.0056	−0.0042	−0.0012	0.0001	0.0002	0.0001	0
0.30	0	−0.0030	−0.0010	0.0278	−0.0020	−0.0056	−0.0025	−0.0003	0.0002	0.0001	0
0.35	0	−0.0027	−0.0049	0.0083	0.0082	−0.0055	−0.0041	−0.0012	0.0001	0.0001	0
0.40	0	−0.0019	−0.0053	−0.0018	0.0277	−0.0018	−0.0055	−0.0025	−0.0004	0.0001	0
0.45	0	−0.0010	−0.0040	−0.0054	0.0082	0.0082	−0.0054	−0.0041	−0.0012	−0.0001	0
0.50	0	−0.0004	−0.0025	−0.0055	−0.0018	0.0278	−0.0018	−0.0055	−0.0025	−0.0004	0
0.55	0	−0.0001	−0.0012	−0.0041	−0.0054	0.0082	0.0082	−0.0054	−0.0040	−0.0010	0
0.60	0	0.0001	−0.0004	−0.0025	−0.0055	−0.0018	0.0277	−0.0018	−0.0053	−0.0019	0
0.65	0	0.0001	0.0001	−0.0012	−0.0041	−0.0055	0.0082	0.0083	−0.0049	−0.0027	0

续表

λl=9

a/l \ x/l	0.0	0.1	0.2	0.3	0.4	0.5	0.6	0.7	0.8	0.9	1.0
0.70	0	0.0001	0.0002	−0.0003	−0.0025	−0.0056	−0.0020	0.0278	−0.0010	−0.0030	0
0.75	0	0.0001	0.0002	0.0001	−0.0012	−0.0042	−0.0056	0.0082	−0.0093	−0.0019	0
0.80	0	0	0.0002	0.0002	−0.0004	−0.0026	−0.0057	−0.0019	0.0288	0.0020	0
0.85	0	0	0.0001	0.0002	0.0001	−0.0012	−0.0043	−0.0057	0.0084	0.0104	0
0.90	0	0	0	0.0002	0.0003	−0.0002	−0.0024	−0.0060	−0.0039	0.0243	0
0.95	0	0	0	0.0001	0.0004	0.0005	−0.0005	−0.0048	−0.0116	−0.0066	0
1.0	0	0	−0.0001	0	0.0004	0.0012	0.0013	−0.0032	−0.0179	−0.0354	0

λl=10

a/l \ x/l	0.0	0.1	0.2	0.3	0.4	0.5	0.6	0.7	0.8	0.9	1.0
0.00	0	−0.0310	−0.0123	−0.0007	0.0014	0.0006	0.0001	−0.0001	0	0	0
0.05	0	−0.0053	−0.0088	−0.0028	0.0001	0.0004	0.0002	0	0	0	0
0.10	0	0.0233	−0.0038	−0.0047	−0.0013	0.0001	0.0002	0.0001	0	0	0
0.15	0	0.0084	0.0063	−0.0054	−0.0030	−0.0005	0.0002	0.0002	0	0	0
0.20	0	0.0004	0.0256	−0.0029	−0.0045	−0.0014	0.0001	0.0002	0.0001	0	0
0.25	0	−0.0027	0.0066	0.0059	−0.0053	−0.0029	−0.0004	0.0002	0.0001	0	0
0.30	0	−0.0030	−0.0024	0.0250	−0.0028	−0.0045	−0.0014	0.0001	0.0002	0.0001	0
0.35	0	−0.0022	−0.0050	0.0060	0.0060	−0.0052	−0.0029	−0.0004	0.0002	0.0001	0
0.40	0	−0.0012	−0.0044	−0.0028	0.0250	−0.0028	−0.0045	−0.0014	0	0.0001	0
0.45	0	−0.0005	−0.0029	−0.0052	0.0060	0.0060	−0.0052	−0.0029	−0.0005	0.0001	0
0.50	0	−0.0001	−0.0014	−0.0045	−0.0028	0.0250	−0.0028	−0.0045	−0.0014	−0.0001	0
0.55	0	0.0001	−0.0005	−0.0029	−0.0052	0.0060	0.0060	−0.0052	−0.0029	−0.0005	0
0.60	0	0.0001	0	−0.0014	−0.0045	−0.0028	0.0250	−0.0028	−0.0044	−0.0012	0
0.65	0	0.0001	0.0002	−0.0004	−0.0029	−0.0052	0.0060	0.0060	−0.0050	−0.0022	0
0.70	0	0.0001	0.0002	0.0001	−0.0014	−0.0045	−0.0028	0.0250	−0.0024	−0.0030	0
0.75	0	0	0.0001	0.0002	−0.0004	−0.0029	−0.0053	0.0059	0.0066	−0.0027	0
0.80	0	0	0.0001	0.0002	0.0001	−0.0014	−0.0045	−0.0029	0.0256	0.0004	0
0.85	0	0	0	0.0002	0.0002	−0.0005	−0.0030	−0.0054	0.0063	0.0084	0
0.90	0	0	0	0.0001	0.0002	0.0001	−0.0013	−0.0047	−0.0038	0.0233	0
0.95	0	0	0	0	0.0002	0.0004	0.0001	−0.0028	−0.0038	−0.0053	0
1.0	0	0	0	−0.0001	0.0001	0.0006	0.0014	−0.0007	−0.0123	−0.0310	0

有限长梁剪力系数 $\overline{V}$ **表 5-17**

λl=1

a/l \ x/l	0.0	0.1	0.2	0.3	0.4	0.5	0.6	0.7	0.8	0.9	1.0
0.00	0*	−0.6272	−0.3164	−0.0670	0.1215	0.2496	0.3179	0.3269	0.2768	0.1678	0
0.05	0	−0.6549	−0.3652	−0.1306	0.0492	0.1748	0.2646	0.2646	0.2295	0.1413	0

续表

$\lambda l=1$

a/l \ x/l	0.0	0.1	0.2	0.3	0.4	0.5	0.6	0.7	0.8	0.9	1.0
0.10	0	0.3174*	−0.4141	−0.1942	−0.0231	0.0999	0.1749	0.2023	0.1822	0.1148	0
0.15	0	0.2897	−0.4629	−0.2580	−0.0954	0.0250	0.1034	0.1400	0.1349	0.0882	0
0.20	0	0.2621	0.4883*	−0.3261	−0.1677	−0.0499	0.0319	0.0777	0.0876	0.0617	0
0.25	0	0.2346	0.4395	−0.3853	−0.2400	−0.1248	−0.0397	0.0153	0.0402	0.0351	0
0.30	0	0.2072	0.3909	0.5512*	−0.3123	−0.1997	−0.1113	−0.0472	−0.0072	0.0085	0
0.35	0	0.1798	0.3424	0.4877	−0.3846	−0.2747	−0.1831	−0.1097	−0.0547	−0.0181	0
0.40	0	0.1526	0.2941	0.4244	0.5432*	−0.3498	−0.2549	−0.1724	−0.1023	−0.0449	0
0.45	0	0.1255	0.2459	0.3611	0.4710	−0.4249	−0.3268	−0.2351	−0.1501	−0.0717	0
0.50	0	0.0986	0.1979	0.2981	0.3988	0.5000*	−0.3988	−0.2981	−0.1979	−0.0986	0
0.55	0	0.0717	0.1501	0.2351	0.3268	0.4249	−0.4710	−0.3611	−0.2459	−0.1255	0
0.60	0	0.0449	0.1023	0.1724	0.2549	0.3498	−0.5432*	−0.4244	−0.2941	−0.1526	0
0.65	0	0.0181	0.0547	0.1097	0.1831	0.2747	0.3846	−0.4877	−0.3424	−0.1798	0
0.70	0	−0.0085	0.0072	0.0472	0.1113	0.1997	0.3123	−0.5512*	−0.3909	−0.2072	0
0.75	0	−0.0351	−0.0402	0.0153	0.0397	0.1248	0.2400	0.3853	−0.4395	−0.2346	0
0.80	0	−0.0617	−0.0876	0.0777	−0.0319	0.0499	0.1677	0.3216	−0.4883*	−0.2621	0
0.85	0	−0.0882	−0.1349	0.1400	−0.1034	−0.0250	0.0954	0.2580	0.4629	−0.2897	0
0.90	0	−0.1148	−0.1822	0.2023	−0.1749	−0.0999	0.0231	0.1942	0.4141	−0.3174*	0
0.95	0	−0.1413	−0.2295	−0.2646	−0.2464	−0.1748	−0.0492	0.1306	0.3652	0.6549	0
1.0	0	−0.1678	−0.2768	−0.3269	−0.3179	−0.2496	−0.1215	−0.0670	−0.3164	0.6272	0*

$\lambda l=2$

a/l \ x/l	0.0	0.1	0.2	0.3	0.4	0.5	0.6	0.7	0.8	0.9	1.0
0.00	0*	−0.5901	−0.2679	−0.0269	0.1410	0.2442	0.2903	0.2855	0.2431	0.1386	0
0.05	0	−0.6247	−0.3283	−0.0994	0.0650	0.1714	0.2256	0.2327	0.1963	0.1184	0
0.10	0	0.3355*	−0.3888	−0.1719	−0.0109	0.0985	0.1609	0.1799	0.1584	0.0982	0
0.15	0	0.2989	−0.4489	−0.2444	−0.0870	0.0255	0.0959	0.1268	0.1204	0.0779	0
0.20	0	0.2631	0.4915*	−0.3166	−0.1631	−0.0478	0.0306	0.0734	0.0820	0.0574	0
0.25	0	0.2287	0.4331	−0.3885	−0.2394	−0.1215	−0.0355	0.0192	0.0430	0.0365	0
0.30	0	0.1956	0.3763	0.5404*	−0.3157	−0.1959	−0.1024	−0.0360	0.0032	0.0151	0
0.35	0	0.1642	0.3215	0.4705	−0.3919	−0.2710	−0.1705	−0.0924	−0.0378	−0.0070	0
0.40	0	0.1343	0.2688	0.4024	0.5322*	−0.3468	−0.2399	−0.1504	−0.0802	−0.0300	0
0.45	0	0.1061	0.2184	0.3362	0.4571	−0.4232	−0.3108	−0.2103	−0.1243	−0.0540	0
0.50	0	0.0794	0.1703	0.2722	0.3832	0.5000*	−0.3832	−0.2722	−0.1703	−0.0794	0
0.55	0	0.0540	0.1243	0.2103	0.3108	0.4232	−0.4571	−0.3362	−0.2148	−0.1061	0
0.60	0	0.0300	0.0802	0.1504	0.2399	0.3468	−0.5322*	−0.4024	−0.2688	−0.1343	0
0.65	0	0.0070	0.0378	0.0924	0.1705	0.2710	0.3919	−0.4705	−0.3215	−0.1642	0
0.70	0	−0.0151	−0.0032	0.0360	0.1024	0.1959	0.3157	−0.5404*	−0.3763	−0.1956	0

$\lambda l=2$

a/l \ x/l	0.0	0.1	0.2	0.3	0.4	0.5	0.6	0.7	0.8	0.9	1.0
0.75	0	-0.0365	-0.0430	-0.0192	0.0355	0.1215	0.2394	0.3885	-0.4331	-0.2287	0
0.80	0	-0.0574	-0.0820	0.0734	-0.0306	0.0478	0.1631	0.3166	-0.4915*	-0.2631	0
0.85	0	-0.0779	-0.1204	0.1268	-0.0959	-0.0255	0.0870	0.2444	0.4489	-0.2989	0
0.90	0	-0.0982	-0.1584	0.1799	-0.1609	-0.0985	0.0109	0.1719	0.3888	-0.3355*	0
0.95	0	-0.1184	-0.1963	-0.2327	-0.2256	-0.1714	-0.0650	0.0994	0.3283	0.6247	0
1.0	0	-0.1386	-0.2341	-0.2855	-0.2903	-0.2442	-0.1410	-0.0269	-0.2679	0.5901	0*

$\lambda l=3$

a/l \ x/l	0.0	0.1	0.2	0.3	0.4	0.5	0.6	0.7	0.8	0.9	1.0
0.00	0*	-0.4849	-0.1354	-0.0770	0.1857	0.2223	0.2129	0.1763	0.1249	0.0652	0
0.05	0	-0.5505	-0.2280	-0.0178	0.1029	0.1578	0.1677	0.1484	0.1107	0.0604	0
0.10	0	0.3846*	-0.3204	-0.1125	0.0200	0.0930	0.1222	0.1203	0.0964	0.0555	0
0.15	0	0.3218	-0.4120	-0.2074	-0.0635	0.0275	0.0760	0.0916	0.0815	0.0504	0
0.20	0	0.2629	0.4986*	-0.3020	-0.1479	-0.0394	0.0283	0.0615	0.0657	0.0446	0
0.25	0	0.2092	0.4134	-0.3958	-0.2335	-0.1086	-0.0219	0.0291	0.0481	0.0380	0
0.30	0	0.1614	0.3344	0.5126*	-0.3203	-0.1806	-0.0756	-0.0065	0.0280	0.0298	0
0.35	0	0.1196	0.2530	0.4250	-0.4077	-0.2559	-0.1336	-0.0465	0.0044	0.0197	0
0.40	0	0.0840	0.1996	0.3435	0.5054*	-0.3347	-0.1969	-0.0919	-0.0237	0.0069	0
0.45	0	0.0540	0.1445	0.2692	0.4209	-0.4164	-0.2659	-0.1437	-0.0573	-0.0092	0
0.50	0	0.0293	0.0973	0.2026	0.3407	0.5000*	-0.3407	-0.2026	-0.0973	-0.0293	0
0.55	0	0.0092	0.0573	0.1437	0.2659	0.4164	-0.4209	-0.2692	-0.1445	-0.0540	0
0.60	0	-0.0069	0.0237	0.0919	0.1969	0.3347	-0.5054*	-0.3435	-0.1996	-0.0840	0
0.65	0	-0.0197	-0.0044	0.0465	0.1336	0.2559	0.4077	-0.4250	-0.2530	-0.1196	0
0.70	0	-0.0298	-0.0280	0.0065	0.0756	0.1806	0.3203	-0.5126*	-0.3344	-0.1614	0
0.75	0	-0.0380	-0.0481	-0.0291	0.0219	0.1086	0.2335	0.3598	-0.4134	-0.2092	0
0.80	0	-0.0446	-0.0657	-0.0615	-0.0283	0.0394	0.1479	0.3020	-0.4986*	-0.2629	0
0.85	0	-0.0504	-0.0815	-0.0916	-0.0760	-0.0275	0.0635	0.2074	0.4120	-0.3218	0
0.90	0	-0.0555	-0.0964	-0.1203	-0.1222	-0.0930	-0.0200	0.1125	0.3204	-0.3846*	0
0.95	0	-0.0604	-0.1107	-0.1484	-0.1677	-0.1578	-0.1029	0.0178	0.2280	0.5505	0
1.0	0	-0.0652	-0.1249	-0.1763	-0.2129	-0.2223	-0.1857	-0.0770	0.1354	0.4849	0*

$\lambda l=4$

a/l \ x/l	0.0	0.1	0.2	0.3	0.4	0.5	0.6	0.7	0.8	0.9	1.0
0.00	0*	-0.3560	0.0095	0.1712	0.2060	0.1758	0.1223	0.0696	0.0294	0.0058	0
0.05	0	-0.4604	-0.1194	0.0593	0.1265	0.1287	0.1009	0.0653	0.0337	0.0114	0
0.10	0	0.4367*	-0.2481	-0.0530	0.0463	0.0810	0.0762	0.0607	0.0379	0.0169	0

续表

$\lambda l=4$

x/l ╲ a/l	0.0	0.1	0.2	0.3	0.4	0.5	0.6	0.7	0.8	0.9	1.0
0.15	0	0.3392	−0.3757	−0.1665	−0.0359	0.0315	0.0560	0.0552	0.0417	0.0223	0
0.20	0	0.2516	0.5004*	−0.2816	−0.1217	−0.0218	0.0298	0.0478	0.0445	0.0274	0
0.25	0	0.1764	0.3847	−0.3977	−0.2125	−0.0808	−0.0011	0.0372	0.0454	0.0318	0
0.30	0	0.1143	0.2820	0.4878*	−0.3089	−0.1474	−0.0389	0.0216	0.0435	0.0349	0
0.35	0	0.0651	0.1947	0.3745	−0.4103	−0.2230	−0.0855	−0.0009	0.0372	0.0361	0
0.40	0	0.0278	0.1233	0.2822	0.4863*	−0.3080	−0.1428	−0.0323	0.0250	0.0344	0
0.45	0	0.0008	0.0673	0.1986	0.3857	−0.4013	−0.2120	−0.0745	0.0048	0.0287	0
0.50	0	−0.0174	0.0253	0.1296	0.2933	0.5000*	−0.2933	−0.1296	−0.0253	0.0174	0
0.55	0	−0.0287	−0.0048	0.0745	0.2120	0.4013	−0.3857	−0.1986	−0.0673	−0.0008	0
0.60	0	−0.0344	−0.0250	0.0323	0.1428	0.3080	−0.4863*	−0.2822	−0.1233	−0.0278	0
0.65	0	−0.0361	−0.0372	0.0009	0.0855	0.2230	0.4103	−0.3795	−0.1947	−0.0651	0
0.70	0	−0.0349	−0.0435	−0.0216	0.0389	0.1474	0.3089	−0.4878*	−0.2820	−0.1143	0
0.75	0	−0.0318	−0.0454	−0.0372	0.0011	0.0808	0.2125	−0.3977	−0.3847	−0.1764	0
0.80	0	−0.0274	−0.0445	−0.0478	−0.0298	0.0218	0.1217	0.2816	−0.5004*	−0.2516	0
0.85	0	−0.0223	−0.0417	−0.0552	−0.0560	−0.0315	0.0359	0.1665	0.3757	−0.3392	0
0.90	0	−0.0169	−0.0379	−0.0607	−0.0792	−0.0810	−0.0463	0.0530	0.2481	−0.4367*	0
0.95	0	−0.0114	−0.0337	−0.0653	−0.1009	−0.1287	−0.1265	0.0593	0.1194	0.4604	0
1.0	0	−0.0058	−0.0294	−0.0696	−0.1223	−0.1758	−0.2060	−0.1712	−0.0095	0.3560	0*

$\lambda l=5$

x/l ╲ a/l	0.0	0.1	0.2	0.3	0.4	0.5	0.6	0.7	0.8	0.9	1.0
0.00	0*	−0.2413	0.1111	0.2068	0.1789	0.1133	0.0532	0.0131	−0.0068	−0.0103	0
0.05	0	−0.3865	−0.0438	0.0955	0.1174	0.0892	0.0505	0.0195	0.0012	−0.0049	0
0.10	0	0.4709*	−0.1991	−0.0174	0.0546	0.0641	0.0474	0.0259	0.0092	0.0005	0
0.15	0	0.3390	−0.3544	−0.1344	−0.0127	0.0358	0.0425	0.0316	0.0173	0.0061	0
0.20	0	0.2260	0.4939*	−0.2578	−0.0881	0.0013	0.0341	0.0359	0.0252	0.0120	0
0.25	0	0.1354	0.3541	−0.3881	−0.1753	−0.0432	0.0195	0.0375	0.0327	0.0183	0
0.30	0	0.0672	0.2348	0.4787*	−0.2766	−0.1014	−0.0044	0.0345	0.0388	0.0248	0
0.35	0	0.0192	0.1394	0.3516	−0.3913	−0.1764	−0.0410	0.0244	0.0423	0.0311	0
0.40	0	−0.0120	0.0679	0.2403	0.4854*	−0.2695	−0.0935	0.0043	0.0412	0.0364	0
0.45	0	−0.0298	0.0177	0.1493	0.3641	−0.3793	−0.1646	−0.0292	0.0331	0.0392	0
0.50	0	−0.0379	−0.0147	0.0795	0.2653	0.5000*	−0.2653	−0.0795	0.0147	0.0379	0
0.55	0	−0.0392	−0.0331	0.0292	0.1646	0.3793	−0.3641	−0.1493	−0.0177	0.0298	0
0.60	0	−0.0364	−0.0412	0.0043	0.0935	0.2695	−0.4854*	−0.2403	−0.0679	0.0120	0
0.65	0	−0.0311	−0.0423	0.0244	0.0410	0.1764	0.3913	−0.3516	−0.1394	−0.0192	0
0.70	0	−0.0248	−0.0338	−0.0345	0.0044	0.1014	0.2766	−0.4787*	−0.2348	−0.0672	0

续表

$\lambda l=5$

x/l a/l	0.0	0.1	0.2	0.3	0.4	0.5	0.6	0.7	0.8	0.9	1.0
0.75	0	−0.0183	−0.0327	−0.0375	−0.0195	0.0432	0.1753	0.3881	−0.3541	−0.1354	0
0.80	0	−0.0120	−0.0252	−0.0359	−0.0341	−0.0013	0.0881	0.2578	−0.4939*	−0.2260	0
0.85	0	−0.0061	−0.0173	−0.0316	−0.0425	−0.0358	0.0127	0.1344	0.3544	−0.3390	0
0.90	0	−0.0005	−0.0092	−0.0259	0.0474	−0.0641	−0.0546	0.0174	0.1991	−0.4709*	0
0.95	0	0.0049	−0.0012	−0.0195	−0.0505	−0.0892	−0.1174	0.0955	0.0438	0.3865	0
1.0	0	0.0103	0.0068	−0.0131	−0.0532	−0.1133	−0.1789	−0.2068	−0.1111	0.2413	0*

$\lambda l=6$

x/l a/l	0.0	0.1	0.2	0.3	0.4	0.5	0.6	0.7	0.8	0.9	1.0
0.00	0*	−0.1430	0.1716	0.1986	0.1282	0.0561	0.0119	−0.0066	−0.0098	−0.0063	0
0.05	0	−0.3287	0.0030	0.1018	0.0912	0.0519	0.0192	0.0012	−0.0051	−0.0046	0
0.10	0	0.4898*	−0.1675	0.0020	0.0522	0.0466	0.0261	0.0090	−0.0003	−0.0028	0
0.15	0	0.3256	−0.3414	−0.1065	0.0063	0.0377	0.0319	0.0169	0.0050	−0.0006	0
0.20	0	0.1921	0.4853*	−0.2294	−0.0528	0.0212	0.0348	0.0246	0.0111	0.0022	0
0.25	0	0.0932	0.3262	−0.3689	−0.1316	−0.0081	0.0321	0.0312	−0.0179	0.0061	0
0.30	0	0.0265	0.1954	0.4803*	−0.2350	−0.0561	0.0200	0.0351	0.0254	0.0112	0
0.35	0	−0.0137	0.0975	0.3342	−0.3629	−0.1283	−0.0063	0.0337	0.0327	0.0177	0
0.40	0	−0.0339	0.0307	0.2094	0.4919*	−0.2283	−0.0522	0.0233	0.0381	0.0252	0
0.45	0	−0.0406	−0.0102	0.1128	0.3473	−0.3548	−0.1229	−0.0010	0.0390	0.0328	0
0.50	0	−0.0389	−0.0314	0.0446	0.2215	0.5000*	−0.2215	−0.0446	0.0314	0.0389	0
0.55	0	−0.0328	−0.0390	0.0010	0.1229	0.3548	−0.3473	−0.1128	0.0102	0.0406	0
0.60	0	−0.0252	−0.0381	−0.0233	0.0522	0.2281	−0.4919*	−0.2094	−0.0307	0.0339	0
0.65	0	−0.0177	−0.0327	−0.0337	0.0063	0.1283	0.3629	−0.3342	−0.0975	0.0137	0
0.70	0	−0.0112	−0.0254	−0.0351	−0.0200	0.0561	0.2350	−0.4803*	−0.1954	−0.0265	0
0.75	0	−0.0061	−0.0179	−0.0312	−0.0321	0.0081	0.1316	0.3689	−0.3262	−0.0932	0
0.80	0	−0.0022	−0.0111	−0.0246	−0.0348	−0.0212	0.0528	0.2294	−0.4853*	−0.1921	0
0.85	0	0.0006	−0.0050	−0.0169	−0.0319	−0.0377	0.0063	0.1065	0.3414	−0.3265	0
0.90	0	0.0028	0.0003	−0.0090	−0.0261	−0.0466	−0.0522	−0.0020	0.1675	−0.4898*	0
0.95	0	0.0046	0.0051	−0.0012	−0.0192	−0.0519	−0.0912	−0.1019	−0.0030	0.3287	0
1.0	0	0.0063	0.0098	0.0066	−0.0119	−0.0561	−0.1282	−0.1986	−0.1716	0.1430	0*

$\lambda l=7$

x/l a/l	0.0	0.1	0.2	0.3	0.4	0.5	0.6	0.7	0.8	0.9	1.0
0.00	0*	−0.0599	0.2011	0.1675	0.0777	0.0177	−0.0057	−0.0086	−0.0049	−0.0014	0
0.05	0	−0.2836	0.0306	0.0932	0.0632	0.0250	−0.0034	−0.0036	−0.0036	−0.0017	0
0.10	0	0.4982*	−0.1444	0.0140	0.0463	0.0317	0.0126	0.0016	−0.0021	−0.0019	0

续表

$\lambda l=7$

a/l \ x/l	0.0	0.1	0.2	0.3	0.4	0.5	0.6	0.7	0.8	0.9	1.0
0.15	0	0.3051	−0.3292	−0.0793	0.0210	0.0355	0.0216	0.0074	−0.0001	−0.0019	0
0.20	0	0.1565	0.4798*	−0.1970	−0.0213	0.0323	0.0297	0.0142	0.0028	−0.0015	0
0.25	0	0.0557	0.3033	−0.3442	−0.0903	0.0163	0.0345	0.0217	0.0072	−0.0002	0
0.30	0	−0.0040	0.1633	0.4860*	−0.1939	−0.0206	0.0320	0.0289	0.0133	0.0023	0
0.35	0	−0.0329	0.0656	0.3190	−0.3347	−0.0869	0.0164	0.0336	0.0208	0.0067	0
0.40	0	−0.0416	0.0057	0.1810	0.4970*	−0.1899	−0.0201	0.0317	0.0289	0.0130	0
0.45	0	−0.0388	−0.0250	0.0811	0.3288	−0.3310	−0.0860	−0.0173	0.0353	0.0213	0
0.50	0	−0.0306	−0.0360	0.0175	0.1884	0.5000*	−0.1884	−0.0175	0.0360	0.0306	0
0.55	0	−0.0213	−0.0353	0.0173	0.0860	0.3310	−0.3288	−0.0811	0.0250	0.0388	0
0.60	0	−0.0130	−0.0289	−0.0317	0.0201	0.1899	−0.4970*	−0.1810	−0.0057	0.0416	0
0.65	0	−0.0067	−0.0208	−0.0336	0.0164	0.0869	0.3347	−0.3190	−0.0656	0.0329	0
0.70	0	−0.0023	−0.0133	−0.0289	0.0320	0.0206	0.1939	−0.4860*	−0.1633	0.0040	0
0.75	0	0.0002	−0.0072	−0.0217	−0.0345	−0.0163	0.0903	0.3442	−0.3033	−0.0557	0
0.80	0	0.0015	−0.0028	−0.0142	−0.0297	−0.0323	0.0213	0.1970	−0.4798*	−0.1565	0
0.85	0	0.0019	0.0001	−0.0074	−0.0216	−0.0355	−0.0210	0.0793	0.3292	−0.3051	0
0.90	0	0.0019	0.0021	−0.0016	−0.0126	−0.0317	−0.0463	−0.0140	0.1444	−0.4982*	0
0.95	0	0.0017	0.0036	0.0036	−0.0034	−0.0250	−0.0632	−0.0932	−0.0306	0.2836	0
1.0	0	0.0014	0.0049	0.0086	0.0057	−0.0177	−0.0777	−0.1675	−0.2011	0.0599	0*

$\lambda l=8$

a/l \ x/l	0.0	0.1	0.2	0.3	0.4	0.5	0.6	0.7	0.8	0.9	1.0
0.00	0*	0.0093	0.2077	0.1282	0.0383	−0.0019	−0.0089	−0.0051	−0.0012	0.0004	0
0.05	0	−0.2484	0.0456	0.0786	0.0400	0.0092	−0.0023	−0.0033	−0.0015	−0.0002	0
0.10	0	0.5000*	−0.1250	0.0227	0.0395	0.0201	0.0046	−0.0012	−0.0017	−0.0008	0
0.15	0	0.2816	−0.3147	−0.0528	0.0305	0.0297	0.0124	0.0017	−0.0015	−0.0013	0
0.20	0	0.1230	0.4784*	−0.1633	0.0031	0.0349	0.0212	0.0061	−0.0007	−0.0017	0
0.25	0	0.0254	0.2848	−0.3178	−0.0554	0.0295	0.0296	0.0124	0.0013	−0.0019	0
0.30	0	−0.0239	0.1366	0.4918*	−0.1576	0.0039	0.0342	0.0203	0.0052	−0.0013	0
0.35	0	−0.0409	0.0408	0.3027	−0.3097	−0.0539	0.0286	0.0285	0.0113	0.0006	0
0.40	0	−0.0398	−0.0110	0.1528	0.4993*	−0.1562	0.0033	0.0333	0.0194	0.0045	0
0.45	0	−0.0308	−0.0320	0.0526	0.3083	−0.3085	−0.0543	0.0282	0.0283	0.0110	0
0.50	0	−0.0201	−0.0345	0.0037	0.1562	0.5000*	−0.1562	0.0037	0.0345	0.0201	0
0.55	0	−0.0110	−0.0283	−0.0282	0.0543	0.3085	−0.3083	−0.0526	0.0320	0.0308	0
0.60	0	−0.0045	−0.0194	−0.0333	0.0033	0.1562	−0.4993*	−0.1528	0.0110	0.0398	0
0.65	0	−0.0006	−0.0113	−0.0285	0.0286	0.0539	0.3097	−0.3027	−0.0408	0.0409	0
0.70	0	0.0013	−0.0052	−0.0203	−0.0342	0.0039	0.1576	−0.4918*	−0.1366	0.0239	0
0.75	0	0.0019	−0.0013	−0.0124	−0.0296	−0.0295	0.0554	0.3178	−0.2848	−0.0254	0

续表

$\lambda l=8$

x/l \ a/l	0.0	0.1	0.2	0.3	0.4	0.5	0.6	0.7	0.8	0.9	1.0
0.80	0	0.0017	0.0007	−0.0061	−0.0212	−0.0349	−0.0031	0.1633	−0.4784*	−0.1230	0
0.85	0	0.0013	0.0015	−0.0017	−0.0124	−0.0297	−0.0305	0.0528	0.3147	−0.2816	0
0.90	0	0.0008	0.0017	0.0012	−0.0046	−0.0201	−0.0395	−0.0227	0.1250	−0.5000*	0
0.95	0	0.0002	0.0015	0.0083	0.0023	−0.0092	−0.0400	−0.0786	−0.0456	0.2484	0
1.0	0	−0.0004	0.0012	0.0051	0.0089	0.0019	−0.0383	−0.1282	−0.2077	−0.0093	0*

$\lambda l=9$

x/l \ a/l	0.0	0.1	0.2	0.3	0.4	0.5	0.6	0.7	0.8	0.9	1.0
0.00	0*	0.0657	0.1985	0.0895	0.0124	−0.0085	−0.0064	−0.0018	0.0002	0.0004	0
0.05	0	−0.2209	0.0525	0.0631	0.0232	0.0013	−0.0032	−0.0018	−0.0003	0.0002	0
0.10	0	0.4978*	−0.1066	0.0291	0.0323	0.0115	0.0005	−0.0017	−0.0009	−0.0001	0
0.15	0	0.2577	−0.2972	−0.0287	0.0346	0.0222	0.0055	−0.0009	−0.0013	−0.0005	0
0.20	0	0.0935	0.4803*	−0.1309	0.0197	0.0316	0.0127	0.0012	−0.0015	−0.0009	0
0.25	0	0.0026	0.2686	−0.2922	−0.0279	0.0342	0.0219	0.0054	−0.0010	−0.0015	0
0.30	0	−0.0350	0.1131	0.4960*	−0.1262	0.0195	0.0307	0.0122	0.0008	−0.0018	0
0.35	0	−0.0413	0.0207	0.2846	−0.2871	−0.0279	0.0333	0.0213	0.0048	−0.0015	0
0.40	0	−0.0332	−0.0222	0.1251	0.4999*	−0.1261	0.0189	0.0302	0.0114	0.0001	0
0.45	0	−0.0213	−0.0339	0.0280	0.2870	−0.2870	−0.0283	0.0329	0.0206	0.0039	0
0.50	0	−0.0110	−0.0299	−0.0188	0.1263	0.5000*	−0.1263	0.0188	0.0299	0.0110	0
0.55	0	−0.0039	−0.0206	−0.0329	0.0283	0.2870	−0.2870	−0.0280	0.0339	0.0213	0
0.60	0	−0.0001	−0.0114	−0.0302	0.0189	0.1261	−0.4999*	−0.1251	0.0222	0.0332	0
0.65	0	0.0015	−0.0048	−0.0213	0.0333	0.0279	0.2871	−0.2846	−0.0207	0.0413	0
0.70	0	0.0018	−0.0008	−0.0122	−0.0307	0.0195	0.1262	−0.4960*	−0.1131	0.0350	0
0.75	0	0.0015	0.0010	−0.0054	−0.0219	−0.0342	0.0279	0.2922	−0.2686	−0.0026	0
0.80	0	0.0009	0.0015	−0.0012	−0.0127	−0.0316	−0.0197	0.1309	−0.4803*	−0.0935	0
0.85	0	0.0005	0.0013	0.0009	−0.0055	−0.0222	−0.0346	0.0287	0.2972	−0.2577	0
0.90	0	0.0001	0.0009	0.0017	−0.0005	−0.0115	−0.0323	−0.0291	0.1066	−0.4978*	0
0.95	0	−0.0002	0.0003	0.0018	0.0032	−0.0013	−0.0232	−0.0631	−0.0525	0.2209	0
1.0	0	−0.0004	−0.0002	0.0018	0.0064	0.0085	−0.0124	−0.0895	−0.1985	−0.0657	0*

$\lambda l=10$

x/l \ a/l	0.0	0.1	0.2	0.3	0.4	0.5	0.6	0.7	0.8	0.9	1.0
0.00	0*	0.1108	0.1794	0.0563	−0.0019	−0.0084	−0.0031	−0.0001	0.0004	0.0001	0
0.05	0	−0.1993	0.0547	0.0487	0.0120	−0.0018	−0.0023	−0.0007	0.0001	0.0001	0
0.10	0	0.4939*	−0.0884	0.0334	0.0252	0.0055	−0.0012	−0.0012	−0.0003	0.0001	0
0.15	0	0.2350	−0.2774	−0.0082	0.0343	0.0147	0.0012	−0.0015	−0.0007	0	0

续表

$\lambda l=10$

a/l \ x/l	0.0	0.1	0.2	0.3	0.4	0.5	0.6	0.7	0.8	0.9	1.0
0.20	0	0.0685	0.4839*	−0.1016	0.0295	0.0255	0.0061	−0.0010	−0.0012	−0.0003	0
0.25	0	−0.0135	0.2532	−0.2684	−0.0070	0.0335	0.0143	0.0011	−0.0015	−0.0007	0
0.30	0	−0.0396	0.0915	0.4984*	−0.0989	0.0286	0.0247	0.0060	−0.0010	−0.0012	0
0.35	0	−0.0372	0.0043	0.2653	−0.2660	−0.0077	0.0329	0.0141	0.0010	−0.0017	0
0.40	0	−0.0250	−0.0291	0.0991	0.5000*	−0.0993	0.0282	0.0246	0.0056	0.0016	0
0.45	0	−0.0130	−0.0326	0.0079	0.2661	−0.2661	−0.0078	0.0328	0.0135	0.0001	0
0.50	0	−0.0046	−0.0240	0.0281	0.0993	0.5000*	−0.0993	0.0281	0.0240	0.0046	0
0.55	0	−0.0001	−0.0135	−0.0328	0.0078	0.2661	−0.2661	−0.0079	0.0326	0.0130	0
0.60	0	0.0016	−0.0056	−0.0246	−0.0282	0.0993	−0.5000*	−0.0991	0.0291	0.0250	0
0.65	0	0.0017	−0.0010	−0.0141	0.0329	0.077	0.2660	−0.2653	−0.0043	0.0372	0
0.70	0	0.0012	0.0010	−0.0060	−0.0247	0.0286	0.0989	−0.4984*	−0.0915	0.0396	0
0.75	0	0.0007	0.0015	−0.0011	−0.0143	−0.0335	0.0070	0.2684	−0.2532	0.0135	0
0.80	0	0.0003	0.0012	0.0010	−0.0061	−0.0255	−0.0295	0.1016	−0.4839*	−0.0685	0
0.85	0	0	0.0007	0.0015	−0.0061	−0.0255	−0.0343	0.0082	−0.2774	−0.2350	0
0.90	0	−0.0001	0.0003	0.0012	0.0012	−0.0055	−0.0252	−0.0334	0.0884	−0.4939*	0
0.95	0	−0.0001	−0.0001	0.0007	0.0023	0.0018	−0.0120	−0.0487	−0.0547	0.1993	0
1.0	0	−0.0001	−0.0004	0.0001	0.0031	0.0084	0.0019	−0.0563	−0.1794	−0.1108	0*

注：*为受荷截面左边的剪力系数，在直接受荷截面右边的剪力系数 $\overline{V}=V^*-1$(当荷载作用在梁的左半部时)；或 $\overline{V}=V^*+1$(当荷载作用在梁的右半部时)。

5.5.5 钢筋混凝土条形基础设计基本步骤

(1) 基础底面尺寸的确定

将条形基础看作长度为 L、宽度为 b 的刚性基础，按修正后的地基承载力特征值确定基础底面尺寸。计算时先计算荷载合力的位置，然后调整基础两端的悬臂长度，使荷载合力的重心尽可能与基础形心重合，地基反力为均匀分布［见图 5-27(*a*)］，并要求满足式(5-48)：

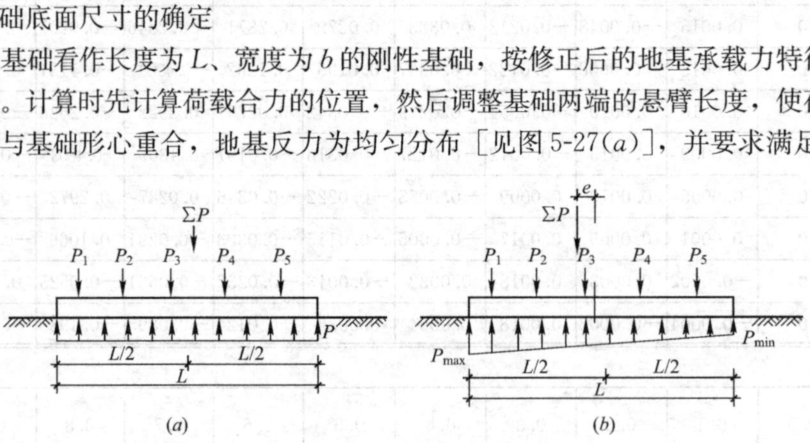

图 5-27　简化计算法的基底反力分布

$$p=\frac{\sum F_k+G_k}{bL}\leqslant f_a \tag{5-48}$$

式中　p——均布地基反力，kN/m^2；

$\sum F_k$——上部结构传至基础顶面的竖向荷载标准值总和，kN；

G_k——基础自重，kN；

b、L——分别为基础的宽度和长度，m；

f_a——修正后的基础持力层土的地基承载力特征值，kN/m²。

如果荷载合力不可能调到与基底形心重合，或者偏心距超过基础长度的 3%，基底反力按梯形分布［见图 5-27(*b*)］，并按式(5-49)计算：

$$p_{\min}^{\max}=\frac{\sum P+G}{bL}\left(1\pm\frac{6e}{L}\right) \tag{5-49}$$

式中　p_{max}，p_{min}——分别为基底反力的最小值和最大值，kN/m²；

e——荷载合力在长度方向的偏心距，m。

除满足式(5-48)外，还要求：

$$p_{max}\leqslant 1.2f_a \tag{5-50}$$

(2) 翼板的计算

先按下式计算基底沿宽度 b 方向的净反力：

$$p_{j\,\min}^{\ \max}=\frac{\sum P}{bL}\left(1\pm\frac{6e_b}{b}\right) \tag{5-51}$$

式中　$p_{j\max}$、$p_{j\min}$——分别为基础宽度方向的最大、最小净反力，kN/m²；

e_b——基础宽度 b 方向的偏心距，m。

然后按斜截面抗剪能力确定翼板厚度，并将翼板作为悬臂按式(5-52)和(5-53)计算弯矩和剪力：

$$M=\left(\frac{p_{j1}}{3}+\frac{p_{j2}}{2}\right)L_1^2 \tag{5-52}$$

$$V=\left(\frac{p_{j1}}{2}+p_{j2}\right)L_1 \tag{5-53}$$

式中　M、V——分别为柱或墙边的弯矩和剪力；

p_{j1}、p_{j2}、L_1——如图 5-28 所示。

(3) 内力分析方法

柱下钢筋混凝土条形基础的设计计算方法主要有两类：一类是工程中常用的简化计算方法，另一类是考虑地基基础与上部结构相互作用的弹性地基梁法。

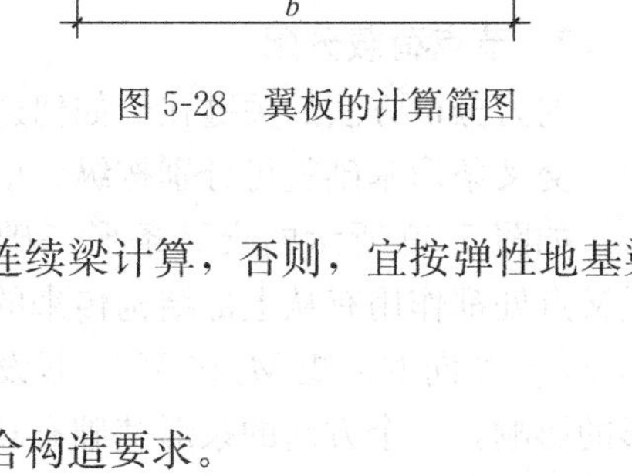

图 5-28　翼板的计算简图

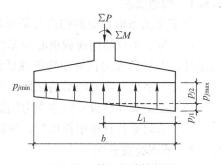

《建筑地基基础设计规范》(GB 50007—2002) 规定：在比较均匀的地基上，上部结构刚度较好、荷载分布较均匀，且条形基础的高度大于 1/6 的柱距时，地基反力可按直线分布，条形基础的内力可按连续梁计算，否则，宜按弹性地基梁计算。

(4) 配筋计算

基础梁和底板均按受弯构件进行配筋计算，并符合构造要求。

(5) 绘制施工图

5.6 十字交叉梁基础

当荷载很大时，采用柱下条形基础不能满足地基基础设计要求时，可采用双向的柱下钢筋混凝土条形基础形成的十字交叉梁条形基础，如图 5-29 所示。这种基础纵横向均具有一定的刚度，当地基软弱且在两个方向的荷载和土质不均匀时，十字交叉条形基础对不均匀沉降具有良好的调整能力。

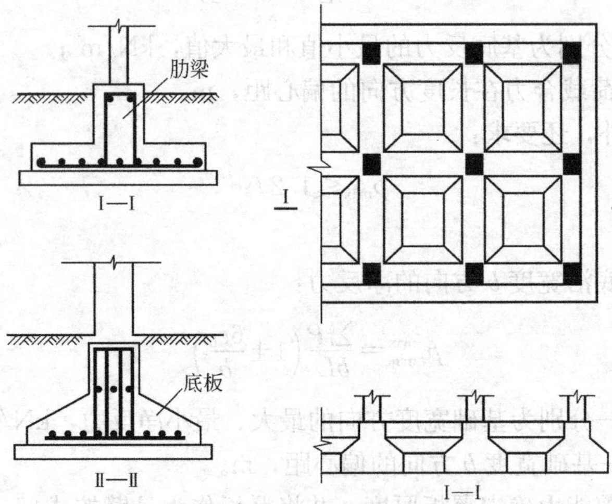

图 5-29 柱下十字交叉梁基础

十字交叉条形基础是空间受力体系，应按照地基基础与上部结构共同工作方法进行计算，通常采用有限元法计算，目前已有计算软件。但在工程中通常采用简化的方法，本节仅介绍简化计算方法。

5.6.1 构造要求

十字交叉条形基础的构造与条形基础基本相同，实用中需要补充以下几点：

(1) 为了调整结构荷载重心与基底平面形心相重合，同时改善角柱与边柱下地基的受力条件，在转角和边柱处作构造性延伸。

(2) 十字交叉梁基础梁的断面通常取为“T”形。

(3) 在交叉处翼板双向主受力钢筋重叠布置。

(4) 基础梁若有扭矩作用时，纵筋应按计算配置受弯和受扭钢筋。

5.6.2 节点荷载分配

内力分析方法的关键在于如何进行交叉点处柱荷载的分配，一旦确定了柱荷载的分配值，交叉条形基础就可分别按纵、横两个方向的条形基础进行计算。

如图 5-30 所示的交叉条形基础简图，每个交叉点处都作用有从上部结构传来的竖向荷载 P 和 x，y 方向的力矩 M_x 和 M_y，假设略去扭转变形的影响，一个方向的条形基础有转角时，不引起另一方向条形基础的内力，则 M_x 全部由 x 向

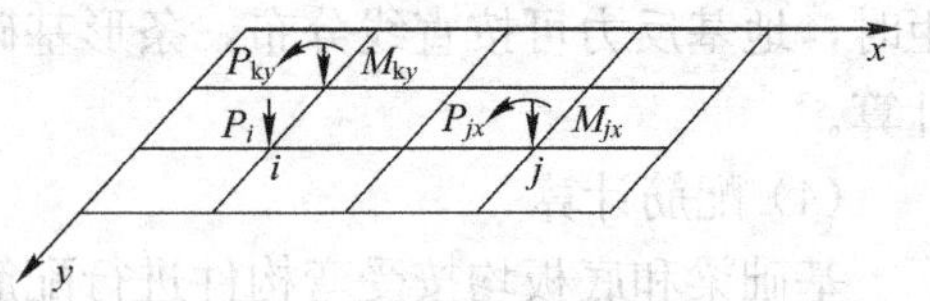

图 5-30 十字交叉条形基础节点荷载分配

基础承担，M_y全部由 y 向基础承担。对任意节点 i 点，荷载分配必须满足静力平衡条件和节点变形协调条件。

本节采用节点形状分配系数法对节点荷载进行分配，节点类型如图 5-31 所示。

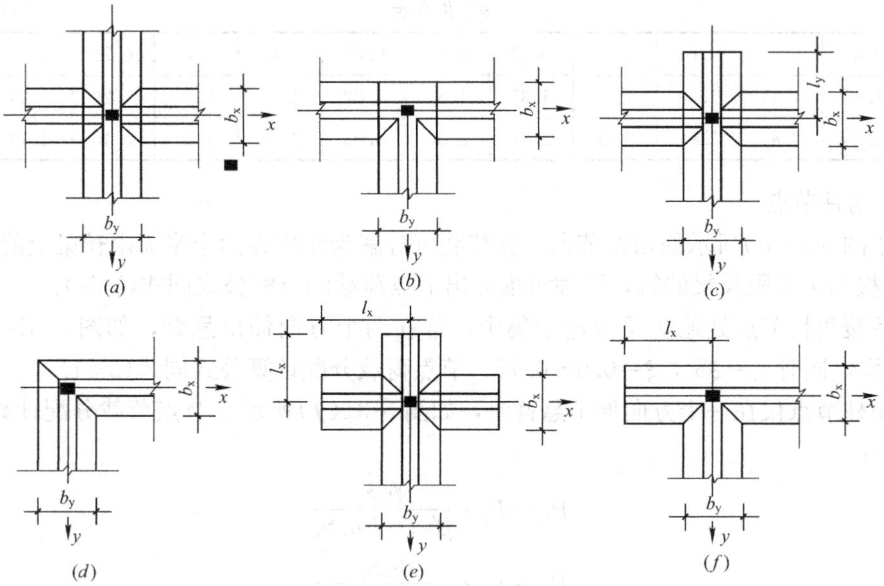

图 5-31　交叉条形基础节点类型

(1) 内柱节点

内柱节点如图 5-31(a)所示，则 P_{ix}和 P_{iy}在 x 向和 y 向条形基础的分配荷载值见式(5-54)：

$$P_{ix}=P_i \cdot \frac{b_x S_x}{b_x S_x+b_y S_y} \tag{5-54a}$$

$$P_{iy}=P_i \cdot \frac{b_y S_y}{b_x S_x+b_y S_y} \tag{5-54b}$$

式中　b_x，b_y——分别为 x，y 方向的基底宽度；

S_x，S_y——分别为 x，y 方向的弹性特征长度，$S_x=\frac{1}{\lambda x}$，$S_y=\frac{1}{\lambda y}$；

P_i——任意节点 i 上的集中荷载，kN；

P_{ix}，P_{iy}——分别为节点 i 处分配在 x，y 方向交叉点上的竖向荷载，kN。

(2) 边柱节点

边柱节点如图 5-31(b)所示，节点荷载分解值见式(5-55)：

$$P_{ix}=P_i \cdot \frac{4b_x S_x}{4b_x S_x+b_y S_y} \tag{5-55a}$$

$$P_{iy}=P_i \cdot \frac{b_y S_y}{4b_x S_x+b_y S_y} \tag{5-55b}$$

对于边柱有伸出悬臂长度的情况，如图 5-31(c)所示，悬臂长度 $l_x=(0.6\sim0.75)S_y$，节点的分配荷载可按式(5-56)计算：

$$P_{ix}=P_i \cdot \frac{\alpha b_x S_x}{\alpha b_x S_x+b_y S_y} \tag{5-56a}$$

$$P_{iy}=P_i \cdot \frac{b_y S_y}{\alpha b_x S_x + b_y S_y} \qquad (5\text{-}56b)$$

式中系数 α 由表 5-18 查得。

α、β 值表 **表 5-18**

l/s	0.60	0.62	0.64	0.65	0.66	0.67	0.68	0.69	0.70	0.71	0.73	0.75
α	1.43	1.41	1.38	1.36	1.35	1.34	1.32	1.31	1.30	1.29	1.26	1.24
β	2.80	2.84	2.91	2.94	2.97	3.00	3.03	3.05	3.08	3.10	3.18	3.23

(3) 角柱节点

对于图 5-31(d)所示的角柱节点，柱荷载可分解为作用在两个半无限长梁上的荷载 P_{ix} 和 P_{iy}，根据半无限长梁的解，同理可推导出节点荷载的分配公式同式(5-54)。

为减缓角柱节点处地基反力过于集中，常在两个方向伸出悬臂，如图 5-31(e)所示，当 $l_x=\xi S_x$，同时 $l_y=\xi S_y$，$\xi=0.6\sim0.75$，节点荷载分配计算公式同式(5-54)。

当角柱节点仅在一个方向伸出悬臂时，如图 5-31(f)所示，节点荷载分配计算公式见式(5-57)：

$$P_{ix}=P_i \cdot \frac{\beta b_x S_x}{\beta b_x S_x + b_y S_y} \qquad (5\text{-}57a)$$

$$P_{iy}=P_i \cdot \frac{b_y S_y}{\beta b_x S_x + b_y S_y} \qquad (5\text{-}57b)$$

式中系数 β 查表 5-18。

(4) 节点分配荷载的调整

按照以上方法进行柱荷载分配后，可分别按纵、横两个方向的条形基础计算，但这样计算，在交叉点处基地重叠部分面积重复计算了一次，结果使地基反力减少，致使计算结果偏于不安全，故在节点荷载分配后还需进行调整，方法如下。

调整前的地基平均反力为

$$p=\frac{\sum P}{\sum F+\sum \Delta F} \qquad (5\text{-}58)$$

地基反力增量为：

$$\Delta p=\frac{\sum \Delta F}{\sum F}p \qquad (5\text{-}59)$$

将 Δp 按节点分配荷载和节点荷载的比例折算成分配荷载增量，对于任一 i 节点，分配荷载增量见式(5-60)：

$$\left.\begin{aligned}\Delta P_{ix}&=\frac{P_{ix}}{P_i}\cdot \Delta F_i \cdot \Delta p\\ \Delta P_{iy}&=\frac{P_{iy}}{P_i}\cdot \Delta F_i \cdot \Delta p\end{aligned}\right\} \qquad (5\text{-}60)$$

调整后节点荷载在 x、y 两向的分配荷载见式(5-61)：

$$\left.\begin{aligned}P'_{ix}&=P_{ix}+\Delta P_{ix}\\ P'_{iy}&=P_{iy}+\Delta P_{iy}\end{aligned}\right\} \qquad (5\text{-}61)$$

式中 $\sum P$——交叉条形基础上竖向荷载的总和；

$\sum F$——交叉条形基础支承总面积；

$\sum \Delta F$——交叉条形基础节点处重叠面积之和；

ΔP_{ix}、ΔP_{iy}——分别为 i 节点 x 轴向和 y 轴向的分配荷载增量；

ΔF_i——i 节点基础重叠面积。

5.7 条形基础课程设计实例

5.7.1 墙下钢筋混凝土条形基础设计算例

（1）基础设计条件

某墙下钢筋混凝土条形基础，砖墙厚 370mm，传至基础顶面的竖向荷载标准值：$F_k=320$kN/m，弯矩 $M_k=30$kN·m/m，室内外高差 0.9m，基础埋深按 1.30m 计算（以室内外地面算起），地基承载力特征值 $f_a=242$kPa，设计该墙下钢筋混凝土条形基础。

（2）基础设计计算

① 确定基础宽度：根据地基承载力条件满足要求确定。

初步预估基础宽度为：$b=2$m

则

$$G_k=\gamma_G \cdot d \cdot A=20\times1.1\times2\times1=44\text{kN/m}$$

$$p_{\substack{kmax\\kmin}}=\frac{320+44}{2}\pm\frac{30}{2/6}=182\pm90$$

$$p_{kmax}=272\text{kPa}<1.2f_a=290.4\text{kPa}$$

$$\frac{1}{2}(p_{kmax}+p_{kmin})=182\text{kPa}\leqslant f_a$$

基础宽度满足地基承载力的要求。

② 地基净反力的计算

根据墙下钢筋混凝土基础构造要求，初步确定高度 $h=300$mm，按照《建筑地基基础设计规范》第 3.0.5 条，由荷载标准值计算荷载设计值取荷载综合分项系数 1.35，因此，结构计算时上部结构传至基础顶面的竖向荷载设计值 F 和弯矩值 M 分别为：

$$F=1.35F_k=1.35\times320=432\text{kN/m}$$

$$M=1.35M_k=1.35\times30=40.5\text{kN}\cdot\text{m/m}$$

计算地基净反力设计值为：

$$p_{j\,\substack{max\\min}}=\frac{F}{b}\pm\frac{6M}{b^2}=\frac{432}{2}\pm\frac{6\times40.5}{2\times2}=216\pm60.75\text{kPa}$$

③ 基础高度的确定

基础验算截面Ⅰ的剪力设计值 V_{I}（kN/m）为：

$$V_1=\frac{b_1}{2b}[(2b-b_1)p_{jmax}+b_1p_{jmin}]=\frac{0.815}{2\times2}[(2\times2-0.815)\times276.75+0.815\times149.25]$$

$$V_1=200.62\text{kN/m}$$

选用 C20 混凝土，$f_c=9.6\text{N/mm}^2$，基础的有效高度 h_0 由混凝土的抗剪条件确定：

$$h_0=\frac{V_1}{0.07f_c}=\frac{200.62}{0.07\times9.6}=298.54\text{mm}$$

基础高度 h 为有效高度 h_0 加上混凝土保护层厚度，取 $h=400$mm。

④ 基础底板的配筋

基础验算截面Ⅰ的弯矩设计值 M_{I} 可按下式计算：

$$M_1=\frac{1}{2}V_1b_1=\frac{1}{2}\times200.62\times0.815=81.75\text{kN}\cdot\text{m/m}$$

选用 HPB235 钢筋，$f_y=210\text{N/mm}^2$，每延米墙长的受力钢筋截面面积为：

$$A_s=\frac{M_1}{0.9f_yh_0}=\frac{81.75\times10^6}{0.9\times210\times350}=1236\text{mm}^2$$

根据计算结果选用钢筋φ14@120（实配钢筋 $A_s=1283\text{mm}^2$），分布钢筋选用φ8@250，基础剖面见图 5-32。

5.7.2 柱下钢筋混凝土条形基础设计算例

（1）设计条件

某楼房基础采用条形基础，荷载标准值和柱距如图 5-33(*a*)所示，基础埋深 $d=1.5\text{m}$，地基承载力特征值 $f_a=180\text{kN/m}^2$，试确定基础底面尺寸，并用静力平衡法计算内力和基础配筋。

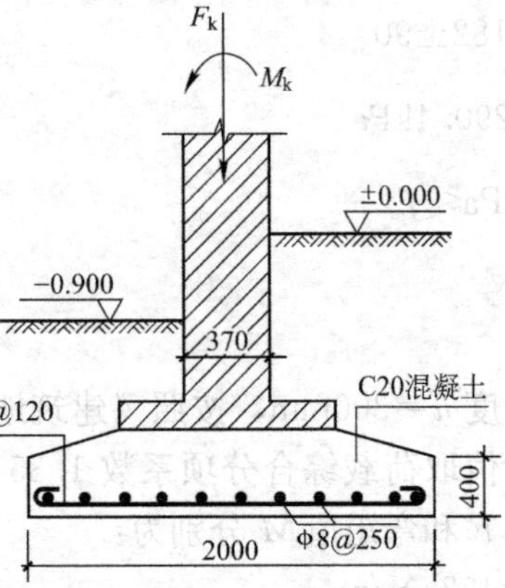

图 5-32 基础剖面图

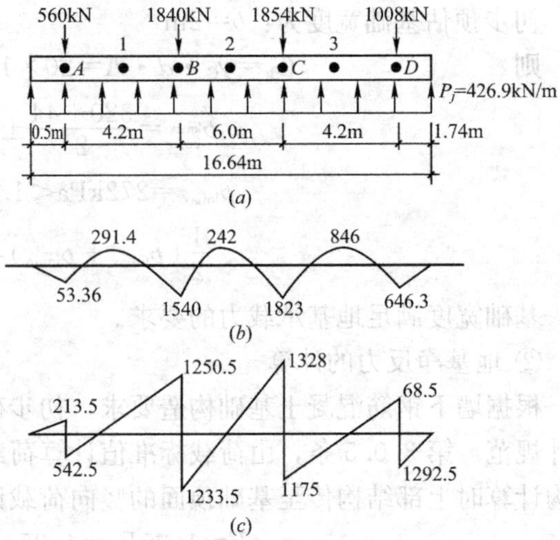

图 5-33 条形基础受力简图

(*a*)荷载标准值和柱距；(*b*)M(kN·m)；(*c*)V(kN)

（2）静力平衡法计算条形基础内力

① 确定基础底面尺寸

各柱轴向力的合力离图中 A 点的距离为：

$$x=\frac{\sum F_ix_i}{\sum F_i}=\frac{1008\times14.4+1854\times10.2+1840\times4.2}{1008+1854+1840+560}=\frac{41154}{5262}=7.82\text{m}$$

为了使荷载的合力与基底形心重合，条形基础左段伸出的悬臂长度为 0.5m，则右端伸出的长度为：

$$l_0=(7.82+0.5)\times2-(14.4+0.5)=1.74\text{m}$$

于是基础的总长度为

$$L=14.4+0.5+1.74=16.64\text{m}$$

按地基承载力特征值计算基础底面积：

$$A=\frac{\sum F_k}{f_a-\gamma_Gd}=\frac{5262}{180-20\times1.5}=35.08\text{m}^2$$

故基础宽度为

$$b=\frac{35.08}{16.64}=2.11\text{m} \quad 取\ b=2.5\text{m}$$

② 基础梁内力分析

沿基础每米长度的净反力为

$$p_j=\frac{\sum F}{L}=\frac{5262\times 1.35}{16.64}=426.91\text{kN/m}$$

按静力平衡条件计算各截面内力

$$M_A=\frac{1}{2}\times 426.91\times 0.5^2=53.36\text{kN}\cdot\text{m}$$

$$V_A^{左}=426.91\times 0.5=213.46\text{kN}$$

$$V_A^{右}=213.46-756=-542.54\text{kN}$$

AB 跨内最大负弯矩的截面 1 离 *A* 点为

$$x_1=\frac{756}{426.91}-0.5=1.27\text{m}$$

$$M_1=\frac{1}{2}\times 426.91\times 1.77^2-756\times 1.27=-291.39\text{kN}\cdot\text{m}$$

$$M_B=\frac{1}{2}\times 426.91\times 4.7^2-756\times 4.2=1540\text{kN}\cdot\text{m}$$

$$V_B^{左}=426.91\times 4.7-756=1250.5\text{kN}$$

$$V_B^{右}=1250.5-2484=-1233.5\text{kN}$$

BC 跨内最大负弯矩的截面 2 离 *B* 点为：

$$x_2=\frac{756+2484}{426.91}-4.7=2.89\text{m}$$

$$M_2=\frac{1}{2}\times 426.91\times 7.59^2-756\times 7.09-2484\times 2.89=-242\text{kN}\cdot\text{m}$$

$$M_C=\frac{1}{2}\times 426.91\times 10.7^2-756\times 10.2-2484\times 6=1823\text{kN}\cdot\text{m}$$

$$V_C^{左}=426.91\times 10.7-756-2484=1328\text{kN}$$

$$V_C^{右}=1328-2503=-1175\text{kN}$$

CD 跨内最大负弯矩的截面 3 离 *D* 点为：

$$x_3=\frac{1361}{426.91}-1.74=3.19\text{m}$$

$$M_3=\frac{1}{2}\times 426.91\times 4.93^2-1361\times 3.19=846\text{kN}\cdot\text{m}$$

$$M_D=\frac{1}{2}\times 426.91\times 1.74^2=646.26\text{kN}\cdot\text{m}$$

$$V_D^{左}=-1292.51+1361=68.49\text{kN}$$

$$V_D^{右}=-426.91\times 1.74^2=-1292.51\text{kN}$$

弯矩和剪力图如图 5-33(*b*)、(*c*)所示。

③ 翼板配筋计算

翼板厚度满足抗剪计算要求，取混凝土强度等级 C30

$$h_0 \geqslant \frac{V}{0.7f_t b}=\frac{426.91\times 1.25}{0.7\times 1.43}=533.1\text{mm}$$

因此，梁肋处翼板厚度取 600mm，翼板外边缘厚度取 400mm。

板顶坡面 $i=\frac{200}{950}\leqslant\frac{1}{3}$，满足坡度要求。

翼板受力筋计算，钢筋选取 HRB335 级。

$$M=\frac{1}{2}p_j l_1{}^2=\frac{1}{2}\times 426.91\times 1.25^2=333.52\text{kN}\cdot\text{m}$$

$$A_s=\frac{M}{0.9h_0 f_y}=\frac{333.52\times 10^6}{0.9\times 550\times 300}=2245.93\text{mm}^2$$

选取钢筋ϕ18@100，$A_s=2798\text{mm}^2$

④ 肋梁配筋计算

肋梁高取 1m，宽度 0.5m，主筋采用 HRB400 级，箍筋采用 HPB235 级，混凝土采用 C30，采用$+M_{max}$，$-M_{max}$进行配筋，配筋计算结果见表 5-19 和表 5-20。

肋梁配筋计算表 **表 5-19**

	$+M_{Bmax}$	$+M_{Cmax}$	$+M_{Dmax}$	$-M_{1max}$	$-M_{2max}$	$-M_{3max}$
M(kN·m)	1540	1823	646.3	291.4	242	846
h_0	950	950	950	950	950	950
$\alpha_s=\frac{M}{\alpha_1 f_c b h_0{}^2}$	0.239	0.283	0.100	0.045	0.037	0.131
$\gamma_s=\frac{1+\sqrt{1-2\alpha_s}}{2}$	0.861	0.829	0.947	0.977	0.981	0.93
$A_s=\frac{M}{f_y\gamma_s h_0}$	5229	6429	1995	872	721	2660
选配	4Φ32	8Φ32	4Φ32	4Φ25	4Φ25	6Φ25
实配	3217	6434	3217	1964	1964	2945

斜截面强度计算 **表 5-20**

	V_{Amax}	V_{Bmax}	V_{Cmax}	V_{Dmax}
V(kN)	542.5	1250.5	1328	1292
h_0	950	950	950	950
$0.7f_t b h_0$	475.5	475.5	475.5	475.5
$\frac{nA_{sv}}{s}$(mm²/mm)	0.27	3.11	3.42	3.28
实配(四肢箍)	ϕ12@200	ϕ12@120	ϕ12@120	ϕ12@120

（3）倒梁法计算柱下条形基础

某建筑物基础的荷载和柱距如图 5-34 所示，边柱荷载 1200kN，内柱荷载 1800kN，柱距 6m，共 9 跨，悬臂 1m，基础总长度为 $L=56$m，试用倒梁法计算基础内力。

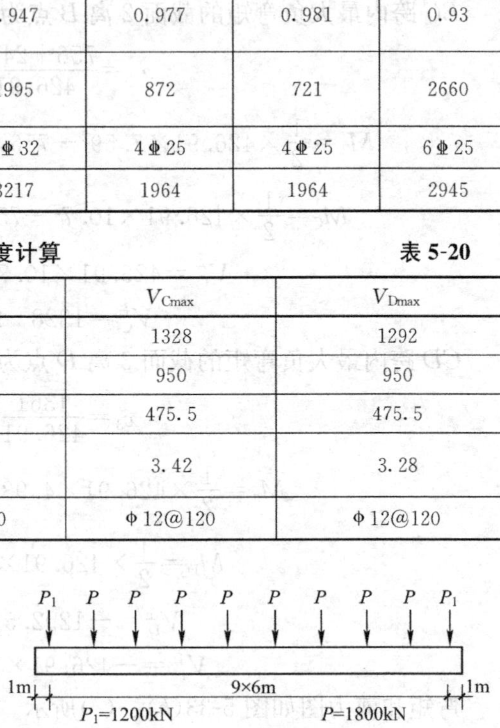

图 5-34 条形基础受力简图

① 计算基底净反力

在对称荷载作用下，基底反力为均匀分布，单位长度的基底净反力为：

$$p_j=\frac{\sum P}{L}=\frac{2\times1200+8\times1800}{56}=300\text{kN/m}$$

基础可以看成在均布荷载 p_j 的作用下，以柱作为支座的九跨等跨连续梁，其内力可按五跨等跨连续梁计算。

② 求固端弯矩

$$M_{AD}=-M_{AB}=\frac{1}{2}ql^2=\frac{1}{2}\times300\times1^2=150\text{kN}\cdot\text{m}$$

$$M_{BA}=-M_{B'A'}=-\frac{1}{8}ql^2=-\frac{1}{8}\times300\times6^2=1350\text{kN}\cdot\text{m}$$

$$M_{BC}=M_{CC'}=M_{C'B'}=\frac{1}{12}ql^2=\frac{1}{12}\times300\times6^2=900\text{kN}\cdot\text{m}$$

$$M_{CB}=M_{C'C}=M_{B'C'}=-\frac{1}{12}ql^2=-\frac{1}{12}\times300\times6^2=-900\text{kN}\cdot\text{m}$$

$$M_{A'D'}=-M_{A'B'}=-M_{AD}=-\frac{1}{2}ql^2=-\frac{1}{2}\times300\times1^2=-150\text{kN}\cdot\text{m}$$

③ 求弯矩分配系数

设 $i=\frac{EI}{6}$，则

$$u_{BA}=u_{B'A'}=\frac{3i}{3i+4i}=0.43$$

$$u_{BC}=u_{B'C'}=\frac{4i}{3i+4i}=0.57$$

$$u_{CB}=u_{C'B'}=u_{CC'}=u_{C'C}=\frac{4i}{4i+4i}=0.5$$

④ 用力矩分配法计算弯矩

力矩分配法计算结果见表 5-21。

力矩分配法计算表 **表 5-21**

A	*B*		*C*		*C′*		*B′*		*A′*
分配系数	0.43	0.57	0.5	0.5	0.5	0.5	0.57	0.43	150
−150	−1350	900	−900	900	−900	900	−900	1350	
	193.5	256.5	128.3			−128.3	−256.5	−193.5	
		−32.1	−64.2	−64.2	64.2	64.2	32.1		
	13.8	18.3	9.15			−9.15	−18.3	−13.8	
		−2.29	−4.58	−4.58	4.58	4.58	2.29		
	1.0	1.3	0.65			−0.65	−1.3	−1.0	
		−0.16	−0.33	−0.33	0.33	0.33	0.16		
	0.07	0.09	0.05			−0.05	−0.09	−0.07	
−150	−1141.6	1141.6	−830.9	830.9	−830.9	830.9	−1141.6	1141.6	150

⑤ 基础的剪力计算

A 点左边剪力：$V_{\mathrm{A}}^{左}=300\times1=300\mathrm{kN}$

A 点右边剪力：$V_{\mathrm{A}}^{右}=-\dfrac{p_j l}{2}+\dfrac{M_{\mathrm{B}}-M_{\mathrm{A}}}{l}=\dfrac{-300\times6}{2}+\dfrac{1141.6-150}{6}=-735\mathrm{kN}$

B 点左边剪力：$V_{\mathrm{B}}^{左}=\dfrac{p_j l}{2}+\dfrac{M_{\mathrm{B}}-M_{\mathrm{A}}}{l}=\dfrac{300\times6}{2}+\dfrac{1141.6-150}{6}=1065\mathrm{kN}$

B 点右边剪力：$V_{\mathrm{B}}^{右}=-\dfrac{p_j l}{2}-\dfrac{M_{\mathrm{B}}-M_{\mathrm{C}}}{l}=\dfrac{-300\times6}{2}-\dfrac{1141.6-150}{6}=-952\mathrm{kN}$

C 点左边剪力：$V_{\mathrm{C}}^{左}=\dfrac{p_j l}{2}-\dfrac{M_{\mathrm{B}}-M_{\mathrm{C}}}{l}=\dfrac{300\times6}{2}-\dfrac{1141.6-150}{6}=848\mathrm{kN}$

C 点右边剪力：$V_{\mathrm{C}}^{右}=-\dfrac{p_j l}{2}=\dfrac{-300\times6}{2}=-900\mathrm{kN}$

图 5-35 为按倒梁法计算所得的连续基础梁的弯矩图和剪力图。

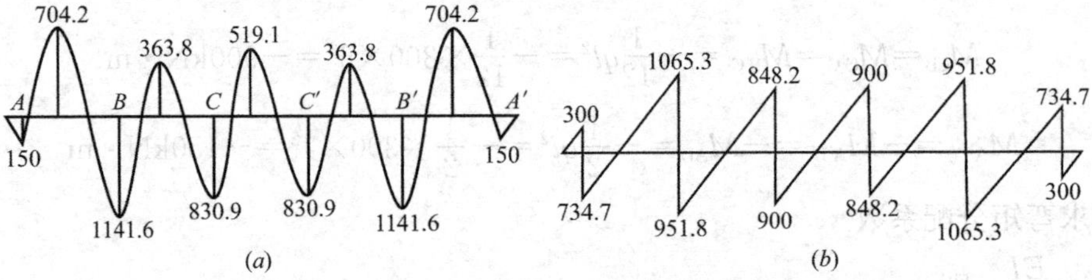

图 5-35　基础梁的弯矩图和剪力图

$(a)M(\mathrm{kN\cdot m})$；$(b)V(\mathrm{kN})$

5.7.3　十字交叉梁基础算例

某框架结构基础采用十字交叉条形基础，平面如图 5-36 所示，柱荷载 $P_1=1200\mathrm{kN}$，$P_2=2100\mathrm{kN}$，$P_3=2400\mathrm{kN}$，$P_4=3000\mathrm{kN}$，x 轴向基础宽度 $b_x=3\mathrm{m}$，y 轴向基础宽度 $b_y=2\mathrm{m}$，持力层土的基床系数 $k=5\times10^4\mathrm{kN/m^3}$，基础混凝土弹性模量 $E_b=2.25\times10^7\mathrm{kN/m^2}$，试按简化法计算各节点的分配荷载，并进行调整。

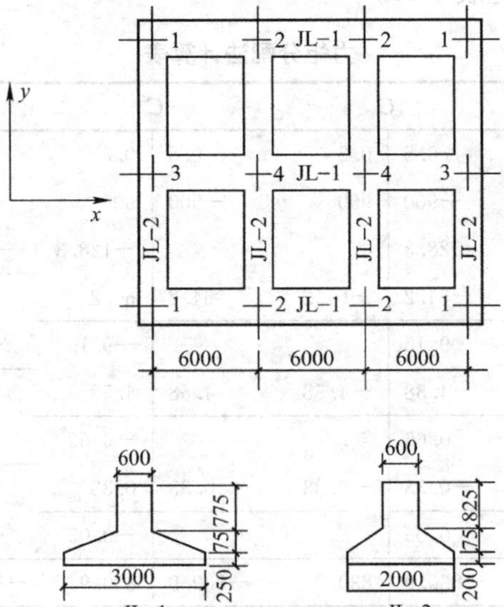

图 5-36　十字交叉条形基础布置图

（1）计算 S_x 和 S_y

JL-1 基础：$b_x=3\text{m}$，$I_{bx}=0.127\text{m}^4$，$S_x=\sqrt[4]{\dfrac{4E_bIb_x}{kb_x}}=\sqrt[4]{\dfrac{4\times2.25\times10^7\times0.11}{5\times10^4\times3}}=3.05\text{m}$

JL-2 基础：$b_y=2\text{m}$，$I_{by}=0.11\text{m}^4$，$S_y=\sqrt[4]{\dfrac{4E_bI_{by}}{k_{by}}}=\sqrt[4]{\dfrac{4\times2.25\times10^7\times0.11}{5\times10^4\times2}}=3.26\text{m}$

（2）计算分配荷载

角柱节点 1：

$$P_{1x}=P_1\times\frac{b_xS_x}{b_xS_x+b_yS_y}=1200\times\frac{3\times3.05}{3\times3.05+2\times3.26}=701\text{kN}$$

$$P_{1y}=P_1\times\frac{b_yS_y}{b_xS_x+b_yS_y}=1200\times\frac{2\times3.26}{3\times3.05+2\times3.26}=499\text{kN}$$

边柱节点 2

$$P_{2x}=P_2\times\frac{4b_xS_x}{4b_xS_x+b_yS_y}=2100\times\frac{4\times3\times3.05}{4\times3\times3.05+2\times3.26}=1782\text{kN}$$

$$P_{2y}=P_2\times\frac{b_yS_y}{4b_xS_x+b_yS_y}=2100\times\frac{2\times3.26}{4\times2\times3.05+2\times3.26}=318\text{kN}$$

边柱节点 3

$$P_{3x}=P_3\times\frac{b_xS_x}{b_xS_x+4b_yS_y}=2400\times\frac{3\times3.05}{4\times2\times3.26+3\times3.05}=624\text{kN}$$

$$P_{3y}=P_3\times\frac{4b_yS_y}{b_xS_x+4b_yS_y}=2400\times\frac{4\times2\times3.26}{4\times2\times3.26+3\times3.05}=1776\text{kN}$$

内柱节点 4

$$P_{4x}=P_4\times\frac{b_xS_x}{b_xS_x+b_yS_y}=3000\times\frac{3\times3.05}{3\times3.05+3\times3.26}=1752\text{kN}$$

$$P_{4y}=P_4\times\frac{b_xS_x}{b_xS_x+b_yS_y}=3000\times\frac{2\times3.26}{3\times3.05+3\times3.26}=1248\text{kN}$$

（3）分配荷载的调整

$$\sum P=1200\times4+2100\times4+2400\times2+3000\times2=24000\text{kN}$$

$$\sum F=3\times3\times20+8\times(7.5-3)\times2=252\text{m}^2$$

$$\sum\Delta F=6\times3\times1+4\times2\times1.5+2\times3\times2=42\text{m}^2$$

$$p=\frac{24000}{252+42}=81.6\text{kN/m}^2$$

$$p'=\frac{24000}{252}=95.2\text{kN/m}^2$$

$$\Delta p=\frac{42\times81.6}{252}=13.6\text{kN/m}^2$$

节点 1：

$$\Delta p_{1x}=\frac{p_{1x}}{p_1}\times\Delta F\times\Delta p=\frac{701}{1200}\times3\times13.6=23.8\text{kN}$$

$$\Delta p_{1y}=\frac{p_{1y}}{p_1}\times\Delta F\times\Delta p=\frac{499}{1200}\times3\times13.6=17.0\text{kN}$$

$$P'_{1x}=P_{1x}+\Delta p_{1x}=701+23.8=724.8\text{kN}$$

$$P'_{1y}=P_{1y}+\Delta p_{1y}=499+17.0=516.0\text{kN}$$

节点 2：

$$\Delta p_{2x}=\frac{p_{2x}}{p_2}\times\Delta F\times\Delta p=\frac{1782}{2100}\times3\times13.6=34.6\text{kN}$$

$$\Delta p_{2y}=\frac{p_{2y}}{p_2}\times\Delta F\times\Delta p=\frac{318}{2100}\times3\times13.6=6.18\text{kN}$$

$$P'_{2x}=P_{2x}+\Delta p_{2x}=1782+34.6=1816.6\text{kN}$$

$$P'_{2y}=P_{2y}+\Delta p_{2y}=318+6.2=324.2\text{kN}$$

同理得：

节点 3：

$$P'_{3x}=624+10.6=634.6\text{kN}$$

$$P'_{3y}=1776+30.2=1806.2\text{kN}$$

节点 4：

$$P'_{4x}=1752+23.8=1775.8\text{kN}$$

$$P'_{4y}=1248+17.0=1265.0\text{kN}$$

地基梁计算简图，如图 5-37 所示。

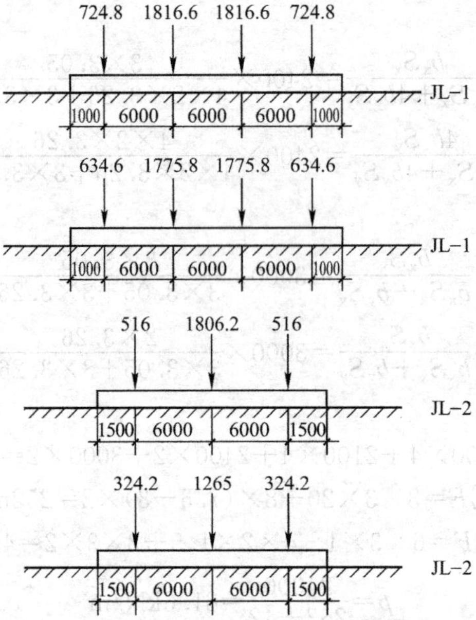

图 5-37 地基梁计算简图

5.8 基础设计题目

5.8.1 独立基础设计任务书

某框架结构独立基础，柱截面尺寸为 500mm×300mm，采用荷载标准组合时，基础受到的荷载如表 5-22 所示，水平荷载作用在基础顶面上。地层条件如表 5-22 所示。试设计该柱下钢筋混凝土独立基础。

地基参数分布 **表 5-22**

土层 / 序号	一层	二层	三层	地下水埋深	荷载
1	杂填土，厚 1.0m γ=18kN/m^3 E_s=5.0MPa	粉质黏土，厚 3.0m γ=19.8kN/m^3 E_s=7.5MPa e=0.86 f_{ak}=195kPa	淤泥质黏土，厚 8.0m γ=17.0kN/m^3 E_s=2.5MPa f_{ak}=70kPa		F_k=2000kN V_k=40kN M_k=350kN·m
2	杂填土，厚 1.8m γ=17.8kN/m^3 E_s=5.0MPa	粉质黏土，厚 3.5m γ=18.0kN/m^3 γ_{sat}=18.7kN/m^3 e=0.85 E_s=7.5MPa f_{ak}=200kPa	淤泥质黏土，厚 2.0m γ=17.3kN/m^3 E_s=2.5MPa f_{ak}=80kPa	地面下 2.0m	F_k=1800kN V_k=220kN M_k=950kN·m
3	粉质黏土，厚 5.0m γ=18.6kN/m^3 γ_{sat}=19.8kN/m^3 e=0.9 E_s=7.6MPa f_{ak}=190kPa	淤泥质黏性土，厚 2.0m γ=17.3kN/m^3 E_s=2.5MPa f_{ak}=75kPa		地面下 1.6m	F_k=1400kN V_k=30kN M_k=80kN·m
4	粉质黏土，厚 6.0m γ=18.6kN/m^3 e=0.9 E_s=7.6MPa f_{ak}=190kPa	卵石，厚 5.0m γ=21.3kN/m^3 E_s=26MPa f_{ak}=250kPa			F_k=1800kN V_k=80kN M_k=280kN·m
5	素填土，厚 1.8m γ=17.6kN/m^3 E_s=5.2MPa	粉质黏土，厚 2.5m γ=19kN/m^3 e=0.87 E_s=7.5MPa f_{ak}=215kPa	淤泥质粉质黏土， γ=17.2kN/m^3 E_s=2.5MPa f_{ak}=80kPa		F_k=1650kN V_k=140kN M_k=780kN·m
6	黏土，厚 4.5m γ=19kN/m^3 e=0.73 E_s=7.5MPa f_{ak}=190kPa	中砂，中密，厚 20m γ=18kN/m^3 E_s=20MPa f_{ak}=200kPa			F_k=2400kN V_k=180kN M_k=210kN·m

(1) 某单层工业厂房，地基承载力特征值 f_{ak}=160kN/mm^2，η_b=0.3，η_d=1.6，地下水位在天然地面下 1m 深处，基础埋深 3.2m，基础底面以上土及基础的加权平均重度 γ_m=20.0kN/m^3。相应于荷载效应的标准组合时，作用于其基础顶面的荷载有 F_{1k}=990kN、M_{1k}=65.6kN·m，V_{1k}=8.7kN；外墙传来的荷载 G_{wk}=320kN，基础采用 C15 混凝土和 HPB235 钢筋。试分别设计该厂房中柱、角柱和边柱的基础，其中中柱采用矩形对称基础，边柱采用单向偏向基础，角柱采用双向偏心基础。

(2) 某工业厂房柱下独立基础，采用杯形基础。作用于杯口顶面的荷载有 F=1200kN、M=200kN·m，V=60kN，基础梁传来的荷载 F'=300kN，柱截面尺寸为 400mm×600mm，修正后的地基承载力特征值 f_a=400kN/mm^2，基础采用 C20 混凝土和

HPB235 钢筋。试设计该杯形基础。

(3) 工业厂房采用杯形基础，相应于荷载效应的基本组合时，作用于杯口顶面的荷载有 F=1300kN，M=260kN·m，V=60kN，基础埋深 2.0m，地基土承载力特征值 f_a=180kN/mm²，基础采用 C15 混凝土和 HPB235 钢筋。试设计该杯形基础。

5.8.2 条形基础设计任务书

(1) 地基条件

某框架结构，柱截面尺寸为 500mm×500mm，土体参数见表 5-23，基础平面布置见图 5-38，试设计十字交叉梁基础，题目可有以下条件组合而成。

(2) 设计要求

① 地基承载力用理论公式法、经验法综合确定；

② 基础按十字交叉梁基础类型进行设计；

地基参数分布　　　表 5-23

土层 / 序号	一层	二层	三层	荷载
1	第 1 层：粉土，γ=18kN/m³，e=0.7，c=25kPa，φ=23°，a_{1-2}=0.21MPa⁻¹，a_{2-3}=0.25MPa⁻¹，厚度 1.5m	第 2 层：粉质黏土，γ=19.2kN/m³，d_s=2.76，e=0.81，w=21%，w_l=27%，w_l=15%，厚度 3m	第 3 层：细砂，γ=19kN/m³，$N_{63.5}$=28，厚度 5m	F_1=1200kN F_2=1800kN F_3=2400kN F_4=2000kN
2	第 1 层：粉土，γ=18kN/m³，e=0.7，c=25kPa，φ=23°，a_{1-2}=0.21MPa⁻¹，a_{2-3}=0.25MPa⁻¹，厚度 1.5m	第 2 层：粉质黏土，γ=19.2kN/m³，d_s=2.76，e=0.80，w=21%，w_l=27%，w_l=15%，厚度 4m	第 3 层：卵石，γ=19.8kN/m³，$N_{63.5}$=24，厚度 5m	F_1=1000kN F_2=1600kN F_3=2200kN F_4=1800kN
3	第 1 层：粉土，γ=18kN/m³，e=0.7，c=25kPa，φ=23°，a_{1-2}=0.21MPa⁻¹，a_{2-3}=0.25MPa⁻¹，厚度 1.5m	第 2 层：粉质黏土，γ=19.5kN/m³，d_s=2.76，e=0.75，w=21%，w_l=27%，w_l=15%，厚度 5m	第 3 层：细砂，γ=19kN/m³，$N_{63.5}$=28，厚度 5m	F_1=1200kN F_2=1800kN F_3=2500kN F_4=2100kN
4	第 1 层：粉土，γ=18kN/m³，e=0.7，c=25kPa，φ=23°，a_{1-2}=0.21MPa⁻¹，a_{2-3}=0.25MPa⁻¹，厚度 1.5m	第 2 层：粉质黏土，γ=19.2kN/m³，d_s=2.76，e=0.80，w=21%，w_l=27%，w_l=15%，厚度 3m	第 3 层：卵石，γ=19.8kN/m³，$N_{63.5}$=24，厚度 5m	F_1=1400kN F_2=1900kN F_3=2500kN F_4=2100kN
5	第 1 层：粉土，γ=18kN/m³，e=0.7，c=25kPa，φ=23°，a_{1-2}=0.21MPa⁻¹，a_{2-3}=0.25MPa⁻¹，厚度 1.5m	第 2 层：粉质黏土，γ=19.2kN/m³，d_s=2.76，e=0.81，w=21%，w_l=27%，w_l=15%，厚度 4m	第 3 层：细砂，γ=19kN/m³，$N_{63.5}$=28，厚度 5m	F_1=1000kN F_2=1600kN F_3=2200kN F_4=1800kN
6	第 1 层：粉土，γ=18kN/m³，e=0.7，c=25kPa，φ=23°，a_{1-2}=0.21MPa⁻¹，a_{2-3}=0.25MPa⁻¹，厚度 1.5m	第 2 层：粉质黏土，γ=19.5kN/m³，d_s=2.76，e=0.75，w=21%，w_l=27%，w_l=15%，厚度 5m	第 3 层：卵石，γ=19.8kN/m³，$N_{63.5}$=24，厚度 5m	F_1=1000kN F_2=1600kN F_3=2200kN F_4=1800kN

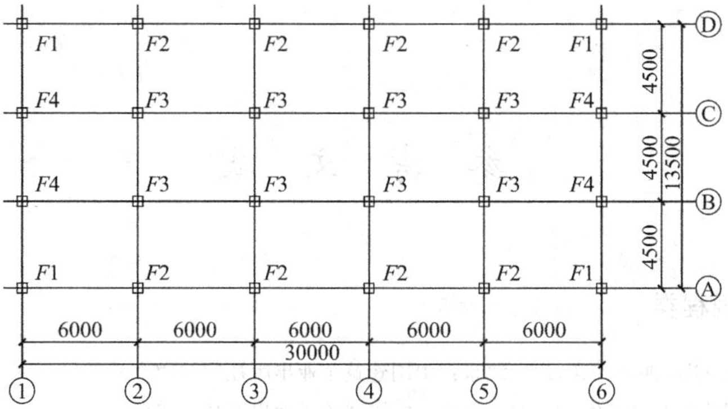

图 5-38　结构平面布置图

③ 要求计算书过程详尽，计算过程中的图必须全部绘出；

④ 计算资料一律采用 A4 纸用钢笔书写(图用铅笔绘制)；设计成果：1 份计算书，2 张基础图(A2 图纸)。

参 考 文 献

1. 标准、规范、规程类

[1] 建筑结构荷载规范(GB 50009—2012). 北京：中国建筑工业出版社，2012.
[2] 混凝土结构设计规范(GB 50010—2010). 北京：中国建筑工业出版社，2010.
[3] 钢筋混凝土连续梁和框架考虑内力重分布设计规程(CECS51：93). 北京：中国计划出版社，1993.
[4] 建筑抗震设计规范 (GB 50011—2010). 北京：中国建筑工业出版社，2012.
[5] 建筑地基基础设计规范(GB 50007—2011). 北京：中国建筑工业出版社，2011.
[6] 建筑结构设计通用符号、计量单位、基本术语(GB 50083—2002). 北京：中国建筑工业出版社，2002.
[7] 房屋建筑制图统一标准(GB/T 50001—2010). 北京：中国建筑工业出版社，2010.
[8] 工程结构可靠度设计统一标准(GB 50153—2008). 北京：中国建筑工业出版社，2008.
[9] 建筑结构可靠度设计统一标准(GB 50068—2001). 北京：中国建筑工业出版社，2001.
[10] 建筑工程抗震设防分类标准(GB 50223—2008). 北京：中国建筑工业出版社，2008.
[11] 砌体结构设计规范(GB 50003—2011). 北京：中国建筑工业出版社，2011.
[12] 湿陷性黄土地区建筑规范(GB 50025—2004). 北京：中国建筑工业出版社，2004.
[13] 建筑结构设计术语和符号标准(GB/T 50083—97). 北京：中国建筑工业出版社，1997.
[14] 膨胀土地区建筑技术规范(GBJ 112—87). 北京：中国建筑工业出版社，1987.
[15] 建筑结构制图标准(GBJ/T 50105—2010). 北京：中国建筑工业出版社，2010.
[16] 厂房建筑模数协调标准(GBJ 6—86). 北京：中国建筑工业出版社，1986.
[17] 建筑桩基技术规范(JGJ 94—2008). 北京：中国建筑工业出版社，2008.
[18] 冻土地区建筑地基基础设计规范(JGJ 118—98). 北京：中国建筑工业出版社，1998.
[19] 建筑地基处理技术规范(JGJ 79—2012). 北京：中国建筑工业出版社，2002.

2. 标准图集

[1] 中国建筑标准设计研究院，建筑物抗震构造详图(钢筋混凝土柱单层厂房) (04G329-8)，2004.
[2] 中国建筑标准设计研究院，民用建筑工程结构施工图设计深度图样(04G103)，2004.
[3] 中国建筑标准设计研究院，民用建筑结构计算书编制要求及示例(06G113)，2006.
[4] 中国建筑标准设计研究院，民用建筑工程设计互提资料深度及图样—结构专业(05SG105)，2005.
[5] 中国建筑标准设计研究院，建筑结构实践教学及见习工程师图册(05SG110)，2005.
[6] 中国建筑标准设计研究院，建筑结构设计常用数据(06G112)，2006.
[7] 中国建筑标准设计研究院，民用建筑工程设计常见问题分析及图示—结构专业(结构设计原则、荷载及荷载效应组合和地震作用、地基基础)(05SG109-1)，2005.
[8] 中国建筑标准设计研究院，民用建筑工程设计常见问题分析及图示—结构专业(混凝土结构)(05SG109-3)，2005.
[9] 中国建筑标准设计研究院，1.5m×6.0m 预应力混凝土屋面板(预应力混凝土部分)(04G410-1)，2004.
[10] 中国建筑标准设计研究院，1.5m×6.0m 预应力混凝土屋面板(钢筋混凝土部分)(04G410-2)，2004.
[11] 中国建筑标准设计研究院，预应力混凝土折线形屋架(预应力筋为钢绞线、跨度 18m～30m)(04G415-1)，2004.
[12] 中国建筑标准设计研究院，钢筋混凝土屋面梁(6m 单坡)(04G353-1)，2004.
[13] 中国建筑标准设计研究院，钢筋混凝土屋面梁(9m 单坡)(04G353-2)，2004.
[14] 中国建筑标准设计研究院，钢筋混凝土屋面梁(12m 单坡)(04G353-3)，2004.
[15] 中国建筑标准设计研究院，钢筋混凝土屋面梁(9m 双坡)(04G353-4)，2004.

[16] 中国建筑标准设计研究院，钢筋混凝土屋面梁(12m 双坡)(04G353-5)，2004.
[17] 中国建筑标准设计研究院，钢筋混凝土屋面梁(15m 双坡)(04G353-6)，2004.
[18] 中国建筑标准设计研究院，单层工业厂房钢筋混凝土柱(05G335)，2004.
[19] 中国建筑标准设计研究院，柱间支撑(05G336)，2004.
[20] 中国建筑标准设计研究院，钢筋混凝土吊车梁(工作级别 A4、A5)(04G323-2)，2004.
[21] 中国建筑标准设计研究院，吊车轨道联结及车挡(适用于混凝土结构)(04G325)，2004.
[22] 中国建筑标准设计研究院，钢筋混凝土连系梁(04G321)，2004.
[23] 中国建筑标准设计研究院，钢筋混凝土过梁(烧结普通砖)(03G322-1)，2004.
[24] 中国建筑标准设计研究院，钢筋混凝土过梁(烧结多孔砖砌体)(03G322-2)，2004.
[25] 中国建筑标准设计研究院，钢筋混凝土基础梁(04G320)，2004.
[26] 中国建筑标准设计研究院，钢筋混凝土雨篷(03G372)，2004.
[27] 中国建筑标准设计研究院，钢天窗架(05G512)，2004.
[28] 中国建筑标准设计研究院，梯形钢屋架(05G511)，2004.

3. 书籍类

[1] 王亚勇，等. 建筑抗震设计规范疑问解答. 北京：中国建筑工业出版社，2006.
[2] 全国民用建筑工程设计技术措施(结构). 北京：中国计划出版社，2003.
[3] 陈基发，等. 建筑结构荷载设计手册(第二版). 北京：中国建筑工业出版社，2004.
[4] 龚思礼，等. 建筑抗震设计手册(第二版). 北京：中国建筑工业出版社，2002.
[5] 中国有色工程设计研究总院. 混凝土结构构造手册(第三版). 北京：中国建筑工业出版社，2003.
[6] 建筑结构构造资料集(上、中)(第二版). 北京：中国建筑工业出版社，2007.
[7] 朱炳寅. 建筑结构设计规范应用图解手册. 北京：中国建筑工业出版社，2005.
[8] 刘大海，等. 建筑抗震构造手册(第二版). 北京：中国建筑工业出版社，2006.
[9] 东南大学，等. 混凝土结构 中册 混凝土结构与砌体结构设计(第四版). 北京：中国建筑工业出版社，2008.
[10] 罗福午，等. 混凝土结构及砌体结构(下册)(第二版). 北京：中国建筑工业出版社，2003.
[11] 莫海鸿，等. 基础工程. 北京：中国建筑工业出版社，2003.
[12] 罗福午. 单层工业厂房结构设计(第二版). 北京：清华大学出版社. 1990.
[13]《建筑结构设计常见病分析》编辑组. 建筑结构设计常见病分析(一). 北京：中国建筑工业出版社，1993.
[14] 张敬书. 建筑结构设计基础与实务. 北京：中国水利水电出版社、知识产权出版社，2009.
[15] 朱彦鹏. 混凝土结构设计. 上海：同济大学出版社，2012.
[16] 阎兴华. 混凝土结构设计. 北京：科学出版社，2005.
[17] 彭刚，蔡江勇. 混凝土结构设计. 北京：北京大学出版社，2006.
[18] 周果行. 房屋结构毕业设计指南. 北京：中国建筑工业出版社，2004.
[19] 朱彦鹏. 混凝土结构设计原理. 重庆：重庆大学出版社，2013.